- 日本茶圣千利休

一朵花儿能让土墙熠熠生辉,一杯简单的茶足以摄人心魄,但只有懂它的人才能识得它的美。

——千利休

侘寂

日本美学三部曲

（日）大西克礼 著
曹阳 译

北京理工大学出版社

- 茶室"待庵"

当以正面的眼光看待陈旧之色,那些带有"磨损、黯淡、单调、清瘦"的色彩,便具有了"低调、含蓄、朴素、简洁、洒脱"的气质,具备了简陋、拙缺之美。

■ 对凤庵

侘寂也会被人们理解成中国的禅意，人们很容易想到日本寺庙，庙里爬满青苔的石凳，以及历经几百年风雨的、外表毫无涂漆保护的木柱。

- **京都龙安寺枯山水**

"枯山水"是一种"无池无水"的庭院景观,它产生的原因是京都的缺水地貌。这一缺憾的特征仿佛印证了"侘寂"这个词——残缺之美。

- **奈良慈光寺**

从老旧的物体的外表下，随着时间的推移，一件事物渐渐剥落其表象，流露出本质，显露出一种充满岁月感的美。所谓余韵无穷，这便是侘寂。

▪ 银阁寺

寺院风格安稳朴素,表现着古朴宁静的日本独特审美意识的「孤寂苍老」的概念,虽不如「金阁寺」那般华丽,却展现出一种更深层的美感。

侘寂

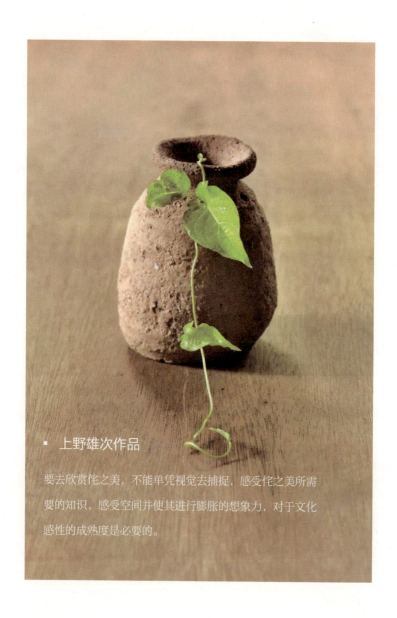

▪ **上野雄次作品**

要去欣赏侘之美,不能单凭视觉去捕捉,感受侘之美所需要的知识,感受空间并使其进行膨胀的想象力,对于文化感性的成熟度是必要的。

- **上野雄次作品**

如同凋零的樱花与生命的无常,"侘寂"美的外在虽残缺朴素,但追求内心的平和淡然,以及与自然共处的和谐,不需要过多人为的装饰,呈现事物最原始、不尽完美的状态,就是"侘寂"的意义。

- 黑乐茶碗

那粗糙晦涩的手感和绝不耀眼的晦暗光泽,正体现了"侘寂"美学中那种清高枯寂、俭朴古拙的最高境界。

- 金缮

金缮是残缺美的一种体现。瑕疵让人跳出形式,有余地体会不足之处,不对称、不完整以及使用感。

- **室内设计**

侘寂主张在平静的空间里窥见极简生活美学,强调事物与时间的关系,是一种简单质朴却精致的美!

前言

本书是去年①六月出版的拙作《幽玄和物哀》的姊妹篇，主要还是从美学立场来探讨"寂"的相关问题。之所以以"风雅论"为题②，是因为"风雅"这个概念可以从广义和狭义两个方面来理解，它本身也有很多种释义，而芭蕉③及其门人基本上是将"风雅"这个词当作俳谐的同义词来使用的，所以我在此效仿这个习惯用法，是想着重体现俳谐是"寂"这个特殊审美范畴的艺术背景。而且就内容来看，俳谐也算是这本书主要考察的内容，所以以此为题也不至于招致"挂羊头卖狗肉"之讥吧！"寂"的艺术背景，除了俳谐，其实还有茶道，所以这本书也涉及了很多有关茶道的内容。但不论

---

① 指1940年。
② 原题为《风雅论——"寂"的研究》。
③ 即松尾芭蕉，日本俳圣。

是俳谐还是茶道，我都只能算是一个门外汉，但为了从美学角度对"寂"这一概念进行考察，我只能厚颜踏入"风雅"的世界了。

和"幽玄"与"哀"一样，本来我也想将研究重心放在如何将"寂"纳入美学体系这个问题上，但最终本书还是选择将"寂"作为一个单独的问题来研究。所以与前作一样，起码从表面上看来，本书在美学体系的构建方面会有一些局限。若是有机会，日后我将以其他形式对这方面的不足进行补充。另外，由于种种原因，都要求研究素材详细而具体，所以可能本书中的引用会略显烦琐，但我相信读者能以自己的方式忽略这一点，所以我就不对此加以删减了。

总而言之，本书虽然有很多不足之处，但确实在相关问题的研究上，算是启用了一个崭新的方法和立场，因而我只希望拙作能够对日后相关问题的研究有所启发。在战时的非常时期发表此书，希望能被大家谅解。

昭和十五年四月

著者

目录

第一章	绪论	001
第二章	俳论中的美学问题（一）	013
第三章	俳论中的美学问题（二）	053
第四章	俳谐的艺术本质和"风雅"概念	079
第五章	"寂"的一般意味和特殊意味	119
第六章	作为审美范畴的"寂"（一）	153
第七章	作为审美范畴的"寂"（二）	183
第八章	作为审美范畴的"寂"（三）	211
第九章	"寂"的审美界限与茶室的审美价值	245

第一章

绪论

和"幽玄"及"物哀"等概念一样,显然"寂"也是一种审美概念或者一种美的形态。这种特殊的美的形态,一方面体现在日本的某个时代、某种艺术或日本人的某种艺术生活方式中,比如在俳谐和茶道等"风雅"之道中作为一种理念和目标表现出来。在某种程度上,可以说"寂"通过俳谐与茶道这种方式得以实现和具象化,并且在这种艺术生活方式中,也在我国国民的审美体验中,被把握、被欣赏。而且,这种特殊的艺术生活方式之中所包含的国民性,加之当时的特殊文化潮流,都令更多的人感受到这种美的趣味性,为"寂"在人们生活中的普及做出了贡献。另一方面,"寂"这个概念所代表的特殊的美,天然地就和日本或者说东方的民族趣味相契合,而且毋庸置疑的是,对这种特殊的美的体验与感受造就了我国国民审美意识的一个重要方面。

不仅如此,据我所知,对于作为一个审美概念的"寂"的理论探讨,较之于"幽玄"和"物哀"等其他审美概念则相对贫乏一些,甚至可以说从未有过相关的研究。当然,日本的诸多传统审美概念,大都有着极度不合理的审美内容。而且日本自古以来在美学的研究上并不发达，所以没有专门关于"寂"的研究和考察也是可以理解的。但是，对于"幽玄"和"物哀"这样的概念，即使研究很贫乏，也有像中世的歌论和近世的本居宣长等人的尝试性研究。而在俳谐方面，"寂"作为一种"艺术"中的根本问题，以芭蕉门下诸人为代表，很多俳人都在其俳论中对此阐述过自己的观点。但是在这些俳论之中，对于"蕉风俳谐"的考察，强调的还是"寂"在理念上的意义，基本上看不出对其特殊审美内容的直接考察，更不用提理论上的反省和讨论了。除了那些模糊的只言片语之外，几乎没有什么有价值的观点。

这种情况的产生有其必然及偶然的原因，在我看来，其中最主要的还是基于以下缘由："寂"这个概念在芭蕉及其门人的著作中，基本上是作为俳谐美的一种理念而被使用的，他们赋予了这个词一种非常高深而复杂的内容，这其中的妙趣和真谛，只有芭蕉等深谙此道的人才能领会。但另外，若是只将"寂"限定在"闲寂"这一层意思上的话，问题又变得简单明了起来，那它就只剩下字面上的意思了。"寂"这个概念也因此在明暗两极之间游动,一方面它是如此的简单,以至于不用再刻意添加任何解释便如此明了;而另一方面,它有时却是非常模糊的,以至于除了消极的、否定的说明之外,再也无法添加一些积极的解释。因此,有很多俳人在俳论中,对这个词极尽考究,频频使用,但对其本身所代表的内容并没有加以说明和分析。向井去来在《花实集》中曾说"像'寂''位''细柔''枝折'这样的词,是很难用语言去解释清楚的",他也只是列举了他的老师芭蕉以"寂"来点评的俳谐。(在《去来抄》中他也说过类似的话:"总之,'寂''位''细柔''枝折',这样的词只能以心传心。")

到了现代,我国的文学研究界也有学者尝试对"幽玄""物哀""寂"等概念进行解释。但这些考察和观点,大多有着这样一种倾向,即将"寂""幽玄""物哀"等问题紧密地联系起来,并在其中寻找它们共通的本质。比如,有学者认为这三个问题就是同一个本质在不同历史时期的不同表现形式,在中世表现为"幽玄",在近世则表现为俳谐中的"寂"。我们暂且不去谈论这个看法本身到底是对还是错，但从中我们可以看出一种倾向，那就是不满足于将这些概念只作为一种独立的历史现象，继而在文学史或者精神史中去研究它们，而是将其作为同一种民族精神的不同表现来看待，并尝试着在理论上去寻找它们之间的统一性。尤其是在现在这样一个强调在历史中寻找日本或东方人自己的文学和精神特质的时代，尽管可能对于一些现象和问题的考察并不是那么严谨而全面，却有着同一个寻找一个贯穿日本历史的统一的原理的倾向。

在研究"幽玄""哀""寂"等问题的时候，比起分析它们各自的审美本质，还是将它们混合起来，作为一个统一的日本的审美范畴来看待，再从美和艺术等具体领域去阐明那些"日本的"东西，明确"日本精神"更为方便一些。从另一个方面来看，毋庸置疑的是，美与艺术之中的"日本的东西"的一个重要特性，就是其中的一种深刻的精神性。因为篇幅问题，我们在这里无法对这个精神性展开探讨了，但需要明确的一点是，这种精神性绝对不只局限于美和艺术领域，可以说它本身就发源于非审美的、超艺术的领域。我国的各种艺术最终能脱离"术"到达"道"的层面，最根本的精神动力也正在于此。若是将这种精神概括成一种"日本的东西"的话，那就像是将和歌、俳谐、绘画等艺术样式都归结于一种精神上的"道"一样。而诸如"幽玄""物哀""寂"这样的审美范畴，就是从各自的发源地艺术中脱离出来以后，逐渐发展出来的特殊形式。若是用这种统一的观点来看的话，那么这些审美范畴的自身特色就会被抹掉，最终会被统一到一个共通的"日本式"的审美意识和审美趣味的本质上去。关于这个我想到了本书中多次引用的芭蕉的《笈之小文》中的一段有名的话：

> 百骸九窍之中有物，因其柔弱，仿若被风吹破之薄衣，姑且称之为风罗坊。此人好狂句，并与之终生相伴。……到头来无艺无能，只此一物而已。
>
> 西行之于和歌，宗祇之于连歌，雪舟之于绘画，利休之于茶道，其贯道者亦此一物也。
>
> （《日本俳书大系·芭蕉一代集》）

但我认为，只是从精神史或者精神哲学的角度来考察日本人的审美意识和艺术现象的话，还不能满足"美学"二字之中的"学"字。若是从美学的立场上讲，在进行统一的、概括性的考察之前，先应该明确各个问题或者现象的本质所在。"幽玄"就是"幽玄"，"物哀"就是"物哀"，"寂"就是"寂"，明确它们各自所特有的审美特质是非常必要的。而且，就算是将各个审美范畴统一起来进行考察的时候（当然，美学上的研究最终还是会走到这一步），也不是单纯地将其结合、统一起来就可以了，反过来我们还要保证根据这个能将其统一起来的原理，还能再将其分化开来。换言之，若是要研究"幽玄""物哀""寂"这些概念（先不论这个选择是否恰当）各自的审美本质，那么我们就要通过这样的分化来为各个审美范畴的特殊性找到理论上的支撑。在美学上，所谓"日本的"这种特色本身就完全不能构成问题，"日本的"或"西方的"这种说法，说到底不过是这些审美范畴的历史渊源而已。"日本美学"这样的叫法，只是为了方便而已，并没有什么理论上的深层意义。

这次我对"寂"这个概念采取的美学研究方法，在根本上和"幽玄"与"物哀"的方法比较相似，但在具体的细节方面可能会有些出入，因为三者的历史背景都不尽相同。所以为了研究的方便，具体问题具体分析还是十分有必要的。在"寂"的考察中，首先需要明确的还是这个词在一般情况下的使用方法，即一般语义，对于这一点我将进行较为详细的考察，但这也只不过是解开"寂"的第一个线头而已。第二个焦点当然要对准最直接的研究资料——俳谐了。"寂"这个概念在俳谐这个特殊的艺术领域中究竟有怎样特殊的含义呢？对于这个问题，我将会以多本俳论书为素材，结合具体的用例，尽一个非专业人员的最大努力，来考察"寂"在俳谐领域的特殊含义及其在具体俳句中的变化和扭曲。（在考察茶道的时候，我还会对一个经常和"寂"一同出现的概念"侘"（わび）进行一些必要的说明。）

为了能从最基础的材料中明确地把握"寂"这个审美概念的本质，我们还需要做一些必要的基础准备。这就需要我们将研究向两个方面展开：一是用美学的观点来考察俳谐或者说俳句的艺术性，二是探讨在俳论中出现的各个美学问题。为了更好地理解"寂"这个概念在俳谐尤其是在芭蕉的俳谐中所处的位置，也为了从理论上来把握"寂"这个概念的审美内容，我们就必须先理解俳谐本身的美学特性及其特殊的艺术性。但是所谓理解本身也有很多层含义，比如若是想真正地知俳谐、解俳句，这需要长年以俳人的身份活动，还需要认真而努力地去创作俳句，非如此便不能真正地理解俳谐。若是我们所说的理解是这种理解的话，那也不必说什么从美学角度来理解其特殊性和艺术性了，这是根本不可能达到的条件。因为这世上本来也不存在同时熟练地掌握多种特殊艺术的万能艺术家。无论对某种特殊艺术有着多么深的领悟，这些也只不过是个人关于这门特殊艺术的经验之谈，仅此是不可能发现具有普遍意义的美学理论的。

然而幸运的是，所有的艺术形式，不管在末梢部分有多么的不同，在制作过程和技术方面多么的迥异，但只要是"艺术"，就一定含有一些共通的艺术本质。这里所说的艺术本质，绝不是舍弃掉了那些特殊的、具体的元素后留下的唯一的抽象本质。那些特殊艺术领域的专家经常会产生这样的误解，这也是他们普遍对追求一般理论的美学研究不看好的原因。在这里我就不对这个问题详细展开了。总之，各种艺术都有其特殊的表现手段和内在形式，但这种内在形式的特殊性也绝不是只有从事创作的人或者说有创作经验的人才能理解的东西，只要能够欣赏这种艺术，那么任何人都可以理解。当然，能欣赏某种艺术的前提便是，可以理解和把握其内在形式的特殊性。当然仅仅是理解其内在形式的特性，还不能称得上全面地理解一门艺术的特殊性，还要理解其外在形式的特性。比如，在绘画中，有颜料、纸张和笔等物质材料方面，还要有种种与之相关的外在技巧，我们必须充分考虑这种特殊性的多样化表现。就俳句而言，特定的音节和格调之间的关系、叹词的特殊使用方法以及"切字"[①]等，都是它区别于其他文学样式的外在特性。当然，这些专业的细节，一定要在艰难的创作过程中才能充分地领悟到。这种能力对于艺术评论家来说或许是至关重要的，但对于美学研究者来说却没那

---

① 俳句中用助词和助动词来断句的方法。

么重要。在美学的研究中，俳谐也不一定作为"俳谐"被当作研究对象，其实只要将俳谐当作一种艺术来理解就足够了（别的艺术也如此）。子规曾在《獭祭书屋俳话》的序中，开篇便引用了老子的那句"言者不知，知者不言"，而后谦虚地说"我也是不知俳谐却妄议俳谐之人"。连子规都尚且如此谦虚，那么当我这个门外汉来谈俳谐的时候，就更加诚惶诚恐了。姑且就将这一段话当作我对自己以一个门外汉的身份来妄谈俳谐的辩解吧。

为了对"寂"这个问题有一个充分的理解，先要讨论的就是历来在俳论中出现的种种与美学相关的问题。之前也曾提过，在芭蕉之后的俳论书籍之中，我们可以看到关于俳谐艺术的根本问题的探讨已经是非常详细的了，甚至在某种程度上已具有一定的体系。这些俳论中，不仅包含对俳谐的特殊技法、俳谐的历史、相关典故的探讨，还有"不易、流行"论、"虚实"论、本情论和风雅论这些已经称得上是美学问题的探讨。若是将这些观点看作美学理论的话，较之于中世的歌论，某些俳论的思考和表达则更为精细。这也是时代发展的必然结果，这一点是值得我们注意的。但我们现在要做的是，明确地将"寂"这个特殊的美学范畴作为俳谐的中心思想和一种理念在理论上固定下来，所以只参考俳论书是完全不够的，因为"寂"这个概念本身的很多问题，在俳论中并没有直接涉及。而且，对于芭蕉及其门人来说，"寂"指的是在俳谐中代表着理想之美的终极的审美理念，因此，蕉门诸人是不可能将"寂"作为一种包容的、理论上的审美内容来分析的。换句话说，就是我们无法在蕉门诸人的俳论中看到有关构成"寂"的各个要素的分析。虽然并不是所有出现在俳谐中的美学问题都和"寂"有关，但这两者之间至少存在着这样的联系。因此，我认为以俳论书为资料，对"寂"进行美学上的考察是一种行之有效的方法。

总之，我会按照上述方法在下文中将"寂"作为一个审美范畴问题加以研究。为了方便起见，在后文的论述中，我会颠倒一下顺序，从关于俳论中涉及的诸多美学问题处起笔。

侘寂

第二章

俳论中的美学问题（一）

在俳论中有很多关于俳谐的历史沿革、俳谐用词的解释等基础内容，但不可否认的是，这些内容中也包含着一定的艺术论倾向。而且作为一种艺术论，俳论不仅探讨俳句的特殊形式与技法，确实也对俳谐艺术的根本问题和俳谐的一般美学问题有着一定的考察和研究。现在市面上所谓"俳书"的这类书籍可谓汗牛充栋，其中称得上"俳论书"的也有不少。虽然我并不清楚，在这类书中，以艺术论相关思想内容为对象进行深入而精细的研究后所得出的成果到底有多少，但从美学的立场上来探讨俳论中涉及的各种美学问题，确实是比较有趣的事。而且我还发现，从当今美学的立场上为俳论的诸多问题赋予新的解释是非常可行的。当然，在此我并不会从美学的角度探讨所有俳论中的问题，只是为了做好"寂"这一审美概念研究的准备工作，我会对一些相关问题进行美学上的概览性研究。即便是这样，我们也会碰到很多未开发之地，需要亲自披荆斩棘才可到达目的地。

可以说，俳句经芭蕉之手才真正成了一种艺术，后来俳论中的所有美学问题都发源于此。然而芭蕉本人对俳句艺术的思索和反省的相关材料，流传至今的却少之又少。即使是先前公认出自芭蕉之手的著作，如今也因疑似伪作而被否定。这对于我这种门外汉来说，在选择材料时就会遇到很多困难。但我认为，即使没有芭蕉亲笔所书的材料，也可以从他的弟子所记录的师说中选择较为忠实的一些，将其当作间接资料来使用，大体上也可从中窥见一些芭蕉的思想。

在此，我首先想将以下三本著作作为本次的研究材料：被称为"芭蕉遗稿"的《祖翁口诀》（据说是在芭蕉之后开拓了"伊势派"的乙由之子麦浪所藏）、《幻住庵俳谐有耶无耶关》，还有被认为是记录师说的服部土芳的《三册子》。除此之外，还有被称为"芭蕉传书"的《二十五条》，各务支考将其命名为《白马经》或《贞享式》，此书作为"芭蕉第一"之传书广为流传，但现在也被很多人认为是支考的伪作。我在这方面的知识颇为匮乏，当然没有判断这些材料真伪的能力和资格，但明治年间由岩谷小波校订、博文馆出版的《俳谐文库》第二十五篇《序俳谐论集》中，《二十五条》的作者栏上写的是"东花坊支考"。校订者曾在该书的

"凡例"中说:"芭蕉翁《二十五条》(十千万堂红叶氏藏)又名《白马奥义解》,所谓此二十五条为芭蕉翁家训之说,颇为不可信,实应为东花坊所作。"而且在同书所收录的《幻住庵俳谐有耶无耶关》中,校订者又说:"《幻住庵俳谐有耶无耶关》确系芭蕉所作,正风之徒视之为金科玉律,该书于明和元年上梓。"我最早就是通过这本书了解芭蕉学说的,但《日本俳书大系》却并未将其收录在册,而《二十五条》却作为《蕉门俳话文集》之一被收录在该"大系"中。对此,该"大系"的编纂者胜峰晋风在《题解》中如此写道:

> 由"附记"可知,元禄七年六月,芭蕉寓居落柿舍并在此制定俳谐新式,将其传授给弟子去来,但这在《去来遗稿》中没有记录。因此,关于此书的"支考伪作说"较为盛行。……有人认为该书是支考的伪作,而森川许六在《宇陀法师》中曾说:"《二十五条》的口诀是先师所悟俳谐之奥义,不读此书则不知俳谐之道。"野坡之闻书《俳谐耳底记》附

录的《蕉门野坡流俳谐书目录》中就写有"芭蕉翁《二十五条》一册"几字，可见野坡也认为此书出自芭蕉之手。既然许六和野坡都相信此书乃芭蕉所撰且积极刊行，那我们也很难干脆地将其视作支考的伪书，不如将其视作芭蕉所撰之书并带着批判性的眼光去看待它，这样也就不至于被支考愚弄了。（《日本俳书大系·四》）

根据这种说法，我们也可以将《二十五条》作为本书的参考资料。

下面，我将从《祖翁口诀》中选取值得注意的几条：

（一）入格而不出格，狭。不入格则易走上邪路。入格，后又出格，如此方得自在。对诗歌文章的品味之心不断提升，同时一路将作品撒向四海。

（二）千岁不易，一时流行。

（三）他门之句如彩绘，本门之句如水墨，虽然并非全然没有彩色，但"心"与他门不同，"寂"为第一。

（四）俳谐名人应充分理解"质朴"一词，则可妙手得一好句，高手过招，趣味常见于刚强之中。

（五）俳谐经常被视作中人以下的玩物，此皆因误将俳谐视为俗谈平话并对其加以修正之故。将俳谐视作肤浅、拙劣之物，实乃浅薄之见。俳谐之中仍有《万叶集》之心，实则为雅俗共赏之道。与唐、明时的中华佳作相比也毫不逊色，俳谐以心中低俗为耻。

（六）句姿应如青柳上的小雨，垂然欲落，又应如拂柳随风而动。情应如心中赏花，观真如之月；唱和之心，应如月夜中的梅花绽放。

（《日本俳书大系·一》）

同样的话在《芭蕉文集》中的名为《三圣人图》

（森川许六所创，宗祇、宗鉴、守武三人的画像）的文章中也可以见到，其中有诸如"风雅之流行与天地共生共移，此为至尊"之类的句子。这里的"流行"，与上文的"千岁不易，一时流行"中的"流行"应该是同样的意思，只是与上文所引数条和其他《祖翁口诀》的内容相比，词句表达显得有些简单。虽然不知将其作为一个问题来讨论是否恰当，但我想说的是，从这个简单的片段中，大体可以看出芭蕉到底是怎样思考和定义他这一流派的俳谐的艺术性的。然而，首先需要我们注意的一点是，在《祖翁口诀》（假设这就是芭蕉本人的遗言）中基本上看不见后世的俳论中比较重要的"虚实论"思想（但在芭蕉的其他文章中，比如《田舍句合》的句评和《虚实集》跋中就已经出现了"虚实"这个词）。其次《幻住庵俳谐有耶无耶关》的序文曾以芭蕉的名义写了这样一段话：

> 自神代八云之和歌而始，历代和歌的风体都会有所区分，俳谐的风体由此而来。俳谐可视为残缺之和歌，表面为谈笑之姿，内里却是

清闲之心。俳句向来善于表虚。虚者，虚也，虚中缀实，实中缀虚，方为最佳。以实写实，以虚写虚，断非俳谐之正道。正风即为游弋于虚实而不止于虚实之道也，亦为我家之秘诀。

虽然这段话有些地方的表达非常模糊不清，但大致上就是在说，俳谐的特色便是在表面的滑稽戏谑中隐藏着"闲清"之心，虚中见实、实中见虚就是俳谐之道。虽然这里有关虚实的结合的解释还是过于笼统，但这本书中还专门为"虚实正之事"专门设立了一章，其中就用了这样一个例子来说明：

"虚"：断了线的、飘入了云中的风筝。
"实"：断了线的、自云中坠落的风筝。
"正"：断了线的、却未飘入云中的风筝。
以虚实为非，以正为是，游弋于虚实之间，此为俳谐之正道也。

从这段话我们可以看出，这里所说的"虚"与

"实",大体上指的就是"虚伪"和"真实",而"正"指的就是游弋于"虚实"之间的一种俳句表达方式,似乎还有一些否定虚而转向实的意思。

顺便一提,莺笠的《芭蕉叶舟》虽是后来的著作,但也曾论述过"虚实"的关系:"写'虚'而归于'实',正是正风之微妙与趣味所在。将对竹(作者别名)按:唐诗中有'白发三千丈'在前,此为写'虚','缘愁似个长'在后。'三千丈'为虚,而后忽然归于'似个长'之实,表忧愁之姿。此句恰可表俳谐之神,正得正风之'虚'。"(《俳谐大系·十四》)这段话就是在解释何为"正"。

在这里我们需要注意的是,芭蕉之说其实已经有了"虚实"的思想。此外,该书中还有《不易、流行》一节,认为"古老池塘中,一只蛙入水,池水出声音"为"不易",认为"景清也在赏花之座,七兵卫",还说"以上所说'不易、流行',在俳谐、连歌之中经常被混淆,《古池》之句千载难遇,其姿无人能及"。晋子说:"若是将这句俳句的头一词换成'棣棠'会如何呢?'棣棠''古池'这两个词所表达的心有云泥之隔，即使后面一字不变，整句也会沦为'流行'。"至于为什么说《古池》为"不易"，而"棣棠"则是"流行"，表述就有些模糊不清了。

接下来我们看一下那本忠实记录芭蕉语录的《三册子》，这确实是能体现芭蕉艺术观的重要材料，但它毕竟不是芭蕉本人所著。所以在这本书之前，我们先来看看曾声称是芭蕉亲笔的《二十五条》。《二十五条》的目录为：第一，关于俳谐之道；第二，关于"俳谐"二字；第三，关于虚实之事；第四，关于变化之事；第五，以下各条，都与俳谐的具体做法相关。在第一条"俳谐之道"中，先提出俳谐便是"对俗谈平话加以修正"，又"佛道有达摩，儒道有庄子[①]，踏破道之实有。于是歌道有俳谐，反其道而行之，则为俳谐之道。俳谐形成于和歌、连歌之后，俳谐之心则一路向上"。第二条因与我们的研究关系不大，在此便省略。第三条"虚实之事"，其中写道："万物居于'虚'便动于实，居于实便动于虚。实可自立，无关人为。譬如

---

① 原文如此。

花开花落，月之圆缺，叹之惋之，此为惜实，亦为连歌之实。而惜虚则为俳谐之实。汉诗、和歌、连歌、俳谐皆为善于说谎之物。虚中有实为文章，实中有虚为巧辩，实中有实则为仁义礼智。虚中有虚之物在世间既稀有又多见。指定此人为我家之传授。"在第四条"变化之事"中，又写道："文章之事在于变化之事，变化即虚实自在也"，还说"因而天地游弋于变化之中，人若无变化则枯燥乏味，此为'本情'。"接着又说了几句关于变化之法的事情。从这几段话来看，此书未免有些故弄玄虚之嫌，但恐怕也确实表现出了一些芭蕉当时的想法。其中"汉诗、和歌、连歌、俳谐皆为善于说谎之物"和"对俗谈平话加以修正"这两句话，用词颇为单调，且语义上也有些牵强附会。从文体上看，也令我不得不怀疑，这就是支考的伪作。而且在思想内容方面，我们也有一个证明它是支考伪作的证据，那就是从头到尾都没有出现与"不易、流行"相关的词汇，也没有相关概念的描述。

我不知道历来专门研究俳文学的学者们有没有注意到这个问题，但我作为一个门外汉，在研究"寂"的相关问题时，看了很多俳论书，在考察它们各自的思想内容、脉络系统之间的关系的时候，我的脑海中浮现出这样一个想法：若是能从总体上来把握蕉门俳论中出现的艺术观，那么后续的研究可能会顺畅许多。而怎样才能从总体上把握这些艺术观呢？那就必须要抓住两个堪称基石的问题，那就是"不易""流行"问题和"虚实"问题。这两个问题在意义上相互消长，换言之，蕉门各派俳论思想的区别就在于对这两个问题考察的侧重点不同，还有对其在抽象和具体上的发展的思考方式的不同。若是能对此加以区分和整理，就是一件非常有意义的事情。假如能为我这个想法找到事实依据来证明它不是空想，那么首先，我觉得就应该将《二十五条》看作支考的伪作。这不仅仅是关于一部书的真伪鉴别问题，在对俳论一般思想做系统考察的时候，是否将《二十五条》看作是支考的伪作也具有重大意义。除此之外，这和我们对"寂"的概念及内涵的解释与研究也有着密切的联系。因此，这次我对俳论美学问题的研究也将以此为中心。为了给我的观点提供一个坚实的论据基础，虽然有烦琐之嫌，但我在下文中也会在文献学上对蕉门俳论加以整理。

首先是土芳的《三册子》。如上所述,这本书较为忠实地传达了芭蕉本人的观点,是一部较为可靠的文献。但同时芭蕉的观点在土芳的笔下也不可避免地被延伸和润色了。在《白册子》中,土芳说芭蕉认为"诚"是俳谐之根本,接着在《赤册子》中,又论述了"不易、流行",并将其作为"风雅之诚"的基础,还将"诚"作为一种客观的观念性概念展开。另一方面,他还对在其他俳论中经常出现的"本情"概念做了解释,并进一步认为"物我一如"的境地是俳谐艺术性的根本来源。以下就是原文中比较值得注意的一部分:

> 俳谐自形成起,便多以伶俐巧舌为善,不知"诚"为何物。……先师芭蕉翁投身此道三十余年后,俳谐方才修成正果。先师的俳谐便是"诚之俳谐"。
>
> 汉诗、和歌、连歌、俳谐,皆为风雅之物。而不入汉诗、和歌、连歌三者之眼的事物,都为俳谐所关注。

在樱花间啼鸣的黄莺，飞到屋檐下在面饼上拉了屎，这是新年的气氛。原本就住在水中的青蛙跳入古池时发出的声音，还有青蛙在草丛间跳动时的声响，都为俳谐所喜爱。

侧耳听、用心看，从中捕捉能令作者感动的情景，这就是俳谐之"诚"。

根据这样的说法，"诚"不过是人的一种真实纯粹的感觉，有着强烈的主观色彩。而有时候，土芳所谓的"诚"还具有比较客观的意味。在《赤册子》的开头有这样一段话：

> 先师的风雅论有"万代不易"与"一时变化"。这两个概念的本质是相同的，这个本质正是"风雅之诚"。若是不理解"不易"便不懂俳谐之实。所谓"不易"，就是不论古今，亦与流行变化无关，都牢牢立于"诚"之上的姿态。
>
> 观历代歌人之作品，就会发现代代都有变

化，但在这变化之中还有不变之物，这便是为数不多的带有哀感的和歌。这便是万代不易之物。

千变万化是自然之理，没有变化风格便会僵化凝固。风格一旦僵化，作品便会与流行之物无甚区别，这便是因为没有责之于诚。……责之于诚便会自然而然地有所进步……门人们曾经守在先师的病榻之前，请教他此后的俳谐该何去何从。他说："我踏入俳谐之道，便慢慢懂得千变万化，而这种变化归根结底不外乎'真''草''行'三点。这三点中，前两点我理解得还不算透彻。"先师生前还多次开玩笑说："我连俳谐这个米袋子的袋口都没解开呢。"

先师曾说要高悟归俗，又说："现在我们要做的事情，就是责于风雅之诚，使风雅之诚归于俳谐之中。"

常在风雅之中的人会以风雅之心看待万物，认真从自然中取材。若是不能保持一颗风雅之心，那么便很容易走入玩弄辞藻的误区中，最终流于庸俗。

先师曾说"松的事要向松学习，竹的事要向竹学习"……先师之词一般都远离私人的意趣，而向客观对象学习，就是融入客观对象中，感受其细微的情感，如此方得佳句。若只是粗略地感知对象，那么感情不能自然地发生，则物我两分，情感也不诚挚，这样作出的作品就是只是私人意趣，无法感动他人。我们蕉门弟子必须将先师之精神融于己心。

虽然这段话看起来不完全符合逻辑，所提出的问题和表达的观点也很混乱，但我们还是大致能体会作者想要传达的内容。这段话想要表达的是，风雅的根本——"诚"，作为一种纯粹的审美意识，是一种物心如一、人天相即的境地。同时，从时间上看，"诚"还具有"不易"和"流行"两个特点。自然，是天地本真之美，本身就存在于千变万化的运动之中，但它的艺术表现却有万古不变的静态。但艺术表现本身也有着代代变化的形式，而这种变化流行本身也是第二自然艺术本质性的一个侧面。总之，美就是流动之中有不易，不易之中有流行。俳谐作为一种艺术，当然也在这个境界中，它的外在表现形式即"句姿"与"风雅之心"之间，有着一种"相即一如"的关系。所谓"责于诚"，就是将纯粹的审美意识的感情与真实的物之心结合起来，也就是"入物，其微自显，于是生情"，即入松得松之心，入竹得竹之心。要言之，带着"诚"心去纯粹地体察物之"本情"是俳谐的精髓所在，也是风雅的理想境界。为了达到这个境界，我们这些弟子就必须要向已经掌握了"诚"之心的先师学习，感悟先师"诚"之心的气息，并把它移到自己身上。以上这段话大致就是《三册子》的中心思想，其中出现的"风雅之诚"这个概念已经有了一些较为深入的美和艺术的哲学原理，而且与之同时出现的"不易、流行"概念（虽然还比较模糊，并不是那么明确而直接），也并不是日后蕉门中人的俳论中被限定在了样式论领域的"不易、流行"，而是一个根本的、总括性的概念。

只看上面那一段，关于"不易、流行"概念的解释可能并不十分清晰，该书中另一段文字就这个问题的讨论则更为明确：

> 新鲜是俳谐之花，古旧就如同不开花的枯木一般，会给人一种衰败之感。先师追求的就是这种新鲜的芬芳之气。看到新鲜的俳谐，俳人都会发自内心地高兴，新鲜也是我门弟子不断追求的东西。不新鲜就不会流行，正是因为新鲜常被俳人追求，所以俳谐才能亲近自然，在大地上扎根生长。"皓月当空，山下白雾茫茫，田野云烟缭绕"乃万古不易之姿，"将棉田当作了月之花"有新鲜之感。先师曾说："乾坤之变为风雅之本，静物乃不变之姿，动之物则常变。时光易逝难长存，能留下的就只是自己的所见所闻。飞花落叶，若是抓不住那一瞬间，那么活物就只能变成死物，从此销声匿迹。"关于俳谐创作，先师还说"看到物的瞬间，就要让它永远留存在心中""将这种瞬间的感性表现在句作之中"。这些话讲的都是

如何入境，如何抓取外物的瞬间姿态并将它留存于俳句中。（出处同上）

我在之前曾说，因为《二十五条》中没有出现"不易、流行"的相关论述，所以我怀疑此书为支考伪作。而在这本《三册子》中，竟然从未出现过有关"虚实"概念的讨论，这一点也非常令人费解。当然，显而易见的是，将"不易、流行"归于"风雅之诚"这种思考方式与"俳谐就是巧妙地说谎"是相矛盾的。而且"虚实"论在《二十五条》和《幻住庵俳谐有耶无耶关》都有出现，而在《三册子》这样一本记录芭蕉俳论的重要著作中却没有半点"虚实"论的身影，这是一个难以忽视的事实。在这里我们就把《二十五条》和《幻住庵俳谐有耶无耶关》看作芭蕉的遗作，或者至少也是记录了芭蕉思想的著作。

当然，若是将这些著作都看作伪作的话，这个问题自然也就不复存在了。但是这些著作就算不是出自芭蕉亲笔，也算是比较忠实地记录了芭蕉思想的书籍，将其全盘否定就未免过于激进了。即使芭蕉本人可能全然不知后来他的门人发展出来的"虚实哲学"究竟为何物，但至少他本人是有过俳谐就是"在虚实之间游弋"的想法的。在这个问题上，比起《幻住庵俳谐有耶无耶关》中的"虚实正"的说法，《二十五条》中对"虚实"的晦涩说明恐怕更偏离芭蕉本人的思想，我认为应该出自支考之手。因此，据说是真实地记录了芭蕉思想的《三册子》，却没有涉及半点"虚实"论的内容，这实在是有些令人费解。

有关"虚实"的问题，我们就先不去管一些特殊的情况，比如支考晦涩难解的哲学化解释，而是将目光放在普通的情况上，即"虚实"作为一个艺术论的根本问题，表示假象和实在之间的美学关系的情况。在最初的俳论中（比如《幻住庵俳谐有耶无耶关》）"虚实"这个概念指的恐怕就是单纯的虚妄和真实之间的对立。这一问题的产生自有其内在的原因，这与俳谐自身的发展历史有关。"俳谐"这个词中的"谐"就来自于"滑稽""谐谑"，这是因为它刚从连歌中分化出来的时候与"滑稽""谐谑"之间关系密切，而在蕉风俳谐确立之后，俳谐逐渐和"滑稽""谐谑"划清了界限，开始更多地强调艺术性和精神性。但是土芳的《三册子》开篇就讴歌芭蕉在俳谐史上创下的丰功伟业,将"诚"作为芭蕉思想的根本精神,并以此强调俳谐的艺术性和严肃性,尽全力说明蕉风俳谐和从前那些滑稽俳谐是完全对立的,蕉风俳谐绝不可能是滑稽的。而"虚实"这个概念最初有着一些"滑稽"与"严肃"对立的意味,这样看来,或许在《三册子》中也确实没有"虚实"论的生存空间。

尽管我们并不知道《幻住庵俳谐有耶无耶关》这本书到底是不是芭蕉所写,但"表面为谈笑之姿,内里却是闲清之心"确实是俳谐的一个独特艺术特性。不管芭蕉怎样反抗历史传统,怎样强调俳谐作为一种艺术的严肃性,俳谐也终究是俳谐。换言之,只要不是完全无视俳谐的艺术性,那么这种"谈笑之姿"总会以某种形式被保留下来。这里的"谈笑之姿"就是"滑稽"的意思。但自芭蕉之后,"滑稽"就与贞门派和檀林派中低俗卑猥的"滑稽"完全不同了,芭蕉之后的"滑稽"是在着重强调"闲寂"后残余的一些点到为止的滑稽。但我认为,"滑稽"或者说类似于"滑稽"的元素是俳谐的本质元素之一,会永远存在于俳谐之中。芭蕉的那句俳谐的目的是"对俗谈平话加以修正"也很清晰地说明了这一点。虽然很难说俗语本身到底含不含滑稽元素,但若是为其加一个对照,同样的形式下与和歌和连歌之中的雅言相比,所谓俗语难免就会有些玩笑、不严肃的"滑稽"感。即便是在用词上完全避开了俗语,俳句本身奇特的观察角度和表达方式也会产生一种轻微的"滑稽"意味。努力发展"闲寂"趣味和艺术的严肃性,同时极端地抑制滑稽谐谑,结果滑稽感还是有些轻微的残留。由俗谈平话构成的俳言和俳题,还有与之相伴的各种表现手法,正是俳谐区别于和歌的根本特色所在。蕉门后来的门人也有很多人意识到了这一点,并将其写进了自己的俳论中。比如后来的俳人白景鸟醉,他弟子的记录《俳谐增补提要录》中曾有这样一段记载:

> 老师经常说,发句的句题需要推敲斟酌。首先,春季之题"梅""柳""莺"都是和歌题,"灌木丛""风筝"才是俳谐题。歌题中要有俳谐之力,用雅言写俳谐题可尽得风流。

"梅花飘香引得太阳东出"可谓有俳谐之力，"黄莺飞到屋檐下在饼上拉屎"用词平俗却很有力量感。还有"风筝爱自由，黄昏仍要往外飞""女儿节的人偶，依稀可见古代女子的面容"这些俳谐，用雅言，颇有古意，但仍能给人一种俳谐的感觉。(《俳谐丛书·俳谐作法集》)

这样看来，惟然的"梅花枝，在月下折取更好"，因为使用了少量的俗语并用了一些特殊的句法，所以很巧妙地传达了一种真实感。与此相比，白雄的"人陷恋情中，点灯观落樱"这句俳谐所表达的趣味，则更接近于和歌。

这都是从艺术形式分析和歌题和俳谐题、雅言和俗语等区别。若是从整体上分析审美内容的话，俳谐趣味将枯淡闲寂和俗谈平话中的洒落轻妙两种趣味巧妙地融合了起来。例如，同样是表达闲寂氛围，"古老池塘中，一只蛙入水，池水出声音""秋末黄昏，鸟儿立在枯枝上"这样的俳句，和更为厚重的汉诗相比，在审美内容上是完全不同的。总之,不管芭蕉怎样发展了俳谐的艺术性与严肃性,在根本的构造上俳谐除了和一般的艺术一样有着"假象"与"实在"的对立之外,还有"俗"与"雅"或者"戏说"与"正经",又或者"滑稽"与"严肃"之间的对立。"虚实"概念的多义性及其相关问题与俳论的根本问题之间有着密不可分的关系。如此看来,在芭蕉之后的俳论中,关于"虚实"问题的探讨主要可以分成两种不同的系统,一种是在"虚实"最原始的意义上展开强调,另一种则正相反。前者属于"正风派",即不拘泥于芭蕉本人历史的、个人的俳风,从广义上思考与反省俳谐作为一般艺术的本质。而后者则是完全尊重芭蕉本人的思想,将其作为一种不可更改的传统来看待,与其说他们探讨的是俳谐的一般问题,不如说他们探讨的是芭蕉本人的俳谐的问题。这种方法相较于"虚实论"更注重芭蕉提出的"不易、流行"主张(莺笠在《芭蕉叶舟》中说"'不易、流行'之说不是古说,而是芭蕉翁的发明,此乃天才之发明")。当然,我在这里并不是将它作为一个结论提出,而是希望在这个假定前提下,来探讨其他的俳论思想。

那么，我们便带着这样的前提，考察一下被称为"蕉门第一俳论家"支考的著作。支考著有《葛之松原》《续五论》《俳谐十论》《十论为辩抄》等书。我们就先借腾峰先生在《日本俳书大系·四》的卷头所写的解题来大致了解一下这几本书的内容。首先是《葛之松原》，解题如此写道："《葛之松原》是蕉门俳论中相对来说比较有系统性的一本书。在此之前的俳论多为像其角的《杂谈集》一样的随笔形式。《葛之松原》虽然也算是本感想录，内容也算不上非常有逻辑，但和随笔相比，起码通篇来看是有一个脉络在的。支考在后半生经常通过歪曲老师芭蕉的话来表达自己的思想，但在写《葛之松原》的时候，他还单纯地只是芭蕉的一个徒弟，可能因为当时芭蕉还在世，所以《葛之松原》算是一部比较忠于芭蕉本人思想的著作。"

《续五论》的解题为："虽说《续五论》是作为纪行《枭日记》的附加文章而发表的……首先是《滑稽论》，认为'滑稽'与'俳谐'同义，是俳谐的本质论，主张俳谐的'本情'便是'风雅之寂'。在《华实论》中又主张若是要追求这种'风雅之寂',便不能离世情太远,不可偏向雅俗的任意一方。还列举了芭蕉在《新旧论》中的这句话'俳谐非古人',认为古风是'风情',但却无'风姿',所以要作俳谐则'情'与'姿'二者都要好好体会。在旅论中又说旅是'风雅之累'应该和恋爱一样作为俳谐的一个主题编入同一卷中……在《恋论》中他举了芭蕉的那句'恋应该交给在座的各位宗匠去吟咏',认为应该避开抽象之论,并列举了具体的实例来证明……"

以上只是对这些书的大致介绍,从中我们也可以看出作者想要论述的五个问题的基本要旨。最后是支考最有名的《俳谐十论》的解题:"支考的俳论基本上都在提倡他所领悟到的'虚实'论,随着年龄的增长,他思想中的玄学与多辩也逐渐向着理性的方向发展,最后形成了比较有体系的《俳谐十论》。他的'虚实'论应该起源于芭蕉那句'俳谐皆为善于说谎之物'。《葛之松原》后他的思想也受到了儒、佛思想的影响,我们可以将《俳谐十论》看成他的'虚实哲学'之大总结。《俳谐十论》分为《俳谐之传》《俳谐之道》《俳谐之德》

《虚实论》《姿情论》《俳谐地》《修行地》《言行论》《变化论》《法式论》十篇，这十个问题每一个都作为俳谐的基本问题被提出。虚实论为本质论，变化论为艺术观，这两者都具有重大意义。"

通过这几篇解题我们可以大致了解支考主要俳论著作的内容，但若是对此做一个概览的话，我们会发现一个不可思议的事实：在支考这些大规模的、系统的俳论中，始终都没有关于"不易、流行"的论述。《续五论》中有一篇题为《新旧论》的文章，乍看之下仿佛就是关于"不易、流行"的讨论，但若是仔细研读就会发现，这完全是个望文生义的误会。这篇《新旧论》的内容实际上是姿情论，支考自己也在《新旧论》篇末写道："此章主要论述姿情，但姿情有新旧之分，故以'新旧'二字命名。"这篇新旧论中有这样一段："《古今集》之中就有'俳谐'之名，《万叶集》之时便有此体。但风情只是风情，风姿也只是风姿而已，姿情只是间或合一，这算不上是真正的姿情，这便是古人的状况。汉诗、和歌、连句、俳句也有这样的情况，这并非人为，而是像春花开放、秋叶飘落一般完全是自然之理。"这一段乍看起来也像是在说"不易、流行"之理，但其实说的是姿情的历史变化，事实上《新旧论》全篇都没有明确地出现过"不易、流行"的字眼。

接着我们看看《俳谐十论》中的《变化论》一篇，此篇如此写道："俳谐之变化，只是世间万物之变化的一个表现而已。大者为天地之变，遇雨则喜遇风则悲，春来花开秋去叶落。变化乃天地之常态，大则为古今之变，小则为一卷之变。"而接下来，支考就俳谐的唱和方法进行了论述，就是关于"有心附""会释""遁句"之类的问题。所以这里所说的变化其实就是连句中的变化而已。这种关于技法的论述当然也是很重要的，但和蕉门其他著作中所说的"不易、流行"就完全不是一个概念了。在支考的著作中，我能想到的最贴近"不易、流行"的文章，应该是《葛之松原》当中的一段话，但这段话实际上也不是以"不易、流行"为出发点说的。支考说："以古事为题材作俳谐，则古事亦可新，词句也为新。这就是不变之正道。喜好新奇也不是什么不善之事，但人心如思念一般常常变化，于是人常为究竟该选择哪条路而暗自苦恼。"总之，在支考的主要著作中,基本上都没有关于"不易、流行"的论述,甚至给人一种他在故意回避这两个概念的感觉。但这也只是就《俳谐大系》所收录的支考主要俳谐著作而言。《支考全集》中的《东华集》的序文中有这样一句"发句可以大致分为真、行、草三种,不易、流行可分为两种",还有"'不易'就像古代残留至今的黄金,'流行'就如用金银在纸上写下的文字,随着时间的流逝有的还在用,有的已经不用了"这样的比喻。所以,也不能说支考完全没有将"不易、流行"的问题纳入考虑之中,但毋庸置疑的是,在支考的俳论体系中,它绝对不是占主要地位的思想。

与此相反,"虚实"论则是支考所要强调的根本思想,他用一些晦涩的、玄学的论述展示了自己的哲学思考,又以此为出发点,论述了姿情论与本情论、风雅论。但《俳谐十论》之中《虚实论》这一篇的内容实在是过于晦涩难解,充斥着诸如"虚实之虚实""以虚为先,有天地阴阳;以实为后,则有君臣父子""应居于虚而行于实,而不应居于实而游于虚,此为白马佛法的第一要义""明德之明则为虚实,新民之新则为变化"

等夸张难解的语句,具体细节我们在此就没有必要讨论了。这其中最重要的观点应该就是将"居于虚而行于实"视为白马之法的第一要义,这具体是什么意思,支考的说明也并不是很清楚,但后来他与露川争论之时曾写有《口状》一篇(又名《露川责》),其中再次提到了这一点,他批评露川的俳谐实际上就是"居于实而游于虚",责之曰:"首先你并不懂'虚实',你的俳谐居于实而游于虚,这是大错特错的。大道之虚实,大者,天地未开为虚,天地已开为实。小者,一念未生为虚,一念已生为实。此为心法,念佛也于事无补。打个比方,同样是夫妻,你居于实则觊觎他人之妻,我游于虚却完全没有非分之想,若是有则猫狗不如。这里要明确虚实之前后,因为知道五论('论'疑为'伦')之虚,所以居于虚时并不厌恨女性的出轨。即便是喜爱他人之妻,但因此为世法之实,想必也不会为他人所诟病。这便是大道的动与不动,重大而无用,并不仅仅是'信伪'而已。"这段论述非常奇妙,与普通人"居于虚而行于实"的想法恰恰相反,他主张"居于实而行于虚"。也就是说这不是从现实或者说实在的背景之中思考美和艺术的假象，而是隐藏在人们现实生活背后的一种形而上学的"虚实"，通过这种思考方式最终达到一种洞察、达观、脱悟的心境，这便是俳谐的根本之义。芭蕉所特有的类似于佛教参禅般的心境也在于此，可以说这也是芭蕉俳谐的根本精神。支考本人的人格到底有没有问题暂且另当别论，但从支考对虚实的解释中我们确实可以看到他的嗅觉是极为敏锐的。

支考的"虚实"论一方面带有上文所言的诸多特点，另一方面我们也需要知道他的"虚实"论与"华实"论有一定的联系，还和"姿"与"情"、"本情"与"风雅"这两对特殊的概念有关，甚至其中还隐藏着一些"滑稽"与俳谐之间的根本关系。我之前曾说过俳谐的"虚实"思想的根本就在俳谐与"滑稽"之间本质的、历史的联系中，之前在谈及《三册子》这本书时，我曾说它过分强调"风雅之诚"的概念，探讨的不是一般俳谐的根本问题，而是局限在了芭蕉本人所作的俳谐上，"虚实"论是不可能在这种情况下发展起来的。而现在，我们把目光放在"虚实"论本身上。在支考的俳论书中，经常提及滑稽和俳谐之间的本质关系，支考是以一般俳谐本质论为背景,将蕉风俳谐作为一种特殊情况来探讨它的特殊本质的。

首先关于《葛之松原》,就像腾峰先生说的那样,"尚且是一个单纯的蕉门学徒"的支考还是比较忠于师说的,虽然在《葛之松原》之中,我们也可以看到一些华实论的萌芽,但还看不出这个萌芽有转化为虚实论的倾向,而且基本上没有涉及滑稽和俳谐这对关系的相关问题。在《葛之松原》的开篇,他举了《古池》的例子,说起晋子想要将"古池"换为"棣棠",对此他写道:"关于这个问题,我认为'棣棠'这两个字虽然更加华丽风流,但'古池'更加质朴素净。'实'之一字贯道古今,实际上,'华'与'实'之间的关系问题就是当今亟待解决的一个问题。"我们之前曾经提到过,在《幻住庵俳谐有耶无耶关》中,把"古池"和"棣棠"之间的对立看作"不易"和"流行"之间的关系问题,而在这里支考则将其视为了"华"与"实"之间的关系问题。从这一点来看,虽然支考在《葛之松原》的立场还比较忠于师说,但也为自己日后发展"虚实"论留有一丝可能,他有意避开了"不易、流行"问题,而代之以"华实"的关系问题。由此可见，在支考的俳论思想发展过程中，"华实"论问题的研究是颇为重要的一环，《续五论》中的《华实论》是向后面的《俳谐十论》中"虚实"论发展的一个重要转折点。将其放入整个蕉派俳论中去看的话，"华实"论也是"不易、流行"论和"虚实"论之间的一个重要连接点。

总而言之，"虚实"论作为支考俳谐论的中心理念，一方面与滑稽和俳谐这对原始的、本质的关系相关，另一方面也和"华实"论与"姿情"论等问题有关。那么支考是如何将种种问题综合起来去说明俳谐的本质的呢？这与本书所要考察的概念"寂"的主要内容息息相关。《续五论》的开篇便是《滑稽论》，但其实在这篇文章里并没有涉及太多滑稽与俳谐的关系问题。虽然以《滑稽论》为题，但实际上主要内容却是"本情"与"风雅"之间的关系，在这篇文章的开头便有这样一段："俳谐有三，花月风流乃风雅之体，趣乃俳谐之名，寂乃风雅之实。若是不具备此上三种特质，那么俳谐就会沦为世俗之言。"类似的话在《俳谐十论》中也经常出现："世情人和乃五伦之常法，趣乃俳谐之名，寂为俳谐之体。此三者需谨记于心，身穿千层绫罗亦不忘草席之乐，口含八珍佳肴不忘一瓢之饮，心随世情变化，耳听身边笑言，此为自在俳谐之人。"（《俳谐十论》之《俳谐之道》）又说"耳听可笑（おかしき）有趣言语，眼中却不知姿情之寂，此为不得道、不得法之行为""寂与可笑（おかしき）乃俳谐之心之所向"，这里所说的"可笑"应该就是俗谈平话之可笑。这种可笑即使在以枯淡闲寂为主旨的芭蕉俳谐中也有所展现，因此这种可笑应当就可以看作一般俳谐所带有的一种特性，因此支考才会说"可笑（趣）乃俳谐之名"。（但若是将俳谐的字义等同于滑稽，这种解释也是不太恰当的。）在《俳谐十论》中，作为开篇之章《俳谐之传》就讲了"俳谐"二字的由来，阐明了"俳谐"此名与"滑稽"之间的关系，这就可以看出一些"虚实"论的端倪了。原文如下：

"俳谐"二字在《史记》中就是滑稽的意思，在从齐楚到秦汉的这段历史时期中，有关七八个人的言行记录中都出现过此二字。在太史公的笔下，此二字的含义从天道赞词到以笑言解说大道到谈笑间的讽谏，意义颇广，太史公还曾以酒桶喻滑稽。姚氏说俳谐出自虚实之自在，言语之玩笑。俳谐之道本就自虚实之间而来，此道历经三皇五帝传至禹汤文武，到司马迁提笔书《史记》，方才得以定名。太极之道初分，儒佛老庄而始，以实饰虚，以虚解实。孔子后有庄周，解释仁义。释氏后有达摩，破除经论。皆是俳谐之机变。（关于俳谐到底典出何处，在素外的《俳谐根源集》和与清的《俳谐歌论》等书中皆有详细论述。）

在后面的《俳谐之道》一章中，支考还说：

俳谐之道第一要义便是虚实自在，要脱离凡俗之道理，游弋于风雅之间。若不走此路，那么俳谐便沦为狂言绮语之虚假之物。心应游弋于虚实之间，并善用言语，虚实由心而生，经言语表现出来。

关于俳谐与滑稽之间的本质关系问题，滑稽的主体即为"虚"，若是耽溺于言辞，那么就会沦为"狂言绮语之虚假"之物，由此，问题自然而然便会走向"情"与"姿"的关系问题、"本情"与"风雅"之间的关系问题方向，于是，这两个问题最终便被吸收进了"虚实"论中。我之前曾说过《续五论》中的《滑稽论》的主要内容是"本情"论，但在《滑稽论》中有这样一段文字，从美学角度来看是非常有意思的，虽然原文有些长，但我也想在下文中略作引用：

> 有情之物自不必说，就连像草木、瓦石、道具这样的无情之物也有各自的本情。这和人情没什么太大的不同。若是体会不到本情的人，面对皎皎月色也无甚反应，手持道具也仿若没有道具一般。"金色屏风之上，古松在冬眠"，炭俵在序中说此句有"魂"，但这个魂究竟为何物？金色屏风会给人温暖的感觉，银色屏风则是清凉，这就是金色屏"风"和

银色屏风的"情"。……六月炎天置金色屏风，金光闪闪映照脸颊，这只能是不懂摆设的人才做得出的装置。这种金、银屏风各自所带有的冷与暖的"本情"并不是现在的人们发现的，这是天地之间自然而生的"本情"，金、银屏风中所体现的"本情"会令人想起高门贵家的豪宅。金色屏风之温暖是物之"本情"，而这首《古松》正是二十年的努力后才得到的"风雅之寂"佳作。有"本情"便有风雅。不知"风情"只苦苦追求风雅的人，就像是把豆腐当作凉拌菜一样不懂料理之趣味。再看这首"在挂着蚊帐的房子里过夜，银色屏风上穗芒绽放"，这是在吟咏秋季时在尾城附近出产的银色屏风，描绘了一幅在八铺席或十铺席大的房间里月光穿过房檐射进屋内，玉阶之上月凉如水的夜景。上一首《古松》写的是金色屏风之上古松冬眠，而这首则在写银色屏风之上穗芒绽放，银色屏风为本情，穗芒绽放为风雅。只有同时懂得本情和风雅，才是真正知俳谐之

人。(《俳谐大系·四》)

这一段文字很具体地说明了"本情"和"风雅"各自究竟为何物。关于这个问题,腾峰先生还补充过,"本情"是物品本身所具备的类型化的趣味,而"风雅"则是其个性化的趣味,他认为"本情"和"风雅"分属类型与个性,由此将二者对立起来,这其中还交织着一些主观和客观的趣味,但这也只是一些大体上的考察而已。

但接下来的"华实"论的内容并没有再更深层次地解说这个关系,支考从另一个角度解释了"华"与"实"的概念。换句话说,《华实论》这章是在论述艺术表现问题范围内的"本情"与"风雅"之间的关系,是从一般艺术家的角度——至少是从俳人的人生立场来探讨"华"与"实"的关系,"华"是"风雅"的表面形态,"实"是"风雅"之心。所以"华实"论并不是单纯地在探讨艺术的形式与内容之间的问题,也不是单纯地探讨"姿"与"情"的对立问题,它所涉及的是广义上的"风雅"问题,是人的精神和外形或者说心性和言行之间的问题。因此，支考在下一章《新旧论》中如此写道："……所有的诗歌、连俳都有'风姿'与'风情'。这有些像'华实'二者之间的关系。"就像腾峰先生在解题中说的那样，俳谐要"不侧偏向雅俗的任意一方"，但支考想表达的观点应该是通过"华"与"实"双方互相作用于"风雅"才得以实现。换句话说，支考在暗示"风雅"的真谛不在于外形和言行方面，而在于精神与心性方面。"俳谐这种东西，即使是在田间工作的低贱之人也能吟咏背诵，但他们却无法知其心。俳谐虽然语言通俗，但心却风雅"。而且支考还说俳人必须通世情，"不通世情之人如冬眠之蛙，这也是万物之理"。

总之，支考认为风雅之"华"是非常重要的，但风雅之"实"（心）却更加重要。从这一点来看，支考的《华实论》与土芳在《三册子》中对风雅之"诚"的强调，多少有些相似之处。但支考的俳论却避开了"不易、流行"，而是以"姿情"代之，并将这一部分放入了"本情"和"风雅"之间关系的讨论中。所有的这些问题，到了《俳谐十论》里都经历了一番整合，支考重新思考了"滑稽"和俳谐之间的关系，最终形成了一种"虚实哲学"思想。正如上文所言，《续五论》中的《华实论》通篇都在暗示"实"（心）更加重要，而在讨论"姿情"关系时，支考却并没有暗示过哪一个更加重要，只是从新旧体的角度对其加以解释。而到了《俳谐十论》中，支考则写道"姿为先情为后"，在这里明确地规定了一个先后顺序。这一点是需要我们注意的。但这也显示出了支考逻辑上的不彻底性和奇妙性。

侘寂

第三章

俳论中的美学问题（二）

在上一章的后半部分我们已经对支考的俳论有了一些了解，大致明确了其思想特色和发展脉络。接下来我们来看看以去来和许六为代表的蕉门其他俳论家的思想，探讨一下其根本特色究竟是什么。在此基础上，我们将考察这些俳论都涉及了那些美学内容，并讨论这些美学问题对我们阐明"寂"的概念有怎样的意义。

我在之前已经说过，土芳的《三册子》中虽然涉及"不易、流行"的相关概念，但却完全看不到"虚实"思想。而与此相反，支考的大多数俳论著作的中心思想都是"虚实"论，几乎没有涉及"不易、流行"思想，这一点也是支考俳论区别于其他俳论的一个重要特征。从这个角度来看，许六和去来等人所著的大多数俳论书确实都像《三册子》一样以"不易、流行"思想为核心，很少涉及"虚实"问题，而且"不易、流行"问题也比《三册子》发展到了更具体的方向。但有些不可思议的是，北枝的《山中问答》一篇中，竟然出现了支考风格的"虚实"论思想。据说这本书是北枝于元禄二年在加贺山中所写，是记录芭蕉思想的手记，主要内容为俳谐大意及杂谈、连句规则等一些重要问题（见《俳书大系·四·解题》)。我虽然没有什么资格批判这本文献，但其中关于俳谐大意的抽象论述，很可能受到了支考本人或者说支考假借芭蕉之名写的伪作中的思想影响。《俳谐大意》开篇便有这样一段话：

> 有志于蕉门正风之人，不能耽于世间之得失，亦不能拘泥于鸟兽之言语。应以天地为尊，不能忘却万物、山川、草木及人伦之本情，嬉戏于落花散叶之间，并在此过程中贯穿古今之道，不失"不易"之理，同时还要懂得"流行"之变。胸怀宽阔不拘泥于物，于人情之处达练，这都是先师的教导。（《日本俳书大系·四》）

这里出现了"不易、流行"的字样，接着还讨论了"道理与理由二事"（虽然在前面章节中我们省略了关于这对关系的考察，但在支考的俳论中，这对关系占了很重要的位置）。支考对这个问题有如下论述："芭蕉翁认为有志于正风虚实之人才称得上吾门高徒""文章

侘寂 | 055

中有虚实、有辩论、有仁义礼智，虚中有实方可谓之为文章，方可谓之为礼智。虚中有虚则极为罕见，有人说此道承之于正风，翁听之不禁发笑"，支考还在旁附上了注"我认为虚中有虚就像儒道中有庄子，佛道中有达摩"。他还有"俳谐虽为俗谈平话，但此俗并非真俗，此平话亦非真平话，这一点理应知道，但对初学者来说这个心境也确实有些难以达到"诸如此类的语句，我认为和《二十五条》（支考的伪作）中的措辞非常像。

接下来我们来看看"不易、流行"的问题。正如前文所述，许六和去来的俳论中必有此内容。但在许六和去来之前，关于这个问题的众多解释之间也存在一些思考方式或者说解释方式的区别，由此也引发了许多争论。即使从今日的美学观点来看，他们的思想中也有许多需要我们注意的地方。虽然许六和去来并没有像支考论述"虚实哲学"时那样形成了一套系统性的思想，但在二者互相争论的过程中，他们各自的思想也不断地变得更加深刻，尤其是在俳谐的样式问题上，显示出了较为细致而缜密的思考。我认为若是蕉门之中也有人将"不易流行"的概念像支考的"虚实"论那样，向着哲学或者说形而上的方向深化，并形成了理论，那么这个理论与"寂"的审美内容之间就会存在一种密不可分的关系。然而，在许六和去来的俳论中，与"不易、流行"的哲学内容相比，关于样式论及其应用方面的内容要更多一些，因此二者的俳论其实和"寂"的审美内容之间的联系较为稀薄，这也是非常令人可惜的一点。不过作为基础，我们还是要综合其他俳论家的思想对这个重要问题进行一些考察和论述。

许六在他的著作《篇突》中也提及了这个问题："俳谐中有'不易、流行'二事，除此之外别无他物。近些年来，很多俳人被不易流行所束缚，而失去了俳谐的血脉。有时突出'不易'，有时又重视'流行'，一定要将这二者分出个高下。但俳谐的血脉却要求同时兼备'不易、流行'两个特征，就像生男生女一样，只在口头叫嚷最后往往都与愿望差之千里。不以'不易、流行'为贵，则妄称俳谐。这是自《万叶集》与《古今集》而来延续至今的血脉。家师将这份血脉在这世上发扬光大，后世的学者只有承此血脉才可自称芭蕉门人。"从这段话中也能嗅出些许六俳论中特有的"俳谐血脉"说的气息。另外，许六的文章有些还有一些俳谐趣味的论述，他认为"洒落淡白"是一种俳谐特有的性格，相关段落摘录如下：

> 先师曾云：俳谐是文台上的东西，若是落下便一文不值。世间不知俳谐之位，一旦碰到有趣之事，便紧咬住不放。殊不知风流自在无味之物中。无味之物虽好，但若是到了脑中还是无味那便也没什么作用。要努力去除有味之物中的味。

虽然这段话的论述主题有些不清不楚，但对我们探讨"寂"的审美内容还是有些用处的。许六在《宇陀法师》中还有这样一段话："新鲜此事，许多门人经常挂在嘴边但实际对此却知之甚少。新鲜者有新在趣向，也有新在句作。趣向新鲜者难得，新在句作上则相对容易一些。这个秘诀一定要传达给后来的门人们，流派之分都能在句作中有所展现。"（这里的"趣向"和"句作"的说法都在《葛之松原》中出现过。根据腾峰先生的说法,"趣向"指的是选材而"句作"指的是构思。)

接下来我们再来看最重视"不易、流行"问题的落柿舍去来的思考。他有本名为《花实集》的著作,其中有一篇题为《柿晋问答》的文章,此为其角在去来家做客时,二人关于俳谐的讨论的记录。这篇文章不仅记录了二人的对谈,还记下了去来和其弟鲁町的问答对话和其角与其门人尺草的对话。除此之外,去来还著有《去来抄》《旅寝论》等书,还有一些书信体文章被收录在了《俳谐问答青根峰》中。这些都是蕉门俳论中关于"不易、流行"问题的重要文献。而这其中有很多重复的内容,所以我们有必要在比较中去理解相关思想。在《花实集》的开篇有这样一段话:"其角曰,凡吟诵则必有风,此风之中必有变,此乃自然之理也。先师洞察此点,遂不拘泥于一种风之中,假使有人以尊先师之风为名而止于一风,此乃不懂先师之真意也。"接下来,去来直接陈述自己对"不易、流行"问题的看法:

去来曰,蕉门有千岁不易之句,亦有一时

流行之句。有人将二者分而视之，实则不懂其根源在一处。不知"不易"，则根基不稳，不知"流行"，则风体不新。"不易"之句可流传千古，故称"千古不易"。"流行"则无时无刻不在变化，昨日之风已成过去，今日之风用不到明日，故称"一时流行"。

然而，若是仅仅在"千岁不易"之句与"一时流行"之句这个层面进行阐述的话，那么则很难彻底阐释"不易、流行"这个艺术问题，这个过程再也不可避免地会出现许多问题。而接下来鲁町就"'不易、流行'根源在一处"这句话对去来发问，去来答曰："此事难以辩明，暂且用人体作比来说明一下，'不易'就如同无为之时，而'流行'则如同坐卧、行住、屈伸、俯仰之时。姿势可以在不同时间有不同的变化，但不管是无为之时还是动作之间，都还是一个人。"虽然这个比喻谈不上很精准，但和之前只在具体句子上加以说明和区分相比，是进步了的。后面，针对鲁町这个问题，去来列举了"不易、流行"之句的具体例子，但并没有对此进行更加详尽的说明。比如，去来认为贞室的那句"这就是满山开满花的吉野山"为"不易"之句，宗鉴的"圆圆的月亮，安上手柄便是团扇"为"不易"之句，而那句"盛夏是个大蒸笼，人人都在蒸笼中"为"流行"之句。这样的区分，对我们来说是很难以理解的。尤其是对于去来来说，"不易"之句指的是"没有新鲜之处的句子，不写一时之物、古今通用的句子"，但他对此处的"新鲜"又没有作具体的说明（我想他可能是想使用双关语对此加以强调）。这一部分和《去来抄》中的《修业教》一篇有部分内容有所重复，只是在少数内容的措辞上不太一致。去来在《花实集》中举出的"流行"之句的例子并不仅仅是上文所示一句，还有"树上覆大雪，怎知此树为青松""海老肥，野老瘦，都是我朋友"两句，并对其评论道："这些俳谐为了追求新鲜，有的用和歌中的枕词，有的用谣词用语，但这也只不过是一时流行之句，今日俳人早已不再模仿。"

这本《花实集》记录了很多其角的言论，虽然乍看之下并没有什么特别之处，但从艺术或者说文学领域来看颇为有趣的一点是，这种与芭蕉本人截然相反的、一直在强调俳谐特殊本质的思考方式，竟是芭蕉最得意的门人之手笔。而且，我认为从文学角度区分俳谐的特殊本质和一般文学本质也是十分有必要的，因为这对我们把握"寂"的审美内容有所帮助，所以其角的思想实际上对我们的研究也是有意义的，现摘录其角的一段论述如下：

> 其角曰：俳谐的"基词"虽然难以尽述，但凡吟咏之物必有品。和歌有品，俳谐亦有品。对其中之品加以区分之时自然就出现了俳谐歌这样的样式。能明品者，则知俳谐、歌、旋头、混本歌，等等。以俳谐写文章则为俳谐文，以俳谐咏歌则为俳谐歌，身体力行则为俳谐人。倘若过于自傲，破坏古法，只知道追求与众不同，则实在是大错特错。

其角的这段话是在劝诫俳人们不可脱离传统的俳谐歌，并强调了俳谐的特殊本质。虽然这或许只是我的误读，但我认为其角是有些批判江户座的俳谐的倾向的。而且其角本人的俳风较芭蕉而言更加注重强调俳谐的特殊本质。换言之，就是俳谐虽然与汉诗和和歌同为文学，却有其区别于其他文学的特殊本质，并且试着将这种本质发扬光大（这一点就和蕉风精神有了些许矛盾）。贞门和檀林严格尊芭蕉为正风创始者，与此相比，其角就像是一个叛逆者和革命者，他秉持着"俳谐无古人"的信念，向着反传统的道路一路前进。于是，其角就在不断提纯俳谐趣味的同时，从芭蕉那条固定而狭窄的路上冲了出来，更好地调和了俳谐与历史传统之间的关系。在艺术和文学层次上芭蕉将俳谐提升到了一个很高的等级之中，这当然是文学史上的一大创举。但另一方面，俳谐也并不能仅仅被规定和限制在"文学"与"艺术"的领域，俳人应该在此基础上继续寻找俳谐作为一种独特的艺术形式的特殊本质所在，这样才能让俳谐获得更高的价值。实际上，芭蕉本人比较有名的俳句都同时包含着这两方面的特征，也正因如此，在以芭蕉为代表的蕉门诸位俳人的俳句中，就能感受到"寂"这种特殊的审美趣味（"寂"这个概念并不仅仅包含"闲寂"这个意味，这一点我会在后文中加以说明）。当然这两种价值特征实际上是难以分开的，在某一个具体的俳谐作品中，通常都是合为一体的状态，但是在俳人自身有意识的努力和无意识的天赋中，俳谐必然会偏向其中的某一个方向。在芭蕉和其角中间，也存在一些倾向不同的区分。

我还在《俳谐问答青根峰》中去来赠晋氏其角的书翰中的一节中，发现了很有意思的一段话。去来曾问过芭蕉，其角为什么选择不再追寻您的流行之风呢？去来又说，其角的才能、学识都非常杰出，我觉得他也干不出固执己见有损师门的事情来。我们再回过头来看他吟咏的一些作品，他写的"不易"之句颇为奇妙，"流行"之句则失去了一些趣味。"其角是当今世上的俳谐大师，但他的吟咏并没有遵循师父的教诲。这不仅令其他门人感到疑惑。"对此芭蕉答曰："我知道你想要说什么。若是天下间所有的老师都让学生将自己的风格奉为金科玉律，那么学生从这个老师身上也学不到什么东西。其角在这方面并没有被我的风格束缚，也没有完全仿照我的'流行'之风……只要知道风雅之诚，就应该明白所谓'流行'并不全然相同，要结合具体的情况。"但是去来对这个回答并不十分满意，于是他又反问师父说：即使是清澈的雪水，若是长时间停滞不流动也会生出污秽。若是其角一直遵循古格而不动摇，那么他这把剑也会变成菜刀。芭蕉为了纠正去来这段话说道："你应当慎言。其角即使没有遵循我的流行，但他一定明白何为风流。"由此可见，芭蕉对其角是十分信赖的，芭蕉认为其角没有仿照自己的流行，这一点反倒是其角的特别之处。后来去来与许六曾就其角的问题有过争论，对于许六为其角辩护，去来有一个很有趣的回应："其角此人才之大远在我之上，但若论他的俳谐则只能在我脚下。"

在去来的著作《旅寝论》中，关于和歌和俳谐之间关系的论述和我们之前提到的问题也有些相似。虽然这可能和"不易、流行"论之间并没有很直接的联系，但我认为还是有一些内在关联的。这个问题我们稍后再讲，在此先介绍一下《旅寝论》的序文：

> 很久以前便有和歌之名胜与俳谐之名胜这样的说法，若是非要将二者区分开来加以讨论，那么可以这样说，和歌制法多固定，歌题

和名所也有所限定,创作和歌不可超过此法度。而俳谐则几乎没有这方面的限制,可以说,没有俳谐不可用之词。俳谐和和歌之间存在知识情趣上的差异。比如花是和歌之题,菜种是俳谐之题,但也并不是说花就不可以作俳谐之题了。吉野山是和歌的名所,如意山是俳谐的名所,但吉野山也可以作俳谐的名所。当在俳谐之中吟咏花与吉野山之时,也并不是将和歌中的题与名所全盘借用过来。古人在和歌中吟诵的题与名所,被俳谐继承过来,乍看去即使是相同的题材,和歌与俳谐之间也有所区别,但其实这样的俳谐更接近古风。

去来在其家乡长崎一带旅行时,偶然看到了许六、李由共同撰写的《篇突》这篇文章,为了反驳他们而撰写了《旅寝论》,在批判许六的"不易、流行"论的同时陈述了自己的见解。但遗憾的是,这本书里并没有太多值得我们注意的观点。他在此书中说"不易"和"流行"只是"正风与变风的别名",还说"若是不知不易,则不动先师俳谐之源;若是不学流行,则落后于先师之变风",他还提到其角虽然是蕉门高徒且为"俊杰广才",但"他为了一己之喜好,而不遵循先师之变风,这为同门之人所不齿"。总而言之,去来认为"不易、流行"归根结底也只是俳谐的具体表现样式问题而已,而许六则认为这不单单是样式上的差别,这里面值得强调的是俳谐的血脉。但这个血脉具体指的是什么,许六也没有给出一个明确的回答。然而根据《篇突》这篇文章可知,这是自《万叶集》与《古今集》以来一直贯穿在和歌中的东西,俳谐也把它继承过来了,可能指的是在文学或者艺术的历史发展中的一般本质吧!但许六却并不认为这个血脉就是"不易",他还是和去来一样,认为"不易""流行"还是单纯的"形"上的差别(就像人类分男女一样)。许六和去来之间关于这个问题的争论在《俳谐问答青根峰》中达到了顶峰。

在收录于《俳谐问答青根峰》中的《赠落柿舍去来书》中,许六痛批了某些蕉门弟子过分拘泥于"不易流行"和"寂"这些概念中的行为:"今年来湖南(琵琶湖以南)、京师(京都)之门第,都迷失在'不易、流行'中，只盯住'寂'不放，这根本就不是真正的俳谐……只关注用词是否符合'寂'，这离真正的俳谐相去甚远。"除此之外，许六还有一段更尖锐的论述：

> 某些湖南的作者并没有优秀的构思，也没有写出作品，但嘴里却一直叫嚷着什么不易之句、流行之句。和歌本为一体，在定家、西行之前并不存在什么所谓的和歌十体。在某些和歌判者的眼中，一首和歌必定归属于某一体，还刻意要吟咏出属于某一体的和歌，这简直可笑至极。本来俳谐中并不存在什么"不易、流行"之分，这些都是后来被人为归纳出来的，难道在此之前就没有秀逸之俳谐了吗？

这一段是对将"不易、流行"理解为表面形式的人的辛辣批评。

作为对这篇文章的回应，去来写了《答许子问难辩》，在这篇文章中去来又重新论述了自己对"不易、流行""寂""枝折"等问题的见解。其中与"寂"和

"枝折"相关的问题我们后面会提到,在此就先省略,只探讨与"不易、流行"相关的问题。从现代美学的角度去看许六和去来的这场论争,我们就会发现一些很有意思的点。去来是这样说的:

> 我认为只要仿照遵循当时之风,只要常怀俳谐之心,那么构思和创作其实是不分先后的。在创作时只要有了灵感,自然而然就会有构思。而为构思苦苦思考的人,则会先有构思才有创作。句作有古风和新风的差别。反复扫除古风的因素,为的就是能更好地适应新风,于是新风终于出现,句作乃成。因此所谓"流行",可能就是构思在后,创作在前。这是我在日常创作中的感悟。

这就是去来所理解的"流行",他对"不易"也有自己的理解:

> 另一方面,"不易"之句一旦获得就不

会改变,因此并不像"流行"之句。有时构思"流行"之句时,"不易"之句也会出现。"不易"就是一旦得到就不会再改变。在想"流行"之句时,若是出现"不易"之句,也要记录下来。就像旧染之风那样,不容易被摆脱。

这里的"旧染之风",用现在的话来说就是"定型"。去来还说:"退一步讲,雅兄进入俳谐之道也很久了,必定会带有一些旧染之风。在创作句作的时候可能会受到一些影响。不管是扫除它还是接受它,都和新风的创作有关。心中有所想必然就会诉之于口。假如雅兄并没有注意到这个问题,那么可能雅兄本来就没有什么旧染之风的残留吧。即使有过,那也一定完全摆脱掉了,之后就再也没有染上过。"

去来关于"不易"这个概念的说明也并没有那么透彻。恐怕他也只是从俳谐之"姿"(样式)这个角度去理解的,也可以说这个样式规定了俳谐作为艺术的普遍本质(但是"不易"作为一种样式概念,去来后来对其内容的理解和之前相比也多少有些出入——此点可参照后文相关论述）。去来在这一点上就欠缺一些精确的反省，他的论述中有着将"不易"和"流行"理解为表面上的特色的倾向，比如在书中就有这样一段："奉纳、贺、追悼、贤人、义士这种题材的赞，一定要是'不易'之句。而即题、风咏，还有与其他门派的切磋，还有学习新鲜之风的时候，就需要写成流行之句。"去来思想中的这种倾向也正是许六所厌恶之处。这一点暂且放下不谈，若是仔细研究去来的思想，我们会发现相比于"不易"他更注重"流行"，这其中也包含着一些正确且深刻的见解。他所主张的抛却"旧染之风"，努力"追随新风"，这不单单是对芭蕉数次追随新风的追随，而是有种在把握俳谐"不易"之本质的基础上再追求新鲜感的意味。也就是说，创造新的俳谐之美的前提是，要把握好俳谐作为一种特殊艺术形式的本质所在。虽然关于"寂"的内容我在后文中还会详细论述，但在这里我想先提一下，我觉得俳谐将"寂"作为一种目标趣味，那么就必然会要求它的表现形式是要有新意的。或许只用新意来概括还是不够恰当，而应当像清冽的水流一样，干净清澈且常流常新。更进一步来说，不单单要有清新的流动之趣味，还需要和寂然、永恒的"寂"之苍老闲古相结合，由此融合成一种特殊的审美情趣。而在这种特殊的审美情趣的融合中，有着一对埋藏在底部的矛盾，那就是自然之永劫的古老与精神的不断更新的矛盾。我认为若想探明"不易、流行"概念的深层意味，就必须将这对紧张的关系作为一种前提来考虑。而明确像"不易、流行"这样的概念的根本，对我们解释俳谐特殊之美的"寂"有着至关重要的作用。而芭蕉等人作为提出这些概念的俳人，他们不只是对体验这种美有着自己的心得，还对其根本关系有着一种直观的洞察。而且他们不仅尝试着去解释这些概念，还从俳谐的样式或者说风体的角度来思考"不易"和"流行"之间的关系。这或许是因为对于他们这些直接从事俳谐创作工作的人来说，样式和风体一直是关注的焦点。但也正因如此，对这些概念的考察就总会局限在表面上了。

去来的俳论中，最重要的部分就是关于"不易、流行"的样式论或者"风体"论。我在考察"幽玄"相关问题的时候，也曾说过中世歌学中有很多和歌风体的相关议论。但是，在歌学中，风体的概念是十分模糊的。

而去来在与许六不断争论的过程中，逐渐形成了对风体十分精细的划分，这一点是需要我们注意的。前文中曾提过，许六在给去来的信中写到歌体本就是吟咏之后自然而然产生的结果，还说在定家和西行之前也并没有什么所谓的分体之说。对于这一点，去来是这样回复的：

> 去来曰：这一点雅兄你说得就不对了。"体"与"风"本就不是一种东西。"风"为"流行"，而"体"为"十体"。"体"是一个贯穿古今、一直在被使用的概念，而"风"则有被舍弃过的历史。比如"万叶风""古今风""新古今风"，还有"国风"和"一人风"。"流行"之物谓之"风"，也称"一时流行"。而"不易"则为古今不变之物，从未被舍弃过，又称其为"体"。是歌则必有一"体"，但却不一定有"风"。"风"随时代变化，"不易"包含万体，又有一己之"风"，其"风"并不能随时变化，由此才可贯通古今，所以也可称其为"千岁不易"。

吟咏和歌时必须考虑到要吟咏的是哪种"风"。后鸟羽院曾说:"生于今世而吟咏古风之歌者,西行也。"《古今集》的序言中也曾提到:"小野小町之歌,是古代衣通姬之流。"这些都是在说"风"。即使是西行和小町这样的人,也必须要学习古人。

"体"本就不是随意捏造出来的东西。……《六百番》中显昭只是吟咏一种"体",就经常被批判。

这篇文章中有很多意思不明确的地方,而且作为一篇争论的回复,去来所举的西行和小野小町的例子也并不足以驳倒许六的论点。但去来在其中将"不易""流行"用"风""体"相区分,这一点就非常有趣。我尝试着用去来的思考方式来考虑这个关系,我觉得大致可以得出如下看法:"风"完全是由历史的和个人的关系来决定的,是非常具体且可变的样式。与此相对,"体"则是将这种可变的要素抽象了出来,指向的是一种超时间的、固定的表现方式。比如和歌就可以分成"幽玄体""有心体""事可然体""有一节体"等等，这些概念都从和歌中抽象出了一些具体的特征，并将其作为一群和歌中的一种共同特征固定下来，这就是去来所说的"体"。按照他的理解，将抽象表现上的范畴置于首位，像做标本一样去作和歌的方法是与真正的诗作创作的态度相悖的。因此，显昭按照这种理智而富有逻辑的方法去创作和歌，最后的结果就是在《六百番歌合》中多被评为负。而"风"并不像"体"一样，它是一种抽象而知性的东西，若是喜欢某个时代或者某个人的"风"，只要平时多多吟诵这种和歌，自然而然就能作出与此种"风"类型相近的和歌，西行和小野小町就是这样的例子（但若是从逻辑的角度来说，这一点也不足以驳斥许六所说的"风"是自然而然形成的结果这个论点）。接下来是关于"不易"，去来认为"不易"仍是一种独特的"风"，与"体"没什么关系。至少"不易"并不属于"体"这个抽象的范畴，而是一种具体的审美样式。但"不易"和"体"一样，贯穿古今未曾被舍弃过，在某种意义上有着一种超时间、超历史、超个人的特性。但"不易"还是和"体"不同，它是一种贯穿所有"体"的、规定了俳谐本质的样式。"不易"虽然不是属于"体"那种抽象范畴，但它所含有的个性的、历史的因素却十分稀薄，是一种带着普遍性质的"风"。

这应该就是去来想要表达的意思了，但他也只是把"不易"和"流行"在不变性与可变性方向上进行了区分。而这个区分说到底也只是程度上的问题，并没有彻底地点出这两个概念的根本对立之处，而且去来还有一些更加重视强调"不易"的价值的倾向。因此，若是用去来的思考方式来理解"不易"和"流行"这两个概念的话，那么有一点必须明确，"体"和"不易"虽然都拥有超时间的特性，但这二者在超时间的特性方面也有着本质的不同，即"体"含有一些理性意味，而"不易"则带有一些审美上或者艺术上的意味。"不易"之句虽然也是某个特定的人在某个特定的时代作出来的，但这个句子却面向所有时代的所有人，并不是只有特定的某个人才能理解它，因此说它有着"千岁不易"的特点，有着很高的艺术价值。所以从这一点来看，"不易"显然还是属于"风"的范畴，但这个"风"却有着贯穿古今的价值。由此看来，去来为了解释"不易"概念,将"体"和"风"进行了区分,而这个区分就有些我在《幽玄与物哀》这本书中提到的,在内容上从样式概念向价值概念转化的意味。去来不仅有将样式概念和价值概念明确区分开来的意识,他还认为"不易"的内涵更加接近单纯的价值概念范畴。

在之前引用过的许六的书信末尾,有这样一句话:"本来俳谐中并不存在什么'不易、流行'之分,这些都是后来被人为归纳出来的,难道在此之前就没有秀逸之俳谐了吗?"对于这样一句意味不明的话,去来作了如下回复:"我不太懂这一高论到底指的是什么,只好略加推断。想来应该是在说在'不易、流行'之品尚未区分之前,这世上就不该有秀逸之句了。……我认为在'不易、流行'尚未提出之时,确实没有秀逸之句。在'不易、流行'之前也没有俳谐,何止是没有秀逸之句。'不易、流行'就是一种'风'的名字。可变者称'流行',不变者称'不易'。"在《俳谐问答青根峰》中,许六再次对去来这段话做了回复,此篇名为《再呈落柿舍书》,其中又再次涉及了"风"和"体"的探讨。他认为芭蕉曾说过"千岁不易"体,也曾说过

"一时流行"体，但却没有提及风的问题，他说"风动于是乎枝叶随之而动，体为根贯穿古今"。但这个讨论其实没有什么特别值得我们注意的点。

以上就是我对蕉门俳论的概览，我尝试着从美学的角度去提取一些需要注意的问题。大体上说，蕉门俳论中最主要的两个问题就是"虚实"论和"不易、流行"论，这也是蕉门俳论的焦点和根本问题。而关于这两个根本问题的探讨，大体又可以分成两派：支考一派和去来一派。这两派的思想泾渭分明，在系统上差别也很大，各自所走的路可谓南辕北辙。然而若是从美学的体系上来看，这两个问题之间有着更深层次的关联，它们相互联系共同形成了俳谐独特的艺术本质。若是想要从概念上把握俳谐独特的审美理想"寂"的本质，那么我们就必须了解这些概念在俳谐历史上是如何展开的，也要考虑到此中包含的诸多暗示，否则便无法达成目的。正如我在绪论中所说，在研究作为一种独特审美范畴的"寂"的时候，对俳谐中出现的一些美学问题进行考察是十分必要的，这也是研究"寂"问题的前提条件，更是对俳谐自身艺术本质的一般考察。

第四章

俳谐的艺术本质和"风雅"概念

在研究"幽玄"的相关问题时，我曾经将考察和歌的美学特征和探讨和歌在艺术上的一般特性作为研究的出发点，而现在我们在研究脱胎于俳谐的"寂"的时候，也可以用同样的方法。因此接下来我将考察俳谐作为艺术的一些特性，方法也和探讨歌道的艺术特色时差不多，我将从三个审美意识的观点出发来观察和探讨俳谐的艺术性格。为了方便，我可能会对之前三个观点的顺序作一些调整。

首先，从审美意识的活动形式——创作和享受之间的关系上来看，可以感受到俳谐作为一种艺术的非常鲜明的特征。但这里所说的俳谐并不是仅仅指十七字发句或俳句，还包括俳谐连句和连俳。从明治时期开始，随着西方的文学思想和艺术观念传入，国内兴起了一批重新审视日本固有文学的风潮。在当时，研究者们对"发句（俳句）是否应该被视为文学"这个问题一直争论不休，有些人认为连俳也不符合严格意义上的文学或者说诗的概念，那时将这些艺术形式排除在艺术之外的思想非常盛行。虽然我并不知道明治时期的文坛和俳坛对于这个问题具体是怎样争论的，但在阅读子规的《芭蕉谈》时，就可以清晰地看出一些这种主张的脉络。子规曾说在阅读芭蕉的俳句之时，只应取他的发句而不应取他的连俳，子规认为："……发句是文学，而连俳不是文学，故对此不加以讨论。虽说连俳之中也含有一些文学因素，但也有很多非文学的因素。……连俳贵在变化，但变化本身就是一种非文学因子。这种变化并没有遵循始终如一的秩序，而是一种前后无关的、忽缓忽急的变化。比如'歌仙行'汇编了三十六首俳谐歌，但两首之间只有同一首的上半句和下半句之间有关系，这也是连俳的特质之一，比起感情表达更加重视的是知识。比起发句，芭蕉更擅长连俳，这说明芭蕉是个博学的人。"（《獭祭书屋俳话》）

我并不打算对这种主张做美学上的评判，我认为确实没有这个必要。因为在研究这个问题之前，我们先要明确"艺术"和"文学"的本质和确切定义。从美学研究者的立场来看，我认为不仅要重视这个结论，还不能忽视得到这个结论的过程。所以我在此不对最终的结论妄下断言，只是来探讨一下为了得到这个最终结论而不得不重视和思考的一些问题。若是将一般人格上的统一性视为艺术的根本意义的话，正如像子规那些明治时代的前辈指出的那样，连俳这种形式只是一种游戏，在严格意义上并不属于文学或者艺术的范畴。但我们暂且不要陷入这样的思维定式中，不妨换个角度来想，若是将西方的思想作为背景和基础，去思考存在于日本或者说东方的艺术的生活形式，那么这种生活形式必然就不能全然满足西方对艺术所下的概念。若是我们先放下西方的理论，直接去体验这种独属于东方人或者说日本人的审美享受和艺术享受，或许我们就不需要为了前者而将后者排除在艺术之外，而是为了后者去修改和订正一下前者的定义就可以了。这样我们也可以重新思考一下西方传统美学与东方传统艺术现象之间的关系，而我们对西方原理的反省从某种意义上就决定了我们怎样去修改和补充它。但这也并不意味着这种尝试就一定不会无疾而终，也并不能保证我们最后一定不会用西方理论去否定东方艺术。但至少这种尝试是有一定意义的。

至于连俳的形式是否真的如子规所说是无统一、无秩序的这个问题，我在此并不多作评价。但我认为即使没有作家个人的人格统一性，在西方，从艺术的角度来看，正如黑格尔所说，集团创作的民族诗也具有很高的艺术价值。正如研究诗歌精细起源的加米亚等人所主张的那样，或许所有诗的起源都带有一些集团性和社会性的性质。从这一点来看，我国的连俳可以说是保留了"诗作"最原始的形式，在另一条路上得到了发展。这虽然是非常态的，但也可以将其看作是一种特殊的艺术历史现象。像这样的集合形式的艺术创作的高度发达，从西方的理论来看也应当得到尊重。只要是学习过德国浪漫主义文学史的人，想必对此应该都十分熟悉，也会认可我的这一说法。我认为日本的艺术思想和艺术观的根本，和浪漫主义在很多方面都有共通之处。连俳的这种创作形式，在某种意义上就是对浪漫派所提倡的"共通诗作"理想的实践。

在这里，我们不妨就采用浪漫派思考艺术的方式。他们在鉴赏诗的时候，并没有像鉴赏一般的艺术那样把艺术本身和作家割裂开，重点研究被创作出来的客观作品，而是将焦点放在代表着作家精神世界的艺术形态上，认为这才是作品产生的根源，具有更高的价值。我认为这种思维方式在研究连俳问题的时候是非常有参考价值的。子规所批评的连俳身上的缺点，比如无统一、无秩序，欠缺个性的和人格上的统一，都非常明显地体现在"歌仙一卷"中收录的那些具体作品上。但其实若是我们将这些"共同诗作"按不同的作者分开来看的话，不论是发句的作者还是后续的作品，全都有一种若即若离的审美妙趣。这就是一场以这种审美妙趣为令作诗唱和的艺术活动，所有参与的作者都将自己的人格和精神融入了作品里。按照这个思路，"歌仙一卷"实际上就不是一个完整的"艺术作品"，而是一种"共同诗作"，是一个各个独立的艺术作品简略后的集录。许六在《篇突》中将芭蕉的"俳谐是文台上的东西，若是落下便一文不值"这句话理解为"创作时要一气呵成"。这里说的是俳谐要注重新鲜的表现方式，但若是用上述方法来理解，会发现一个更加有趣的解释。我曾经看过一篇短篇小说，应该是某个西方作家写的，他讲了这样一个故事：某个艺术家灵感乍现后醉心创作，在创作完成后并没有给其他人展示，便立马销毁了作品。他的创作只是为了自己欣赏罢了。其实日本的和歌和俳句便有些这样的意味，与其说是为了创作作品为世人欣赏，更加注重自己的创作享受。即使是在"撰集"中或者"歌合"这样的重视客观作品产出的形式下,这一点也未曾改变。

从这一点来看,我们或许也可以将连俳这种日本式的艺术形式看作一种文艺和文学。而在研究连俳这种特殊的、非常态的艺术形式时,我们还需要注意的是,除了上文所说的"共同诗作"这种外在形式,连俳中每个人的内在创作过程也非常有特点。因为在唱和俳谐之时,首先要在心中细细品味前句,而后还要在继承前句的精神和缥缈氛围的前提下跳出这个思维,再来创作自己的句作。这个过程显然将审美意识的两个方面——创作和享受都融入了进去,还在二者之间建立了一种紧密的内在联系。日本的诗歌本来就是以非常短小的形式为主,且非常重视余情和余韵,而在西方的艺术理论中,这种余韵和余情就是在心理学上唤起的审美享受者的联想。而在和歌和俳句的情况中,我们对这种余情和余韵的体味,既是一种享受活动也是一种创作活动。这样看来,对发句的品味本身,实际上就包含一种创作因素,因此从美学观点来考察俳谐连句时,我们就需要注意这两种精神活动的结合。

第二，我们从构成审美意识的主要精神作用——直观和感动之间的关系来看，虽然可能或多或少有些例外，但一般而言，俳谐的艺术性主要依赖直观因素的优越性。这也是俳谐能具有艺术性的根本条件。这种直观的种类多种多样，从触动感官的感觉上的直观发展到知性上的直观的这个过程就可以分为不同的阶段，而且根据具体的艺术特性的不同，直观和感动之间的关系也有所区别。我们在探讨这个问题时也要注意从整体上区分这些不同，万不可一概而论。在这里，我们就只探讨一般俳谐的直接艺术表现的外层。我们需要注意的是，比起抒情的、感动的因素，俳谐有着更重视强调客观、直观因素的倾向。俳谐就是在自然界和人世间的种种现象中，发现特殊的情趣、氛围和感觉。俳谐还将这些作为艺术素材来使用。在这样的艺术表现层面，俳谐一般都会跳出主体的自我感情，带有一些客观的倾向。从审美内容的构成上来看，情趣和氛围本身就属于感情因素，而俳谐能将这种感情因素自由而无限地客观化，根源就在这种特殊的直观倾向上。

现在我们已经明确了这个普遍存在于俳谐中的根本特色，而在表现的层面上，我们也要认识到，同样是俳谐，也有主观倾向和客观倾向的区别，有时我们也能读到一些抒情性（感情表现）的句子。芭蕉凭吊俳人一笑的著名俳句"我的哭泣，和着秋风，感动坟茔"，芭蕉还有一句凭吊俳人岚兰的俳句"秋风吹断了悲哀的桑木拐杖"，同样是表现悲伤，前者就是非常直接的主观表现，而后者则是间接的客观表现。在俳句这个领域中，恐怕前者的表现也称得上异类了。我认为《感动坟茔》这首俳句，在十七字短诗的领域中称得上是将悲伤强烈而鲜明地表现到了极致、无与之比肩者的作品。但是若是从艺术的技巧问题方面来看，在表现的真实性这一方面，却多少有些不自然的、夸张的感觉。换句话说，这首俳句在文字表现上非常直接而极端，间接而客观的因素全都隐藏在内里了；在表现悲痛恸哭方面是非常优秀的，但作为俳谐来说，它的表现方法还是有些不太合适。然而，正如芭蕉所说，名人就是敢于触碰危险的人，这首俳句无疑已经站在了悬崖边缘。

从刚才所言的根本倾向来看，相比于狭义的

"美",俳谐的艺术性更重视广义的"真"。不只是俳谐,所有的艺术尤其是在文学中,"真"与"美"之间都有着密切的联系。根据思考方式的不同,还有一部分人认为一切艺术的目的都不在于"美"而在于"真"。尤其是到了近代,主张这种艺术观的人越来越多,布瓦洛曾说"唯真唯美",而艺术与科学所追寻的真理并不是同一个。艺术的终极目的到底在"美"还是在"真",这个问题其实最终都可归结到如何解释"真"与"美"上,说到底也只是个概念解释问题。而俳谐这种艺术形式,通常都秉持着一种冷静而直观的态度去体验这个世界的真实,然后再将其直接地表现出来。因此,在探讨俳谐独特之美的时候,就一定要捕捉到这种冷静和直接,还要认识到它是在真实的价值基础上才成立的。我们要研究的目标——"寂"在这个意义上就与真实性的"深"产生了联系,因此,我们也可以想象得到,这种"真"理应有一个独自的精神构成与之相适应。

《去来抄》中有这样一句话:"蕉门俳谐情景之间有共鸣,而其他流派只是在玩弄技巧",说的就是蕉门俳谐更注重尊重真实性。俳人白雄在《寂栞》中也有一段："俳谐的正心就在于正风，得自然之实景，以万物为宗旨，是为正风。以万物为宗旨，即为真实。……我曾经倡导过'兴'但还是芭蕉翁更能看破虚妄，倡导了真实无妄的正风。"（《俳谐丛书》）

从俳谐艺术的根本性质中可以导出种种细枝末节的小特色，在这里便没有必要悉数列举了。在这里我只就俳谐表现的"观照性"与其他诗的不同之处略作延展。在我看来，俳句表现的观照性在大多数情况下，都有着比较鲜明的二重性，这个二重性与上述的俳谐根本特征以及后文将要提及的俳谐的艺术本质都有着必然的联系，我们暂且就只从"诗意表现的观照性"这一点上来研究这个问题。在普通的诗意表现中，比如和歌，我们可以从一首和歌所表现的内容、具象性以及观照性出发，去想象作者在创作时的场景和心境。而这个对观照的把握过程就是在我们阅读这首和歌的同时实现的。（当然这只是从理论方面而言，而实际上在具体的情景中，在作者和接受者之间，或者说在不同的接受者之间，观照的内容也未必具有同一性。）比如在读"朦胧明石湾，朝雾之中海岛似行舟"的时候，尽管我们未曾亲眼见过，但也可以大致想象得出明石海湾的风景。这种凭直觉的想象观照，能令和歌所表现的内容浮现在所有读者的眼中，这就是一般意义上的诗意表现的"想象观照"。如果把这里的"观照性"限定在狭义的视觉具象性上的话，那么很自然地就会涉及像莱辛讨论过的诗与画的关系问题，这个与我们的研究课题关系不大。在大多数的诗意表现中，我们的内心会自动通过诗句描绘出一个场景来，而这个场景就是诗所要传达的审美内容，诗意的"观照性"也就因此而成立。

然而在俳句中，这种观照性则分为了两个层面传达给我们。也就是说，当我们在读一首俳句的时候，最初传达给我们的多是客观素材的事象观照性，而接下来第二层才随之而来。换言之，这个句子在我们心中被反复鉴赏品味，而后我们的意识才得以沉潜到其更深层次的表现中去。只有这样的鉴赏意识出现，充分的诗意观照性，或者说同时具有一定的诗意情景和审美内容的观照性才可以成立。实际上，上文说的两个层面并没有明确的时间先后上的关系，或者第一层的素材观照性与第二层的内容观照性,因鉴赏意识的出现才有了分离的倾向。而在实际中,根据俳句样式和题材性质的不同,还有鉴赏者赏玩俳句的熟练度不同,这个分离的程度也有所区别。不仅如此,虽然我将这个分离的倾向看作是俳谐艺术的一个特征,但这个特征也并不是俳谐所独有的,在一些其他的诗意形式中(比如在比较短的和歌中)有时也有这样的情况出现,只是程度上有所不同罢了。但是和歌和俳句之间的区别也并不是只有字数多少的区别,后面我们也会说到,因为一些原因这种分离的趋势在俳谐中表现得更为明显,而且从程度上来看,和歌和俳句在这方面表现的差距也颇为明显。

若是要举出一个能证明上述观点的俳句,那么可能就不适合举一些脍炙人口的例子了。因为我们对这些句子实在太过熟悉,已经在心中赏玩了无数次,那么对这两个层面的区分必然不会十分明显。于是我们在此就举一些稍微冷门一点的句子来供大家品鉴。我曾经读过俳人横斜的一首"剪发供奉在祠堂,秋风吹断发",暂且不提这句是巧还是拙,我当时读到这句的时候,我的眼中出现的场景是秋风阵阵,萧瑟的乡村祠堂中还飘着一丝恶臭，里面挂着肮脏的女人的断发。但这只是这句文字直接表现出来的客观景象，只是单纯的素材性因素，也就是我之前所说的第一次的素材观照性。若是再进一步，我们去探索这句想要表达的诗意或者说俳句的内容，那么就应在这些素材的基础上去赏玩全句所要表现的诗情，我们就会想到那些愚昧而单纯的人们出于某种理由向祠堂供奉断发，被剪下来的头发一缕缕地缠绕在祠堂中，我们甚至会感受到他们多样而复杂的人生。这样的联想可能并不是那么清晰，而是有些模糊和混沌的，但我们仍然可以感受到悲凉的秋风这种自然的情趣和人生的悲哀融合在了一起。这就是这个句子特殊的诗意情景历经第二次升华在我们心底的具象化。这也是我们所说的第二次的内容观照性。（虽然可能在此依然使用"观照性"这个词会有些欠妥，就当代美学的语言来说，这个词也有非视觉的、体验性的因素，是带有广义性质的。）

可能上面举的例子并没有那么贴切，但我觉得通过这个示例，也可以大致将我想要表达的话说得更为明确一些。从美学上看，根据具体的例子不同，可能这种倾向的程度会略有区别，但毋庸置疑的是，这种倾向普遍存在于俳句中。芭蕉那首著名的"咸鲷鱼龇着一口白牙躺在寒冷的鱼铺中"，我们对这个句子十分熟悉，可能已经在心里把玩了无数遍，现在再读到这个句子时，已经可以直接从整体上把握或者说享受到其中蕴含的独特诗意或俳意。但若是区分一下这句话中的两层观照性的话，那么第一次素材的观照性便是，看起来离"美"距离甚远的腥臭的鱼铺中的情景。其实这也证实了我之前说过的一个问题，就是俳谐对于题材的选择与和歌不同，并没有刻意去避开看上去很丑陋的事物，因此这首俳谐的选题也是非常自然的。而这个问题的根源又在哪里呢？接下来我们将从多方面来列举一下原因。

第一，俳谐要用非常极端的、被限制的字数来将作者心中的诗意内容非常充分而直接地表达出来，这自然难度颇大，于是势必就会用到很多暗示的手法。因此，接受者也就是读者只能从作者那里接收到"一半"的素材，而剩下的那一半某种程度上要通过自己的体验来把这份诗意内容补充完整。因此，再回过头来审视这个内在的鉴赏过程时，我们就会发现这其中就有二重性的倾向。然而，俳句表现的性质并不单单是暗示性的，它还会将我们欣赏体验的过程以某种感觉上的真实性为核心聚集起来。若是用一个比喻来形容的话，那就是作者给我们的是一个"镜头"，而为了寻找适合这个"镜头"的"焦距"，我们就需要经历一种内在的调节过程。这种只暗示一部分来想象整体的形式，不是单纯的想象力的再现作用和联想作用，而是一种非常复杂而微妙的内部自我调节作用。比如这首"将葱洗净剥好，葱白泛着寒光"，除了洗净的葱白泛着白光，我们还能感受到寒冷的水和空气，这就是我们心中形成的直观而真实的体验核心。为了获得这种体验，我们需要反复不断地在心中把玩这首俳句。而在这个过程中，上文所说的"第一次的观照性"和"第二次的观照性"之间自然而然就产生了一些距离。

第二，正如我在前文所说，俳谐的艺术性就是在直接的表现上剔除感动的因素，强调的是客观和直观的因素，因此为了将一句俳谐的艺术性和审美内容加以整合，就不能将主观上的统一因素作为中心点，也不能将其明显地表现在表面上。因为这种感情上的统一因素并没有在表面上表现出来，我们在鉴赏俳谐时就很难像鉴赏和歌那样在阅读文字的同时就能直接感受到作家的艺术自我，也很难直接将我们的感情移入作品中感情表达的集中点上。因此，即使同为俳句，也有题材和景情略显陈腐，但谁都能直接感受到诗意内容的情况，而即使是不同的题材和景情，只要比较明确地出现了将氛围和情趣相统一的主观表现因素，就很难出现我们之前所说的特殊倾向。比如"夜间野鹿，戚戚悲鸣"和"好可怜，甲壳下瑟瑟发抖的蟋蟀"，这两句中就出现了"悲"和"可怜"这样的主观词汇，当然这种情况在俳谐中是极少出现的。

第三，因为俳谐主要的着眼点是直观的、体验的真实性，这就势必会产生一种追求新意的倾向，这就很容易走向一个注重特殊的个人体验的极端。尽管这种个人体验可以通过艺术表现的技巧最终形成一个谁都能理解的作品，但因为这其中的新意和特殊性，普通人就很难直接感受到这些俳谐想要表达的最原始的内容。这一点也是之前我们说过的俳谐产生观照性的二重性特性的一个根源。《三册子》中有这样一段话："有这样一首俳谐'春风拂过，还有在麦田中穿行的流水声'，这是景气之句。景气是非常重要的东西，连歌中有景气之句。初学者会认为这看上去很好模仿，其实不然。俳谐并不像连歌那样，一般的景气之句会变得陈旧。"这里所说的"景气之句会变得陈旧"，也是值得我们注意的一点。若是如实地把握客观的景情，在表现这些景情的时候以"美"为主要目标的话（比如主攻写景的和歌），那么是很难沾染上陈旧之气的。同样的风景之美，若是用和歌的表现方法表达出来，这些风景总会被赋予新的生命力。这也是很多歌人乐此不疲地用同一个歌枕作歌的原因所在。然而俳句的直接目标并不是去表现客观的美的情境，而是去表现体验的真实性。换言之，它的表现内容以体验的、客观的真实性为基础，所以这就要求俳句必须产生一种新鲜的、特殊的美。这也是俳句一定要避免陈腐和老旧的原因。若是想要彻底说明这两者的不同，则需要一些更精细的论述，在此我想要强调的只是这里所说的"景气之句会变得陈旧"是在这种意义上而言的。

　　我已经从审美意识构造的第二点出发，在"直观"

和"感动"的层面上对俳谐进行了分析,说明了俳谐并不是以狭义的"美"为目标,而是将"真"作为首要目标。我还从艺术本质的层面上对俳谐和古典和歌进行了比较,说明了二者的不同之处,相信这一点已经较为明确了。我曾读过俳人虚子的一句话"和歌是吟咏烦恼的文学,而俳句是歌咏悟性的文学",虽然这句话的意思确实有些不清晰,还有些夸张的成分,甚至还将和歌与俳句放在了尖锐的对立面上,但他想表达的意思可能只是:和歌表达的是客观事物所引起的主观上的感情反应,而俳句则清除了情感上的因素,强调一种对体验的真实性加以冷静地把握这种谛观的态度。露川所著的《和楔》中有这样一句话"与天地共生,歌咏恒定常在之物,是为和歌。而俳谐则聚焦于变化之理",若是将这句话中的"恒定常在之物"理解为审美对象,而将"变化"理解为刹那间的体验真实性的话,就与我的观点有很多重合之处了。但我并不是在主张和歌和俳谐在本质上存在这样的区别,希望不会引起不必要的误会。不论是俳谐还是和歌,都是形式上有所不同的诗与艺术,这一点需要牢记在心,也就是芭蕉所谓的"寻定家之骨，觅西行之筋，遵乐天之肠，入杜子之方寸"。若是以此为理想，那么和歌和俳谐之间也就不存在本质上的区别了。但这个问题是"Sollen"①的问题，在此我只是基于一些历史事实，来说明和歌和俳谐在艺术性上的根本差异。

审美意识的第三个层面就是整体的价值内部构造——自然感与艺术感的关系。这也是俳谐艺术本质的一个重要特色所在。当然，这个艺术特色与我们已经指出的其他各个特性有着密不可分的关系，而且还共同构成了一个有机体。我接下来要做的就是用概念分析的方法，来考察这个新的俳谐艺术本质。

自然感和艺术感之间的关系是审美意识的内部构成，在具体的艺术构造上则大体上可以表现为形式与素材之间的关系。虽然在具体的情况下这两对关系也不总是一一对应的，但确实在大部分情况下素材就相当于自然感，而且采用这样的观点对我们之后的考察而言也比较方便，所以我们在研究审美意识的第三个观点的时

---

① 德语，意思为"本该这样""理应如此"。

候，就主要从形式和素材之间的关系来考虑吧。从这一观点来看，艺术就是精神性的形式对自然性的素材进行某些处理后形成的结果。既然俳谐也是一种艺术，自然也符合这个公式。从根本上来讲，各种艺术形式、各民族各时代的具体艺术样式的形成，在艺术样式的层面上来说，都符合上述根本原则，而且在相对意义上，这其中的精神性的形式与自然性的素材之间的相互关系也有着变化和消长。在这个意义上，俳谐在艺术表现上的性格，若是与和歌进行比较的话，有一个非常显著的特点。用一句话来说，那就是精神性的形式使艺术得以形成。而这要求精神性的形式必须要将自身浸融在自然性的素材中，换句话说这需要让它在素材中自由地以各种形式出现，这种特殊的趣味是俳谐的表现性格，通常都表现在俳谐的表面。当然，这种精神性的形式的力量既有可能充分地处理好素材，也有可能直接生搬硬套，自然产生的结果也会截然不同。这也并不是因为俳谐的外在形式极其短小而阻碍了其精神形式的自由发展（在我看来这完全是在颠倒因果关系），而且和西方美学所说的象征性和暗示性这样的单纯的表现方法也有所不同。

因为这对俳谐来说并不是一种因精神表现形式遭到限制而不得不产生的消极特性。特别是在西方的美学和诗学中，不充分的表现反而通过余韵和余情增大了审美效果。不过这种表现方式究其根本也是因为形式的欠缺和不充分而被迫采用的一种方法。

在俳谐中，精神性的形式常常会自动为素材的充实性让位。这不单单只是为了心理上的效果，其实是俳谐的趣味或者说风雅精神已经广泛且深刻地以一种无意识的方式分布在了自然素材中，还在难以分清"精神"和"自然"的层面上形成了作品。而从艺术表现的外部层面上来看，就是精神自动后退，隐匿在了自然素材中自由而自发地发现并形成了潜在的"形式"。这种独特的表现方式并不只是为了呈现效果考虑，而是俳句不得不采用的方法。因此，在这种情况下，让素材在内部自由自在地驰骋就成了一种积极的表现方式，而这种积极性在外部的表现却较为消极。剥开外部消极表现的外衣，我们会发现隐藏在内里的其实是一种积极表现。因此，我认为俳谐在外部表现能力上被限制这件事其实是上述根本艺术性的必然要求和自然结果，外部表现的局限并不是这种根本艺术性的产生原因。由此看来，这种世界上独一无二的短小诗形，并不是一种与生俱来的局限，而且这种局限也并不是俳谐产生特殊艺术性的原因。虽然可能因为一些历史和心理上的因素，会让人们误将因果关系颠倒过来，然而事实上，俳谐是因为具备了上述根本艺术精神，才形成了极其短小的诗形，还由此产生了"切字"等手法。这些都是这个根本艺术精神所产生的结果。

比如俳句独特的表现形式之一，五七五的音律格式，为了符合这个格式，通常俳谐都是几个名词的罗列，或者是一个以名词结束的语句。这是与和歌完全不同的特殊表现手法。最有名的就是芭蕉的"奈良七重七堂伽蓝八重樱"和"梅子嫩菜小碗山药汁"，还有素堂的"眼中青叶山杜鹃初鲣鱼"，这些都是人们耳熟能详的俳句。类似的例子还有相比之下没有那么有名的"髯奴腰黑茶碗男郎花"，除此之外还有明治时代俳人洒竹的"东海道五十三次青岚"。这样的例子可谓是数不胜数。甚至说这些俳句只是将素材单纯地加以罗列也未尝不可。当然，从音节韵律上来讲，俳谐在音节数上有所规定，而音节上的固定断句和接续方式也让这个形式看起来比较俊逸。这种断句方法在俳句中可以分成二段切和三段切两类。从"想象观照"的角度上来思考表现内容的话，就会发现一个问题，那就是这种物象的罗列和列举似乎没法单纯地通过文字就将作者主观上的内部创作过程展现出来。这一点就和我们之前曾经指出的那样，俳句在表现方式和手法上会尽量剔除那些主观感情因素比较强的词汇。当然，在诗中也会使用这种罗列物象的手法，通常还带有特定的氛围和情趣。但这种手法确实不是直接表现的惯用手法。因为在音律上有严格的限制，所以俳谐才多用这种手法。我认为这种说法是错误的，因为这是一种消极的结果论，事实应该正好相反，正是为了实现俳谐的"艺术意思"，所以才采用了这样积极而自由的方法。

这种特殊的表现手法，打个比方来说，就像是在已经画好的一幅画中或者说在已经完成的一个场景中，提取出几个部分的物象进行强调。艺术的整体性看上去好像被各个素材代表的独立要素分割开来，但我们在欣赏它们时，心中自然会将这些要素重新整合起来，于是最初的艺术统一性又得以回归。但是具体到某幅绘画作品，它的表现对象并不仅仅在概念上（语言上）有了分解，所以这个比喻可能也不是那么贴切。总之，从根本上来说，我们可以预想到某种意义上的艺术统一性，或者说这种艺术统一性是可以通过想象来实现的，至少在那些懂风雅且懂得品味俳谐的人那里这种方法是可行的。也正是因为这种艺术统一性的再构成是行得通的，所以就促使俳谐这种虽然看起来并不符合艺术和诗意表现的条件的特殊表现方式最终也成了一种可行的表现手法。总而言之，这种表面看上去只是单纯地在罗列素材的表现手法，其实是一种强烈的艺术精神的实现方式。由此看来，俳谐中所使用的题材和物象，在西方的美学体系中也不能说是一种纯粹的未经加工过的原始素材。换言之，我认为即使是在艺术品的外在层面上，自然的素材和精神上的审美形成也有着密不可分的关系，或者说它们根本就是融合在一起的。我在论述"幽玄"的时候，曾提及日本艺术的根本特性，在那里我使用了"艺术以前的艺术"这样看起来比较奇怪的表达，其实也适用于俳谐。当然，这种说法并不仅仅适用于俳谐，在某种程度上还适用于和歌和其他的艺术形式，对东方人或者说日本人来说，这是规定了"自然美"根本性格的决定性要素。然而，只就具体的艺术表现方式层面来说，这种性格在俳谐身上是最为明显的，因此我在这里特地提出了这一点。

从俳谐的这个艺术上的特性还能延展出很多俳谐其他方面的特点。比如，俳谐比起"美"来更强调"真"，还有着不断追求新鲜的倾向，从根本上看，这些特点都起源于我们刚刚所说的俳谐在艺术表现方面对形式和素材这对关系的处理方式。概括来讲，这并不是先确定精神上的表现方式后再来寻找与之相适合的素材，而是让精神的形式处于非常自由的状态中，使精神顺应素材并在素材的世界中自由自在地驰骋。也正因如此，俳谐的素材就不会受到束缚，有了非常广的选择范围，这也是古典的和歌与俳谐之间的一个重要差异。这一点在过去也有很多俳人意识到。举个例子，丈草在《诗歌俳谐辩》中有这样一段话：

> 首先是和歌之德，谁领会了其中深

意？……以人作比的话，和歌就如同云上之人，衣冠整齐地坐在车中……住在住吉玉津岛、吉野初濑游山，或者偶尔住在富士、朝间、须磨、明石逆旅，在海边的茅屋中度过黄昏。有时在海底放罐子来捕捉章鱼，有时看着罐子中游进来一两只小虾。有时又在山野之中漫步，走在牛道、鹿道和猿道上，也不知道道路的名字……而俳谐之姿，好似着蓑衣、竹杖、芒鞋，在清晨出发。不在乎是在闹市还是乡间，只四处看看，有时在市中踏雪，有时又在草原遭到烈日灼晒，有时在山寺中吃些斋饭，有时又在土亭之中驻足，每一段旅程都甘之若素。从萨摩到虾夷再到千岛，踏遍国土的每一个角落。

另一方面，在这个无限制的、庞大的素材世界中，也有一些题材能够体现出比较浓厚的俳趣，那就是堪称自然素材结晶的"俳题"或者也可以称其为"季题"。当然，和歌也有类似的歌题，在这里我会将歌题和俳题的不同之处略作区分。这其中需要注意的大概有以下几点。和歌中的歌体数量十分有限，因为经历了漫长的时间选择与分类后，能符合和歌之"美"要求的题材只有几个，虽然俳谐在这方面也有些类似，但因为俳谐的素材非常广泛且几乎没有限制，所以自然而然就会有一种整理与分类的需求出现。这与其说是"Sollen"（应当如此），不如说是"Sein"（原本状态）。不是为了限制和选择才进行整理，而是因无限地扩大和增大才对其加以整理。我们若是想要对此有一个直观的了解，那就只需去翻翻《俳谐随时记》和《季语事典》即可。

以上只是提到了季题整理的动机，若想要更深层次地了解季题，探讨它是如何在如此广的范围中对俳谐完成分类的，那么我们就需要以上文提过的"素材世界"本身含有的"内部的形式性"与表现上的"素材"对"形式"而言的优先权为出发点来思考。这样看来，歌题和俳题之间好像也没有什么根本的区别，后者只是将前者的某一种倾向又向前推进了一步并将其扩大化了。无论是和歌还是俳谐，都有大量的关于四季变换、花鸟风雨之类的题材，而俳谐中也有很多被古典和歌认为比较卑俗的物象，它并不会去刻意回避这些"卑俗"的自然风物与人事。在俳谐中，这些物象并不是因为被写进了艺术作品中才具有了审美价值，用俳谐的"风雅之眼"来看，这些物象天生就带有一些内在的艺术价值。土芳在《三册子》中曾引用过芭蕉的一句话，土芳这样说道："对于这首俳谐，芭蕉师曾说'自然而然就吟咏出来了，并没有什么刻意的努力，因此并不值得称赞。我还有一首'镰仓出产的鲜活的鲣鱼'，这首是我费尽心力作出来的，但别人并不知道'。"所谓"不值得称赞"，这只不过是芭蕉的自谦，芭蕉能用自己的"俳眼"去发现这些题材，才是最重要的。

当然，锤炼姿情和格调本就是俳人的一项重大的艺术性任务。至少从芭蕉所赞赏的俳谐精神来看，为了在无限广阔的混沌素材世界中找到特殊的凝结着俳趣的事物，最重要的是在行住坐卧之间都要锤炼风雅之精神或者说俳谐之眼。在这个意义上，俳谐这种艺术一方面拥有巨大而无限制的素材库，另一方面在主体的层面上，这种特殊艺术性的完成不单单要靠俳人在句作、句案上的努力，还要求这种风雅之精神扩展到日常的生活态度上,这种倾向是值得我们注意的。其角的《花实集》总有这样一句话"以俳谐写文章则为俳谐文,以俳谐咏歌则为俳谐歌,身体力行则为俳谐人",在上文中我们也曾引用过这段话,只是这最后一句话特别值得我们注意。《俳谐十论》中也有言"俳谐即是目前所见,口中所言,身之所行"。有一本名为《俳家奇人谈》的书,记载了一则有关以行为奇异出名的惟然和尚的趣事:"和尚闭门独居很久了,有人问他:'今宵何人有俳谐,请推荐一下。'和尚笑道:'和尚我日出起,日落息,喝茶吃饭、行住坐卧皆是俳谐,在此之外又能去哪里寻找俳谐呢?'这僧人已经达到了人我两忘的隐者之境界。"即使不举这样的例子,正风之祖芭蕉的生平也足以说明这一点。想来"风雅"这个概念经常被当作俳谐的同义词使用,根源也正在于此吧。

"风雅"这个词毋庸置疑来源于《诗经》中的"风雅颂"。"风"本来指国风,而"雅"则是指大雅、小雅,"风""雅"再加上"颂",指的应当是《诗经》里全部的诗篇。后来"风雅"的含义有所扩展,诗歌、文章这样的雅事被称为"风雅之道"。《文选·序》中有"诗者,盖志之所之也……故风雅之道粲然可视",这里的"风雅"指的就是它在广义上的意味。《诗序》中说:"是以一国之事,系一人之本,谓之风;言天下之事,形四方之风,谓之雅。雅者,正也。言王政之所由废兴也。"然后又解释说:所谓"风",就是"讽",就是"教",以风动之,以教化之等等。诗在中国本来就有道德教化的使命,风雅的狭义概念当然不值得讨论,即使是广义上的代表着诗歌的风雅概念,它的重心仍在于强调诗歌、文章之道,即这种艺术形式的精神意义。杜甫有诗云:"未及前贤更勿疑,地相祖述复先谁。别裁伪体亲风雅,转益多师是汝师。"(《岩波文库·杜诗卷三》)这里的"伪体"指的是杨炯、王勃、卢照邻和骆宾王四人的诗,"风雅"指的就是《诗经》中的诗,也是中国人认为最为正统的、真正的诗。露伴学人曾在《幽秘记》中翻译了中国明代著名学者方孝孺的《谈诗》五首的其中一首:"举世皆宗李杜诗,不知李杜更宗谁。能探风雅无穷意,始是乾坤绝妙词。"这里的"风雅"也是在指《诗经》,也可能稍微宽泛一些。

还有一个和"风雅"概念比较类似的词，那就是"风流"。辞书上解释说，"风流"就是"风声品流之略"，《剪灯新话·牡丹亭记》中对"风流"的注释是"风声品流能擅一世，谓之风流"。另外，"风流"也可以被单纯地解释成"文雅、风雅"的意思，还可以解释为"先人遗风余泽"，也就是"流风、余韵"的意思。可解释为前者时的例子有：《晋书·乐广传》的"天下言风流者，谓王、乐为称首焉"，还有同本书《王献之传》中的"风流为一时之冠"等句，以及收录在《唐诗选》中的李颀的一首诗中的一句"风流三接令公香"。后者的例子有：《后汉书·王畅传》中的"士女沾教化，黔首仰风流"，还有杜甫赞赏王维之弟王缙的一首诗"未绝风流相国能"，这里的"风流"和广义上的风雅一样，都是在代指诗歌。至于日本的古例，有《古今集·真名序》中的"虽风流如野宰相，轻情如在纳言"，还有《风雅和歌集序》中的"为救此颓风……适合风雅者，鸠集而成编"。在日本后世的用例中，不论是"风雅"还是"风流"，它们各自的词义都在扩大，不仅仅是代指诗歌，而是扩展到代指一般艺术，甚至是代称普遍的审美情趣，后来还被当作"美"的同义词来使用。

从上面的分析中我们可以看出，"风流"和"风雅"的概念不论是在中国还是在模仿中国的日本，都从最开始的代指诗歌文章转变为代指艺术和审美情趣，意思在扩大的过程中也变得越来越不明确，而这两个词也从之前的重视道德教化转化为重视精神性和文化性的方向上来。从审美意识的角度来看，这个变化显示出对艺术感和审美因素的强调倾向。下面的说法可能只是我的推测，我认为到了日本的近世时代，尤其是从连歌向俳谐发展的时候，"风雅"和"风流"的概念重心也在转移，在这个过程中还出现了很多特殊的用例，从这些用例来看，可以说"风雅"和"风流"的概念已经发生了一些本质上的变化。概括一下，这个变化主要表现在三个方面：一是特别强调审美意识中的自然感的审美因素这个方面；二是与此同时还强调主体的精神态度和生活态度；三是伴随着以上两种倾向，"风雅"这个词有了新的狭义上的解释，就是仅限于指代俳谐这个特殊的艺术之道，与此同时，"风流"的概念中包括了"风雅",并有了更加广义上的解释。也是因此,我们现在才能将这两个词区分开来。以下我将就以上所言略作说明。

首先应该说清楚的是,若是去《大言海》中查找"风月"这个词的释义,我们会发现首先给出的说明是"清风明月",这是它在自然界风物上的意味。接着,它还有"吟风眺月,乐于风流。风流、风雅"的意思。第三,"风月"还有"代指诗歌文墨之韵事"的解释。而第二个解释的例子是《南史·徐勉传》中的那句"勉正色答云:今夕止可谈风月,不宜及公事",还有《怀风藻·序》中的"阅古人之遗迹,想风月之旧游"。而第三个释义则举出了《十训抄》的"就算人很擅长歌舞管弦,但没有实际的才干,只有风月之才,也会成为被人们所轻蔑的对象",这段话中的"风月之才"其实就是"风月之情"。在日本,这两个词经常出现在文章中,它的含义也最终成了"风雅""风流"概念中的一种。而在俳谐中有关"风雅、风流"概念的讨论,也有很明显地在强调自然的审美因素的论述,比如支考《续五论》中的一句话"花月风流,风雅之体也",还有

《三册子》中的那句"师曰：乾坤之变风雅之种也"。芭蕉在很多文章中使用过"风雅"这个词也可以直接证明这一点。虽然关于芭蕉作品中的具体用例一时找不出来，但芭蕉经常使用的"风雅"无疑指的就是"风月之情"中的"风"，而不是《诗经》中的"风"的意味。他在《笈之小文》里自称"风罗坊"，意指他漂泊浪荡的旅程，其中写道"十月初，天空不定，身如风中之叶，摇摆不定""旅人是我名，初雨之后立即启程"。还有《更科纪行》中的"秋风吹我心，秋雨乱我情"，还有《奥州小道》中的"被风和残云催促，漂泊不定"，《幻住庵记》中的"无所寄托，风云乱我身，花鸟劳我情"，《月见赋》中的"浮世之外做风狂"。若是翻阅《本朝文选》，查阅一下除芭蕉以外其他人的文章，还会发现佚名的一篇《杂说》中有这样一段"……其角之作不可，支考之理不可。……史邦、木导又在风雅之露方面有所欠缺，千那、李由则风月之情过剩"。《本朝文选》中还有一篇名叫万子的人写的《爱梅说》，里面写道："梅喜好花之风雅，我爱其风雅。"这里就是将梅看作有风雅精神的花，而这里的"风雅"

就有着些自然美的意味。

第二点,"风雅"和"风流"的概念从狭义的艺术趣味(诗歌文章之道)扩展到自然感情的范围上,比起强调艺术美更加注重、强调自然美。与此同时,在第二点所说的精神主体方面,或者说从狭义的艺术创作立场即俳谐的创作立场上来说,作句选词这样的具体创作过程未必就一定属于"风雅、风流",比起这些,更重要的是面对自然风物的变化、四季的推移和人世间的诸多现象时,摆脱俗念并保持着绝对的静观态度,用俳眼去看待这个世界,也就是磨炼"风雅之诚",也就是芭蕉所说的"风云乱我心,花鸟劳我情"这种和大自然融为一体的心情,这才是最重要的。至此,"风雅"的精髓就到达了一种至高至深的"道"的境界,更进一步,它就理所当然地成了规范主体全部生活态度的一种特殊的样式。芭蕉学习西行在旅途中不断漂泊,实际上就是这种样式的一个体现。我觉得最能体现"风雅"概念的这种变化或者发展的一段,还是芭蕉那本有名的《笈之小文》中的一段:"……追求风雅,顺应造化,以四时为友。所见皆为花,所思皆是月。把不寻常之物视为花,那是夷狄。心中无花，那是鸟兽。出夷狄而离鸟兽，于是顺应造化最后归于造化。"在这段话之前的文字，我们之前也引用过："西行之于和歌，宗祇之于连歌，雪舟之于绘画，利休之于茶道，其贯道者亦此一物也。"因此，我认为这里的"风雅"一词就是在暗指俳谐之道（我在后文中也会提到，在芭蕉的著作中这样的用例还有很多）。这样想来，随着俳谐的发展，"风雅"概念中的自然感因素不断地被着重强调，芭蕉的这段话就是一个典型的例子。（顺便一提，关于芭蕉的这句"所见皆为花"有着各种各样不同的解释，根据志田义秀先生的《俳文学考察》，这句话可以理解为"见人事和见自然要怀着同样的心境""对于到达了风雅之极致的人来说，见人事与见自然是一样的"。若是这个解释成立的话，那么就再一次证明了我的论点。接下来，这篇文章中又说风雅之人的眼与心应该只向着花鸟风月等自然之物，远离人事。即使是从这个角度来解释，我的论点也依然成立。）服部土芳在《三册子·赤册子》的开篇中写道："先师曾教导我们要'高悟归俗'，要常常责于风雅之诚，最终俳谐也要归于风雅之诚中，要以风雅之

侘寂 | 115

心看待世界。"支考在《续五论》中也说:"将心放置于风雅之中方可成为风雅之人。"由此可见,"风雅"概念的重心之所在了。

第三,随着"风雅"概念含义的变化,从前经常可做同义词使用的"风雅"和"风流"之间,也逐渐有了意味上的分化。一个被限定在俳谐之道这个狭窄的意义范围内,而另一个则有着广泛的审美意味的倾向(虽然在很多俳书中,这两个词也经常被乱用)。从芭蕉本人对这两个词的使用来看,"风雅"这个词多被用来代指俳谐之道。在《笈之小文》这篇纪行中就有"若是遇到风雅之人,便十分愉快",这里的"风雅"还没有成为俳谐的代称。而在《许六离别词》中,"风雅"这个词的含义就基本上被限定在俳谐上了。这篇文章中记录了芭蕉和许六之间的谈话:

> 我问许六为何爱画,许六说因为爱风雅。我又问那为何喜爱风雅呢,许六说因为爱画所以爱风雅。所学者二,而用其一。……在画的方面,许六是我的老师,而论及风雅,他是我

> 的弟子。师之话，精神入微，笔端巧妙，其幽
> 远乃我见所未见。而我之风雅，如夏炉冬扇，
> 难为常人所理解。

这里的"风雅"虽然也可以作广义上的解释，但我更倾向于它作为俳谐的同义词而出现。在《僧专吟饯别之词》中还有"此僧常好风雅"，这里的"风雅"指的就是俳谐，《栖去之辞》中也有"风雅已是往事，现已闭口不再吟句。然而风情自在胸中，见万物仍是风雅之魔心"，这里的"风雅"还是俳谐。元禄七年，芭蕉曾给曲水写了一封信，信中论述了俳谐之道的三个等级，里面有这样一句话"风雅之道，大致可分为三等"，这里的"风雅"很明显就是专指俳谐。当然，芭蕉有时候也将"风雅"二字在广义上使用，比如《月见赋》中的"我朝紫式部居石山写源氏之事，唐国苏居士于西湖书越女之事，皆留下风雅之名"。虽然芭蕉并没有特意将"风雅"和"风流"区分开来使用，但他在《初怀纸详注》中评枳风的俳句"雪村划船去看柳"时曾说"此为长高风流之句"，还有"风流之源就是乡间种田之

歌",这里面的"风流"则有着更广泛的含义。

想来,随着"风雅"逐渐作为俳谐的同义词被固定下来,为了方便使用,"风流"自然就被赋予了更广泛的含义。在支考的《续五论》中有一句"花月风流,风雅之体也",这句话中很明显就将"风雅"和"风流"区分开来使用了,他在《葛之松原》中也说"得一句风雅,此为风流",这里的区分就更加明显了。(与"本情"相对的"风雅"则特指俳谐趣味,因为上文已经详细说明过,在此便不再赘述。)

以上,我们已经对伴随着俳谐和俳论的发展而发展的"风雅"概念的变化有了一个大体的认知。这个变化与我们之前提到的俳谐的艺术本质也有一定的联系。我在这里对这个概念详加讨论,就是为了对我之前的论点做一个补充。

第五章

"寂"的一般意味和特殊意味

前面几章我们已经在美学的立场上对"寂"问题的直接背景——俳论和俳谐做了一个概览，接下来我们的考察将回到这个概念本身上去。虽然在讨论"幽玄"和"物哀"问题的时候，我曾经从美学的观点出发将"寂"作为一个审美范畴去尝试探明它的内容和本质，但在此作为"寂"问题的正式研究的开篇，我还是想先讨论一下这个概念在一般语义下的情况。在后面探讨具体示例的时候，我们会发现这样的讨论是非常有必要的。这个概念的含义繁多、复杂且含蓄，即使是将它作为一个单纯的语言学问题来研究的话，从语源关系的角度来看，也有很多争议之处。我在这里仅就"寂"在俳谐或茶道这种特殊的艺术形式中的发展进行研究，以此来考察它是怎样逐渐变成一种特殊内容的，以及它是怎样向着特殊意味的方向去发展的。在这个过程中我也会举出几个具体的用例加以论证，方便起见，这些我都将放在最后去讲。那么我们就先从它最原始的两方面的语言含义入手。普通辞书将这两方面放在一起是迫不得已的事情，而很多专门研究日本审美诸概念的研究者，也对这两方面的区别不甚明了，我觉得这一点是需要我们反省的。

我曾在之前考察过"幽玄"和"物哀"的概念，现在即将考察"寂"这个概念。而在翻看日本的相关古籍时，我们会发现这三个词并不能涵盖我国国民自古以来使用的所有审美性的宾词，而且古籍中也有关于这三个概念在美学的角度上的研究。若是仅仅将这几个词放在一起解释一遍，这样的研究只在语言学上有意义，对我们的美学研究是没有帮助的。我认为单就这些审美宾词来说，它们并不直接属于美学范畴。对一个审美范畴的研究，不能只局限在语言上，还要以其特定历史时期的特定艺术形式为背景，来对它的产生过程进行研究，除此之外还要注意它和一般艺术中的广义审美概念之间的关系，由此搞清楚它到底是如何分化成一种特殊审美形式的，还要看它是如何成为某种特定艺术的中心概念和理想概念的，以及它是怎样作为理想概念去发挥统一性和指导性的作用的。一个审美宾词若是能从上述角度去研究，那么才可以把这个审美宾词当作一个审美范畴来看待。而关于"幽玄"和"物哀"有着怎样的艺术背景以及它们是如何发挥理念指导作用的，我们在上本书中已有论述。而"寂"的相关问题是不是也和"幽玄"与"物哀"类似呢,或许"寂"的相关问题的研究也可以借鉴其考察思路,我会在下文中围绕这个问题展开详细的论述。

在研究这些审美范畴的时候,我们常常会从这些概念的一般语义出发去考察它作为一个词的正常语义,其实对我们来说最重要的还是这些概念在特殊的艺术世界中到底是怎样作为一种特殊术语被赋予了特殊含义的。因此,我们在考察、解释某个审美概念的时候,有时也会有与该词原始语义相偏离的情况出现。这是不可避免的,在西方的美学研究中,例如德语中的Erhabene[①]或Humor[②]这样的词就有这种情况。在俳谐和茶道中,"寂"无论是作为一种艺术还是一种趣味生活形式都有着自己独特的性格特征,就像"幽玄"和"物哀"那样,"寂"也有自己独特的审美内容。

关于"侘"和"寂"的概念,我认为其一般语义与在俳谐和茶道中的特殊语义之间的区别,是一种分析性

---

① 德语,意思是"崇高"。
② 德语,意思是"幽默"。

意味和综合性意味的区别。关于"寂",本身这个词的语源或者说最原始的含义就十分复杂且多样,除此之外,还有这样的情况出现,就是会有一些在语音上和"寂"完全一样的词,但含义可谓天差地别,这些都是我们在考察"寂"的语源时需要特别注意的。而我们在分析"寂"的多重语义时,会发现这些不同的含义似乎在俳谐和茶道中被融合在了一起,最终形成了我们所说的"寂"这个特殊概念。这一点在"幽玄"和"物哀"概念的发展过程中是看不到的。这样,那个原始的语义就在后来的发展中不断被转化、扩大和限定,而那些和原始语义不同的含义就以同音词的形式保存下来,后来又融合成一种特殊的审美意识。

现在我们试着在《大言海》中搜索一下以"寂"为词根的词,比如"さび""さびる""さぶ"等,在语源上看都有两个原始语义:一个是"荒ぶ"(さぶ),另一个是"然带ぶ"(おさぶ)。单单"荒"这个语源就分化出了很多语义。

首先,关于"荒ぶ",《大言海》中解释为:"虽然活用不同,但与'冷む'相通。有'不楽'(さぶし

き）的意思。《万叶集》卷二第三九，长歌，有'心不楽暮し'（うらさびし），是煞风景之意。后世的'さびれる'（衰微）一词的语源也在此。"这里面还举了万叶集中两首和歌的例子。总之，这里的"荒ぶ"都是"荒凉"的意思，而"さびし"（不楽）则是"荒ぶ"的形容词活用。接着《大言海》还说"在这个基础上转意，就是'寂寥'，再转意则是'寒し'"，表现"不楽"这样的主观意味时，《大言海》也举出了两首万叶集中的和歌。对于"淋"为词干的"淋びし"，《大言海》还解释道"寂静、不热闹……寂寥、寂寞"，并举了《源氏物语》中的一句话和西行的一首和歌为例。这应该是与前面所说的主观性较强的"不楽"相反的，偏向于客观的情况。

"さび""さびる""さぶ"还有"宿""老"这样的词干所代表的是"旧""古老""历史悠久"的意思。《大言海》举了伊势大辅的和歌和《平家物语》中的一个句子为例，还添了一句"就是茶道中所说的闲寂之意"。而对于这个意味上的"さびる"，《大言海》给出的解释是：（一）古旧而有趣味，带有古色、

古雅；（二）幽静且有情趣……闲寂，还引了《倭训栞》中的"寂，训为'宿'，就是寂寥猿声"，这个意义上的"さび"衍生出了一系列词汇，比如"さび浪人""さび衣"等。至于俳谐中的"さび"，则举了芭蕉的《古池》的例子，此外还有歌谣、故事、尺八等有关声音的"さび"相关词汇。

上述解释从语言学的角度上看是正确的，即使都是从同一个语源衍生出来的含义，但"不楽"和"寂寥"这样的含义和"老""旧""古"这样的含义就有着本质上的区别。而由"荒ぶ"这个语源衍生出来的语义还有一个"錆びる"，是"金属表面上生锈了"的意思。尽管和其他语义在根本上有些关联，但"錆びる"在表示生锈这个具体现象的时候，它和上述几个概念之间还是有很大的不同的。可以说"錆びる"与"寂（闲寂）"看起来就是两个完全没有关系的词。

其次，还有一些与从"荒ぶ"这个语源派生出来的词在意义上完全不同，但发音也是"さび"的词。根据《大言海》的解释，这个"さび"应该是"然带び"的缩略。这个同音异义词也有一些在意义上与上述所说的

"さび""さびる""さぶ"等词相重合的情况。比如，"神さび""秋さび""翁さび"等名词或动词，现在往往写成"神寂び""秋寂び"这样的形式。与此类似，被认为是像"然带び"这样有缩略形式的词还有"都带び""鄙带び"等词，它们的缩略形式分别为"都び""鄙び"。这个意义上的"さぶ"，比如在"翁さぶ""をとめさぶ"中都作为一个后缀和其他的词一起组合为熟语，表示"有着……的样子"。"翁さぶ"就是老翁的样子，"少女さぶ"就是少女的样子。《万叶集》中的和歌有很多这样的例子，可见这些词中的"さぶ"应该就是由"然带び"派生而来的。

我对于语源并没有特别的研究，但从这些例子看来，这个意义上的"さび"和"さぶ"应当就是"然带び"的缩略形式。我们可以暂且将语源上的问题放在一边，《万叶集》中的"をとめさび""うまびどさぶ"等古语，后世基本上不再使用了，而"神さび""秋さび""翁さび"等词却一直沿用至今。我认为这并不是一个偶然事件，可以看到后者中的"さび"和"さぶ"与之前所说的"闲寂""老""宿"等含义

是一脉相通的。《千载集》中有一首"清晨白霜覆白菊，肖似老翁"，这里的"似老翁"（老翁的样子，即"翁さぶ"），从语言学上来看，应当就是来源于"然带び"。若是从这个词所表达的感情上来看，还和表示"古老""寂静"意味的"さび"有着相通之处。而关于"神さぶ"这个词，《大言海》中是这样解释的：（一）老旧、尊贵、神圣；（二）饱经风霜岁月；（三）老到。至于第二条的释义，《大言海》分别举了《源氏物语》和《荣华物语》的几句话作为例子。而关于第三条的释义，则举了《万叶集》和《宇津保物语》中的例子。释义二和释义三本来是两个意义不同的词，但因为发音相同且用法也相似，所以在意义上自然而然地有了交汇。至于"秋さび"这个词，是近世的用语，这里的"さび"就是像秋天一样寂寥的意思，那么这两个词就自然而然地融合在了一起。

关于俳谐之外的"寂"的用法，以上就以《大言海》为根据简单地介绍了一下，本来到此为止便也足够了，但我还是想再添一个"蛇足"，那就是"寂"在歌道中的用法，即在歌合判词中作为形容和歌之姿时出现的情况。在歌学中，这个词可能已经被特殊化了，含有一些审美上的意味，对此，我在这里并不打算展开严谨而详细的论述，只是大致提一下，为后文的论述做一些参考。比如在《御裳濯川歌合》中，俊成卿对左歌为"九月残月的影子深，裾原之上无鹿的踪迹"，右歌为"赏月之时曾订姻缘，今宵之人却泪沾衣袖"这组和歌，给出的判词是：左歌"《裾原》一首，心深，姿寂"。而对于另一组左歌为"萤火虫于秋夜渐飞渐远"，右歌为"山间松树挺立，秋风瑟瑟吹过"的和歌组，评曰"左右二首，歌姿皆寂，用词也颇为有趣"。还有《慈照院殿御自歌合》中的一组左歌为"左保川流深，三笠山巅高，向神灵起誓"，右歌为"神代留存之住吉老松，树梢仍被风吹"的和歌组，俊成评曰"右歌所言'树梢仍被风吹'，高耸、寂寥之情状已在眼前"。这样的例子其实还能找到很多。

接下来是和"寂"有些相似的"侘"的概念，这个概念虽然主要还是和茶道有关，但有时也会出现在俳谐中。根据《大言海》可知，"わび"是"うらうぶ（心侘）"的缩略语。根据《离骚》的注：侘，立也；

傺，住也，言忧思失意，往而不能前也。具体解释为：（一）失志、绝望、落魄，悲观度日，生活窘迫而烦恼；（二）悲伤、迷茫、心如死灰；（三）寂寞、无所依靠、无聊；（四）忧愁、困苦、痛苦；（五）零落、不知所措；（六）困难、为难；（七）远离人世，独自生活。这些解释中，从第一条到第六条都是普通的一般性语义，而且大同小异，没什么特别值得注意的地方。但第七条明显就是由一般语义转化而来的特殊语义，这一点就需要我们注意了。关于名词形式的“わび”，《大言海》的解释为：（一）痛苦、烦恼；（二）指享受闲居，或指闲居的地方；（三）高雅、朴素、寂、闲寂。对于第三条解释，《大言海》引用了芭蕉的“梅花之侘、樱花之兴，开放之时，给人一种新鲜感”。换句话说，第二条和第三条是脱离了原始语义的特殊用法，尤其是第三条，已经有了一些客观的审美宾词的意味，和“寂”的概念也有了一丝重合。

接下来，我想探讨一下一般语义上的“寂”和“侘”的概念是怎样在俳谐和茶道中特殊化的，并准备深入考察一下“寂”概念作为一种审美概念时的具体内容。我们在上文中所引用的辞书中的解释,其实已经有一部分涉及了这些方面。至于在俳人和茶人所作的文章中出现的"寂",也并不全是特殊概念,也有一部分是一般语义上的"寂"概念。具体分析每一个用例到底是一般概念还是特殊概念这是不现实的。所以我们只能在俳谐和茶道这种特殊的艺术形式与趣味生活方式中,找到一些有审美意义的"寂"概念加以分析。这种分析大体上可以分为两种情况:一是"寂"和"侘"在狭义上的使用,也就是它们在客观上规定了审美对象和审美性格时的用法;二是"寂"和"侘"在广义上的使用,这时候的重点在主观的精神境界上,这时候的"寂"和"侘"是俳谐和茶道中主导的趣味概念,也是艺术生活中的一种理想概念。前者虽然带有一些俳谐和茶道上的特殊趣味和审美意识的色彩,但总体上来讲更偏向于一般语义。而后者则在前者的基础上发展到了更深的层次上,将诸多复杂而多样的要素融合、统一起来,因此这些要素之间不能再被分解,由此也形成了一种微妙而不可捉摸的含义。

先来看上文所说的第一种情况,这在芭蕉的文集中并不多见。根据我所了解的文献，在《田舍句合》的第十九番中有两首俳句，左为"秋雨在我的衣服上画了一幅瘦松图"，右为"空壳的蜗牛要变成风筝了"。对于这组俳句，芭蕉的判词是："《和歌三体》中说秋冬之歌又细又枯，《秋雨瘦松》这首为寂，《空壳蜗牛》这首也为寂。若硬要分出个高下，那么右边这首要稍胜一筹。"《大言海》中关于"侘"的特殊用法给出的例子是芭蕉的"梅花之侘、樱花之兴"，这句话出自《续之原句合》中的某篇文章，但这并不是"寂"的直接用例。芭蕉那首有名的"静谧啊，蝉鸣渗入了岩石之中"所表现的情景，在《奥之细道》中有这样的描写"岩石层层叠叠为山，松柏在此生长已久，土石也历经沧桑，长满苔藓的岩石上有一处小院，门扉紧闭，没有声响。沿着岸边爬上岩石，参拜佛阁，看见美景，心境寂寞而清朗"，这里描述的场景就很好地解释了"寂"的含义。在《奥之细道》中还有关于深夜参拜气比明神的记述"神社前非常寂静，月光透过松树洒在地面上，就像是为地面铺上了一层白糖"，这里的"寂静（神さび）"并不是特指俳谐中的特殊意味。上述所引用例基本上已经是所有值得注意的用法了。至于"さびし"这个形容词，可以看《嵯峨日记》中的一段："今日并无他人，依然寂寞（さびし），于是随手一记所感所悟'居丧者以悲为主，饮酒者以乐为主，忧愁而居者以忧愁为主，徒然而居者以徒然为主'，西行上人曾说'无寂寞便无忧愁'……我曾经写过一首俳谐'布谷鸟的叫声让我更加寂寥'，这便是我独居在某寺时写的俳谐。"在这些句子中的"さびし"指的就是一种心境。

支考的俳论中经常出现"风雅之寂"这样的说法，这里的"寂"实际上就是我所说的第二种情况，指的是一种广泛而深刻的审美内容。而在这个词组之外出现的"寂"，指的大多是第一种情况上的含义，和一般语义比较接近，只起到了规定审美对象的作用。比如，《俳谐十论》中的"中品以上的人，口中常说雪月之寂，身上常染花鸟风月之色"，还有《本朝文选》中收录的《陈情表》，支考在其中这样说道："芭蕉翁曾说过，俳谐有三品，言寂寞之情，或以女色、美食之乐为'寂'。"这里的"寂"都接近于辞书中所解释的一般含义，但因为在俳谐中，所以这种用法看起来就有些特殊。除此之外，在俳论中还有如"'寂'与'可笑'乃俳谐风骨""可笑是俳谐之名，寂是俳谐之实""耳中得言语之可笑，眼中得姿情之寂"这样的说法。这些句子中的"さびし"已经比较接近"寂"的特殊概念了。

曲斋在《贞享式海印录》这本书中对"寒霜旅途中裹着蚊帐"和"（漂泊旅人）就像古人在夜晚放飞的风筝"这组连句评论说，"比起穿着绸缎过一个温暖的有着美梦的夜晚，还不如裹着蚊帐抵抗寒冷。古人旅途劳累，非常明白夜晚放飞的风筝之寂，于是故意这样写"，又评"晚秋阵雨不断，借钱搭草庵"和"暖炉添柴，以此续'侘'"这组连句为："在草庵中观阵阵秋雨，享受'寂'之乐，由此写出此句。而下句写添柴以续先人之'侘'……一个'柴'，为秋雨之中的草庵更添了几分'寂'。"这里"寂"出现了两次，前者以"寂"为乐，含义比较宽泛，后者写"时雨之寂"，限定了对象，含义比较狭窄。同本书中，曲斋还对"风雅就是面目清朗的秋天"和"抖落衣袖上的霜，带着一丝菊花香"评道："山路上的菊花被霜打后变瘦，有风雅之寂。"对"买来的面饼，逐渐干枯，好可惜

侘寂 | 133

啊"和"那又干又皱的大萝卜啊"这组连歌评道:"来到常去的茶店中,看到饼干了,萝卜也皱了,由此生'寂'。"这里的"寂"既有广义上的含义也有狭义上的含义。

从美学的立场上看,还有一些类似的比较有趣的用例,支考的《十论为辩抄》这本书中,对芭蕉的俳句《盐鲷》做了评论,还将其与其角的"猿露出白齿,对月引颈长啸"做了比较,支考对其角这首的评价暂且略过,在此就只引用其对芭蕉那首《盐鲷》的评价:

> 即便是十知之人也写不出这首的后五个音节。在这方面,初学者和名人口中说出来的似乎并没有太大的区别,但在意境上却是千差万别。无论是其角还是我本人,若是以"盐鲷"为题作文,在路过鱼棚,在看见盐鲷后产生的"寂"也不过是闻到木头的香气,想到梅花的风情,继而想到新嫁娘的一些微妙小细节而已。先师芭蕉当时对面前的强烈的海风并不在意,只将目光放在鱼棚中,写出了盐鲷之寂。

在当时的俳人纷纷在金玉之上大显身手时，先师却将目光放在了只有孩子才会感兴趣的鱼棚中，发现了鱼棚中特有的夏炉冬扇之寂。先师是一个悠然自在的道人，是俳谐的祖师。

这里的"寂"既可以看作狭义的也可以看作广义的。此外，据我所知，一个名为也有的俳人曾写过一篇《薄衣》，其中有一句"将世间的鲷鱼之奢侈换为奈良茶田乐之寂"，还有"芦同在夜间煎茶，以此来感受雨夜之'寂'"这样的话。这里的"寂"都是以俳谐和茶道为大背景的，但从表面上看，仿佛又只是对审美对象的限定。

接下来我们再一起来看看"寂"在俳谐方面的特殊概念，也就是"寂"的第二种意味。正如前文所说，第二种情况和第一种情况相比，审美意识的范围变得更加广泛，内容也更加复杂，逐渐脱离了"寂"的一般语义，最后发展成俳谐和茶道这种特殊艺术的审美基准和审美理想概念。而在到达这个更深的层次之前，在这个发展的过程中的"寂"的概念也有着大小、广狭之分。

尤其是在俳谐的艺术论领域,与上述所说的终极的、总括性的、理念性的概念不同,"寂"常常作为一种表现某种俳句中的特殊审美术语而与"枝折"(しをり)、"位"(くらゐ)、"细柔"(ほそみ)等词一同使用。而当"寂"发展为一种理论上的概念的时候,就很难从概念和理论的角度用语言去解释它了,在俳书中基本上没有对其加以分析、解析的例子。即使有个别俳人尝试去解释它,那也是就个别作品的"寂"而言,并没有在其终极审美意味上有过多的展开。过去我国的美学研究不发达,这也是无可奈何的事情。因此,在这里为了方便起见,我只是对"寂"这个概念的第二种情况加以概观,并试着在相关文献中找出具体用例加以分析。

首先支考的《续五论》中有这样一个用例,是对芭蕉的"金色屏风之上,古松在冬眠"的评论:"金色屏风上的温暖就是物之本情,这首《古松》是磨炼了二十年的'风雅之寂'。"这需要体会俳谐中的趣味,换句话说就是明白"寂"这个特殊审美范畴的内容,并且还能创作出"寂"的作品,要让"寂"成为俳谐艺术中独特的审美意识。同书中《华实论》一篇中还有这样一段话："自己心中想着女色与美食，口中却称这是'风雅之寂'……风雅本为寂……居于享乐之中，则很难感受到寂，而居于寂中，则很容易就能感知享乐。到底什么是'风雅之寂'呢？有人说年纪小则感受不到寂，这是因为他们不明白俳谐是从内心中来的。"总之，这里的"风雅之寂"就是在广义上将"寂"作为俳谐独特的趣味来使用的。

接下来我们一起来看看《去来抄》。野明曾问"连句中的'寂'究竟是什么呢"，去来答道："寂是连句中的一种色彩，并非指的是闲寂之句。打个比方来说，不管老人是披坚执锐奔赴战场还是身着绫罗去赴宴，都能看出他的老者之态。而不论是热闹的句子还是闲寂的句子中都存在着'寂'。比如这首'樱花树下依偎着头发花白的老夫妻'，先师曾评此句为'寂色强烈而浓郁'。"这段话直接针对"寂"本身做出了解释，这在蕉门俳论之中是非常值得注意的。我想要说明一下其中需要注意的几点：第一，这段话中直接将"寂"的概念限定在了"连句之色"这个狭窄的意味上；第二，关于"寂"的具体解释，去来认为并不单单是"闲寂"的意

侘寂

思，这其中还隐藏着一种俳谐自身的趣味被特殊化了的审美内涵；第三，为了说明"寂"在俳谐中特有的审美内涵，去来用老者作比，还举了《樱花树下》这个例子。若结合我们之前所列举的辞书中的词条，那么他就是在强调其中的"宿""老""古"的含义。总而言之，我们可以看出去来对"寂"的这段解释实际上也只是将一般语义下的"寂"的某一面单拿出来强调了一番而已。当然，非要强行拔高一下的话，那也可以说去来并不单单强调了"宿"和"老"的意味，还举例说明了"老"的特殊表现方式，用比喻的方式对"寂"的概念进行了说明。

以上我们可以看出，去来是在非常狭窄的范围内来解释"寂"这个俳谐中特有的审美概念的。换句话说，去来所说的"寂"是和其他的一些概念比如"位""枝折"和"细柔"并列的。在《去来抄》中也可以看到这些并列概念的解释：

野明问：句之位是什么？

我回答：可以举个例子说明，比如"卯花

断处是暗门",先师曾评曰"此句在'位'的处理上非同寻常",但我认为这句的"位"也只称得上不普通罢了。"句位"即位格之高低,一旦句中说理或对照的倾向过于强烈,那么这样的发句只能算作是下位。

野明问:俳谐连句中的"枝折""细柔"又是什么意思?

我回答:"枝折"不是那种哀伤之句,"细柔"也不是纤细无根之句。"枝折"是句之"姿","细柔"是句之"心"。具体举例来说,"余吾之海上静悄悄,群鸟是否也一同入睡",先师曾评此句为"细柔"。还有"秋风瑟瑟,十团子被吹成小粒",先师曾评此句为"枝折"。我认为,"寂""枝折""位""细柔"都只能以心传心,很难清楚地用语言说明,所以在此只列举几条先师的评语,其中滋味还需细品。

从这段话我们可以看出,去来对"寂"的说明还是

很狭窄的。莺笠在《芭蕉叶舟》中曾说:

> 俳谐中有赋比兴之论,《古今集序》中最早提出了"和歌六义"的说法,芭蕉翁并未采纳这个体系。"六义"是汉诗之物,并不适用于俳谐之道。若是一定要给俳谐也定下"义",那么"磐(馨)""句""寂"和"枝折"是否可以称作是俳谐四义呢?我认为这完全没有必要。我之前也说过,芭蕉翁之道是大道,和天地一样宽广,岂能被"六义"这样的小小论述束缚?俳谐以万言吞万物,将人间寓于花鸟,又将花鸟寓于人间,有情与无情互寓,将心置于大无之处,去理而求玄。此道非常之微妙,实非语言堪表之物。

莺笠在同本书中还写道:"句以'寂'为上,但过于'寂',就如同丢了皮肉的骸骨一般。"

这里所说的由向井去来提出的"寂、枝折、细柔、位"的俳谐四概念,《日本俳书大系·四》卷末有一附录，是荻原井泉先生写的《通说》，他在其中写道："'寂'就是观察自然的一种姿态，'位'是作者心境变化而形成的句品，'细'就是处理对象时的至纯性，'枝折'就是情感活动中的潜入性。"我认为这是一段非常贴切的解释。

我们在谈"寂"的时候，一方面，指的是如上文所说的某种俳谐中的一个范畴（如上文芭蕉所说的四义之一）；另一方面，"寂"还有着更广义的解释，那就是它作为一种俳谐审美范畴而出现的时候，通常我们会说"风雅之寂"或者"俳谐之寂"。而且，若是从审美范畴来说，我们在理解这个概念的时候，首先搞清楚"寂"到底是怎样发展成为一种俳谐上的理念的。

三宅啸山曾以局外人的角度评价了许六和野坡有关俳谐的争论，他曾在《雅文消息》中对芭蕉的《古池》做了评论，他说："此句外表上佳，内涵巧妙且富有风情，有'寂'之味。……此句以寂（寂寞）为体。"三宅啸山将"寂"作为俳谐的一种"体"来看待，将"寂"限定在了一个比较狭窄的意味上。在后文中，他又以自己的体验为基础去解释弥漫在《古池》这首俳句中的"寂"的审美内容。从中可以看出,他认为"寂"是俳谐整体上的、特有的一种审美趣味。从一般美学观点来看,这也是一段非常有趣的论述,虽然原文较长,但我也在此做了引述:

> 自古以来俳句多以双关语、说理和节奏为主,自芭蕉翁始,俳谐才成了一种能和汉诗与和歌比肩的艺术。他的句子并不以双关、合拍子与外表华丽为宗旨,也不强用俳言,但却自然而然地意蕴悠长,因此俳句之中以芭蕉的作品为最。他在江户深川闲居时,住所旁有一个古池,春天到了,在池畔徘徊的青蛙从岸上跳入水中,发出清朗的水声。芭蕉没有写梅、桃、樱依次开放,也没写柳叶渐长,更没有写蕨草、鼓草自杂草中长出,只写了在寂静的草庵中听到了青蛙入水的声音。这种感觉难以用语言描绘出来,芭蕉只写青蛙如水声,便写得春意满满。我认为此句细致入微,得天地之造化,神哉妙哉也!我在古选中看到的关于此句

的评论，大都说它已趋近于极致妙境、难以用口舌言说，认为此句和王维辋川的五绝及很多名篇如《鹿柴》《竹里馆》等相比照，才可体会到其中的妙处。

许六的《赠落柿舍去来书》中也曾出现过"寂枝折"的用例：

> 我与同门论俳句时，从没说过俳句的遣词造句中可以没有"寂"。但若是因为感觉到这句中没有"枝折"，就干脆停笔，这岂不是刻舟求剑、胶柱鼓瑟吗？一句看上去很普通的俳句中也可能有"寂枝折"，也可能有"物哀"。
>
> 我马上就要四十二岁了，血气尚在，还能作出华丽的句子。但随着我越来越年迈，即使没有刻意追求"寂枝折"，也自然会吟咏出这样的句子来。在遣词造句上刻意追求"寂枝折"，就失去了俳谐的本意。

这里许六说年纪渐长，即使不刻意追求也能吟咏出"寂枝折"，这个观点非常值得我们注意。向井去来针对这个说法，在《答许子问难辩》中做出了回应：

"寂枝折"是风雅最重要的部分。但一般作者并不能做到每个作品中都有"寂"，只有先师才做得到。我们这样的作者又为什么要讨厌"寂枝折"呢，反而应该把它作为一个目标铭记在心中才对。讨厌"寂枝折"就有些过分。雅兄说出这样的话，我不能沉默不语。壮年人的句中没有"寂枝折"这不是很正常吗？先师曾说：初学者要吟咏出"寂"与"枝折"是很困难的，初学者很难咏出新意。

"寂"与"寂之句"并不相同。"枝折"也并不是遣词造句中的"哀怜"，"枝折"和"哀怜之句"不同，"枝折"是根在内而又显于外的东西，不能诉诸语言。若是硬要解释，那也可以说"寂"在句之色上，而"枝折"在句之余情上。

接着去来又说：

> 先师的作品中既有严肃之作也有平易近人之作，有狂狷之作也有远虑之作，有易成之作也有难成之作，有哀之作也有普通之作。虽然千姿百态，但其中却几乎看不到无"寂"、无"枝折"之作。

从这些论述来看，"寂枝折"的概念已经扩大了。去来认为"寂枝折"是芭蕉所有作品中的根本趣味，是超脱于具体遣词和构思的、贯穿在芭蕉所有作品中的一种俳谐特有的根本审美性格。对于许六所说的随着年龄增长自然就会作出"寂枝折"之句的观点，许六回应说："蕉门弟子数以千计，比先师年长的也不在少数，但我却没有听说过谁已经超越了先师，领悟了'寂'和'枝折'。"去来在这里将"寂枝折"作为一种高层次的境界看待，也暗示了"宿""老"这种具体意味是无法遮盖住"寂枝折"的深层意味的。

等到与谢芜村这一代,尽管那时的俳话和俳论中也经常出现"寂"的概念,但已经没有什么特别需要我们注意的地方了。只是建部凉帒在《南北新话》中曾写过这样一段话:"俳谐中若是没有'寂'之姿,就像料理时没有香料。但大家多认为闲寂之事就是'寂'。也不是说闲寂之中没有'寂',但若是明白真正的'寂',就会知道'寂'不仅在俳谐之中,还在笑言与漫谈之中。"(《俳书大系·十》)这个观点值得我们注意。除此之外,还有一些俳论著作认为狭义的闲寂并不是俳谐的精髓所在,并强调俳谐中滑稽趣味的重要性,比如素外所著的《俳谐根源集》和与清所著的《俳谐歌论》。

以上我们已经考察了"寂"在俳谐领域中作为特殊概念时的一些用例,接下来我们再来看看茶道中的特殊概念"侘",以下我将试着从"侘"的特殊语义出发,列举一些相关用例用以参考。

一个叫白露的人在其所著的《俳论》一书中,写了这样的一段话:

> 茶道……到了宗旦才得以复兴。那时候的宗旦认为此前的茶道多在下层兴盛，富贵人家并不青睐，所以茶具往往难以备齐。……茶道必须得到普及，为普度众生，茶壶需要常沸。茶道也并不需要过于华丽的场景，只要在休闲的时候采些茶，也不需要中国产的精细器具。茶碗不需要京户熊川产的，使用乐烧即可。茶勺也不需要用象牙的，用竹篦即可。简朴而质素，这就是侘。

这里所说的"侘"似乎指的就是单纯物质上的质朴俭约，是个非常狭义的解释，和这里的用例比较相似的是《嬉游笑览》卷一中的《狐格子》中引用的《茶话指月集》所记的千利休逸事（那里的"寂"与"侘"仿佛就是同义词一般）。

这则逸事大概是说鹂屋宗安负责茶事时，想在露地的墙附近放一个破旧的木架，他认为这样很有情趣。但宗易却说，这里已经有了寂，却还特意去放这个木架，把它从远处的山寺运来就需要费很大功夫。若是有侘之心，可以把家里布置得更简朴一点，用松木板拼成家屋，这样才是有情趣。

利休的弟子南坊，曾写了一本有名的书《南方录》，这里面记载了其师的茶道秘事。在这本书中，他隐隐地流露了这样一种倾向，就是认为茶道精神可以集中表现在一个概念——"侘"和"寂"上。这里的"侘"就与上文所说的狭窄又浅层的意味不同了。

绍鸥曾说《新古今和歌集》中有定家朝臣的一首和歌：

远眺不见鲜花红叶

唯有秋暮海边茅屋

侘茶的心情，就像这首和歌描绘的那样。这里的鲜花和红叶就像书院中的台子，对着鲜花和红叶吟咏，最后就会到达空无一物的境界，最后就能看见海边的茅屋。不知鲜花和红叶之人也不会知海边茅屋之趣味。细细品味，才能看到海边茅屋之寂，这是茶道的本心。宗

易也发现了一首类似的和歌,还经常将这两首放在一起品读。这首和歌也出自《新古今和歌集》,是家隆的作品:

> 世人只知春花,
> 却忽视山中春草。

世上之人,只知留意山中和森林中的花究竟何时开放,只知道日日寻觅外面的花草,却不知道鲜花和红叶本就在心中。山间和海边茅屋都是同样的寂之住所,去年一年的鲜花和红叶被悉数埋进了雪里,似乎空无一物的山里和海边茅屋一样有寂之意味,都是空无一物的处所,自然能让人心有所感。雪下孕育着春的生机,绿色的嫩芽会从雪间各处钻出来,不用外界的任何帮助就会这样,此为真理。从歌道来说,这两首和歌还有很多可以讨论的地方,只是绍鸥与利休用这两首和歌类比茶道,我便将此记在心中。(《茶道全集》第九卷)

南坊在这里借用了利休的话,认为"侘"最终就是"佛心的显露"。他这样说:

"侘"的本意就表现在清净无垢的佛世界中,拂却露地与草庵中的灰尘,主客交心,规矩法度可以暂时抛在脑后。生火、煮水、饮茶,除此之外就别无他事。这就是佛心露出的场景。……在小屋中举行茶道就要以佛法修行为第一道。俗世总以房屋气派和菜肴丰盛为乐,但佛道与茶道的本意就是只要屋可遮雨、不致饥馑便可。打水、劈柴、烧水、泡茶、供奉佛祖、分派茶水,并自己享用。插花、焚香,都是在学习佛祖的行迹。

从这段强调茶道和佛道之间的关系的话,也可以看出茶道的根本精神所在何处了。

而千宗室在《宗旦的侘茶》这篇文章中,对"侘"的解释如下:

侘就是一种风尚。于生存竞争中败北的遁世者、逃脱世俗的隐世者们,为了一种舍弃俗世的境界，为了养成一种优雅而闲静的心境，所以崇尚清寂。达到了心宽体胖的心境就会有"侘"的心境。……闲静的心情是冷静自持、心境开朗，是一种优美的心境。茶道中的"侘"说的就是这种心境。

由此看来，不论是茶道中的"侘"还是俳谐中的"寂"，只要我们细细去分析其中的含义，就会发现这二者的侧重点是略有差异的，但就其最终在理念上的发展目标而言，这二者的指向其实是差不多的。土芳在《三册子》最后曾说"'侘'者，至极也。理尽在其中"，说的就是这个。古代关于一休茶道的诸多文献中，都经常出现"侘"和"寂"这两个词，很多作者还试图对这两个词作解释。在俳论方面，关于对"寂"这个词的概念解释，只在去来和野明的问答中出现过，而且涉及的讨论也过于简单，除此之外便没有直接探讨过"寂"的概念。与此相反，在古代所有茶道名人留下的文献中竟然经常能看到有关"寂"的讨论，这着实有些奇怪。当然，这可能是因为茶道对"侘"和"寂"概念的解释更为狭窄,从这种特定的视角出发去解释可能也更容易一些。后文中我还会提及前人对"寂"和"侘"的直接解释,在此便先不提了。到这里,我们对"寂"和"侘"概念相关用例的考察也就告一段落了。

接下来,我们将在前几章内容的基础上,讨论一下俳论中的根本问题和俳谐的艺术特性,还有"寂"与"侘"的一般含义和其作为审美概念时的特殊含义的具体内容,这一部分我将会结合用例去考察。

第六章

作为审美范畴的"寂"
（一）

就像在研究"幽玄"和"物哀"概念时那样,当我们把"寂"和"侘"当作一个审美范畴来研究的时候,就会发现它的内涵是复杂、多样、朦胧、模糊而难以捕捉的。而且当我们去尝试阐释这些概念的具体内容时,还很容易陷入主观性解释的泥沼中难以自拔。虽然一般在解释某个审美概念时,必然会掺杂一些主观上的体验,但理论性的研究就必须尽可能地消减主观上的印象与感觉,以各种客观因素为依据,遵循一定的方针,用确定的方法来进行讨论。也正因如此,我曾在前五章中不辞烦琐地引用了很多文献并举了很多具体的例子来尝试阐明俳谐的根本问题。在接下来的几章中,我将直接就"寂"概念的审美内容本身展开探讨,当然这些考察和研究也会遵循一定的方法进行。那么首先我们就先来看这个"方法"究竟是什么。

要阐明"寂"和"侘"概念的审美意味,先要考虑的必然是它们的直接语义。鉴于"寂""侘"这两个概念在审美概念和审美范畴上的语义最终归于同路,为方便起见,我们便把二者当作一个同义概念来考虑,正如我们之前以辞书为参考进行的论证那样,"寂"这个概念至少有三个根本语义，一是简单的"寂寥"意味，二是"宿""老""古"的意味，三是"然带（带有……倾向）"的意味（为方便起见，下文中我将分别称这三者为"寂"概念的第一、第二、第三语义）。根据辞书，第三语义和茶道与俳谐中所说的"寂"概念在语源上本非同源，甚至可以说是风马牛不相及，但这是语言学研究的分类，我认为在审美概念的内容考察中，完全可以将第三语义也考虑进去，关于这一点我会在后文中详加说明。

关于这三个根本语义，我在之前的辞书考察中已经举了很多例子来说明。由这三者衍生出来的诸多语义在审美概念的内容方面有着诸多重合之处。因此，我们便采用逐个击破、最后总结的方法来阐明这个概念整体上的审美意味，即先分别研究这三个语义各自的情况，而后再分析研究它是如何朝着同一个审美意味逐渐演进的。研究这三个语义不断演进的过程，就必然会涉及我们之前讨论过的俳论的主要美学问题和俳谐的艺术本质问题，这是"寂"概念赖以生存的艺术世界。我们要考虑的是以这个作为大背景的艺术世界，是如何或明或暗地在"寂"概念的形成过程中与其审美意味的内容产生关联的（前文中省略的茶道的相关文献，在这里也应该当作参考）。于是，我们在明确了由这三个根本意味而衍生出的审美意味的诸多要素之后，再将这些要素作为一种在俳谐和茶道这种特殊的审美世界中的终极理念而综合、统一起来。这样我们就可以从系统的美学研究的角度来考察这个特殊的审美范畴了，这也是我们整个研究的最终目的。以上就是我将在这次研究中采用的"方法"。当然，这也只是我在理论上的设想，在接下来的实际考察中，可能也有未能尽如人意之处。但重要的是，我会用一套学术的、确切的方法在下文中进行相关讨论，因为这是非常有必要的，尤其是在特别容易陷入Schöngeisterei（唯美主义）和Schönrednerei（修辞）的陷阱中的时候。

首先我们来看第一语义即"寂寥"的情况。与这个语义有些相似的有孤寂、孤高、闲寂、空寂、寂静、空虚这样的意味，除此之外，还有单纯、淡泊、清净、质素、清贫等诸多意味，这些意味之间也存在着些许关联。"寂"的第一语义的审美范畴基本上就包含了这些意味，大体上我们可以将其分为两种情况进行考察。一是其包含了客观的或感觉性的因素的情况，这是就其审美内容本身而言的，这个概念是带有一种积极的审美因素在里面的。二是其包含了一种消极的审美意味的情况，这并不只是这个概念本身所带有的情感，而是在俳谐和茶道中孕育出来的主观上的态度、倾向或某种心理构造。以上这两种情况都是"寂"的基本语义向着审美意味的衍生与发展。这种思考方式也同样适用于第二、第三语义的研究。

由"寂寥"这个核心意味所衍生出来的诸多意味中，可以说孤寂、孤高、孤独这样的气质是古往今来所有的天才诗人与艺术家的共通点。可以说无论东方还是西方，几乎所有的浪漫主义诗歌中都隐含着一种隐世的倾向。但我并不认为人们追求遁世的心境直接就是一种审美意识了。芭蕉曾在《嵯峨日记》中有"没有比独自隐居更有趣的事情了"，还写了一首"布谷鸟的叫声让我更加寂寥"。实际上，这已经超越了寂寥本身所带有的消极性，朝着一种特殊的审美意识方向迈进，而且俳人本身也是享受着这种"寂寥"的。当然，若是从西行和芭蕉的心境来看,这种"寂寥"还是有一定的消极倾向的。关于芭蕉本人是不是一个天才而孤独的诗人,还有他本人是否本来就喜欢享受这种寂寥和孤独,在此就不展开论述了。但我们可以引用芭蕉的一段文章,小小地说明一下这个问题。他曾在《幻住庵记》中写道:"……尽管如此,也并不是一味沉浸在闲寂之中,遁入山野杳无踪迹。只是像一个染病的人身上略有些倦懒、有些厌弃世俗罢了。"他还在《闲居箴》中写道:"一个慵懒的老头,平日里也不想和人交往,于是独自居住以寻求内心的宁静,只是在月夜和下雪的早晨还会有亲友上门拜访。"这应该是芭蕉最真诚、率真的内心独白。而在茶道中,珠光所提倡的"谨敬清寂"和利休所倡导的"和敬清寂",这里面的"清寂"一词虽然在古时就经常被使用,但这里的"清寂"却在"寂"的基础上又附加了一种审美意味,所以也可以说是一个崭新的词汇了。总之,我所说的"寂"的第一语义无论是在俳谐中还是在茶道上,都派生出了很多的审美意味。但关于形容词的"寂"(さびしい)与"侘"(わびしい)是怎样变成一种审美意味的,这个问题就属于第二语义或者说第二个层面的问题了。

而与第二语义相对,"寂"的第一语义(即寂寥)稍稍转化一下便可以形成一种感性的状态,比如寂静、空寂这种包含着一些客观对象性格的词,还有本身就带有感性意味的词,比如单纯、质素、淡泊和清静等有着在感性上的具象化意味(当然,这些意味都跟形容词的"寂"的语义有些偏离)的词,已经在某种程度上带有一些审美意味。"寂寥"的原始意味是从词源"荒"的意味而来,带有一些主观意味的"不乐",这与"单纯""朴素""淡泊""清静"之间似乎并没有什么必然性的关联。然而我们并不是从语言学和逻辑学的角度去考察,而是在研究它们审美意味上的关联性。从这个角度来看,"寂寞"就是"热闹""丰富"的反义词,"寂寥"就带着些这样的意味,同时还有单纯、清楚等含义,由此"寂寥"就具备了一种审美意味的条件。上文列举的那些词都可以用来表示由"寂寥"转化而来的感性意味,但这也只是一部分而已。我想要说的是,至少通过这个侧面,我们可以知道这些意味至少有附属于"寂"的第一语义的可能性。因此,"寂"的概念也有了成为一种审美范畴的可能性。正是这种可能性的存在，才使得"寂"获得了特殊的审美意味，而这种审美意味也在茶道上表现得比较明显。实际上，我们都能从茶室的风格、建筑样式、小庭院、草庵、装饰品、茶具的颜色和造型等细节上强烈地感受到前文所说的感受性的意味。在茶道中经常被使用的"侘"这个词，其实就已经隐含着"贫"的意味了。

我们先来看一看在上文中省略的、有关茶道的"寂"的用例，以作研究参考。首先是收录在《松平不昧传》中《茶道心得五条》的第一条："茶道无论如何要以清爽洁净、带有寂意为本。"（《茶道全集·一·古今茶说集》）这句话虽然简单了些，却明确地体现了"寂"在感性侧面的积极审美意味。《怡溪和尚茶说》（出处不明）中曾说："凡是茶道便不可以只追求道具的完好和一些外在的华丽，应以清净淡泊、超然物外的幽趣为本意。"这句话中的"超然物外的幽趣"和我们的研究关系不大，但前一句却是一个很好的对"寂"的解释。还有茶道中的著名人物石州公的《秘事五条》对"侘"这个概念的说明：

没有不速之客，身边只有朋友和侍者，谈古今之趣味，在雪天聊以慰藉。此中自有情趣在。我嗜此道已久，但也不可说已臻至化境。我所思所想也不过只是炭斗水瓢之事。民家荒芜萧瑟的屋子中天然催生了"侘"的风姿。就像颜渊的"一箪食，一瓢饮"，自然就会有"侘"显现，其中还带了一丝"寂"的感觉。这是自然形成的，是刻意追求不到的。宗易虽然也使用炭斗，但总是过分拘泥于此，总想使用最好的道具，这并不是茶道之本意。此道贵在自然，追求风雅，于月夜雪晨中自赏，何须美器珍宝？

这段话对"侘"内容的说明已经涉及了复杂的精神意味，借助了瓢等茶具来说明"寂"和"侘"的一个侧面。除此之外，川上不白也转述过一个名为如心斋的人关于茶道的一段话。此人曾支持、拥立过表千家四世，他说："茶之心应以淡味为佳。正如水珠，不会停滞但也不会流动，无所不在。淡味自在心中。"

以上提到的茶道文献中，也有想要详细说明"侘"的概念内容的尝试，一方面，这些茶人从茶禅一味的立场出发进行思考；另一方面，从道德修养的层面上给"侘"概念赋予了一些精神意味。然而，真正的问题并未到此为止，他们的讨论应该属于我们之前所说的第二语义。不管他们怎样努力地将"侘"和"寂"的概念向精神方面引申，却依然陷在宗教和道德的框架中走不出来。从美学上来看，这是远远不够的。但是就茶道发展史来看，历代有名的茶人和茶道大师为了防止茶道因越来越流行而最终流于茶具、设施等表面上的奢侈，都在强调质朴和单纯。这其实也不尽是为了道学上的目的，在趣味问题、美的问题上强调单纯、质素、淡泊、清静等这种感性意味（或直觉意味），本身就在审美上有着积极的意义。

我们需要注意的是，这种感性意味只是非常有限且偶然地与"侘"在道学意义上的质素、简约达成了一致。这是因为，若是单纯、质素等意味再发展下去就会变成贫寒、穷困，而在贫寒、穷困中是不可能出现积极的审美因素的。若是不管不顾地强行将其看作一种审美意味，换句话说，就是用他律的、道德的观点去说明它的审美价值，到底是不是可行的呢？若是行不通，那么就需要借助审美原理，用一种全新的审美观点来说明这个问题。这绝对不是我的假定和想象，我们可以发现，在俳谐中，很多贫寒、穷困的场景也带有一种积极的审美意味。比如"为火炉添柴之人有侘之心""寒霜旅途中裹着蚊帐"等都有"寂"的趣味。因此，这个意味上的"寂"和"侘"在美学上就是一个崭新的课题，与上述单纯、质素、淡泊、清净等感性因素一样，"寂"和"侘"中的积极意味也并不是一开始就具备的特质。

这样的情况也不只出现在俳谐中。《清严禅师茶事十六条》中有这样一个故事：从前有一位"侘"的茶人，上到高官显贵下到平民百姓都慕名来拜访，这并不是因为茶人在"侘"茶道上的手艺高超，也不是因为他那里存有什么好茶，只是因为道人心中十分清雅而已。"此人是至侘之人，其所见者侘，手边之物皆侘，所以众人都慕名而来。"还有一个故事说，有一个叫善次的人，家住粟田，只知道以饮茶为乐，于是身边除了一个生锈的小锅便别无他物。这里"侘"的概念有浓厚的宗教意味的安身立命色彩。不论是在俳谐中还是在茶道中，"寂"与"侘"的终极意味最终归于一种"悟"的境界，但我们也不能将"寂"与"侘"的审美意味和宗教与道德上的意味相混淆，换句话说，就是不能将"寂"与"侘"有关审美的精神态度上的问题与一种大彻大悟的心境混为一谈。

在茶道中素来有"茶禅一味"的说法。但若是以此为根据去阐释"寂"和"侘"的概念的话，就又要回到宗教的悟道精神上来了，就像孔子褒奖颜回时所说的道德上的"知足"感，这在我们的美学研究中是远远不够的。以下我们也试着从宗教和道德的角度出发对茶道中的"侘"进行一个概览。

茶道中有一本非常有名的著作《宗旦遗书·茶禅同一味》，也称《茶禅录》，这是一部从茶与禅的关系来解释茶道的书，其中也引用了不少佛典法语。其中说到，自一休禅师起就强调"点茶映照禅意，为众生观自己心法，遂茶道自成"，还说"喜好奇珍异宝，嗜好酒食，或者建造茶室，在庭园之中的树石间游戏，都违背了茶道的原意。……点茶全凭禅法,全在于了解自性"。但这段对茶道的解释,将茶道视为禅道修行的一个方面,完全否定了茶道在审美和艺术上的意味。这种观点在同书的那篇《茶意之事》的文章中体现得更为明显:

> 茶意即禅意,因此禅意之外便无茶意,不知禅则不知茶。然而世俗却认为"茶"在于一个"趣"字。……趣到之处,都是善恶因果所生有情之物,这就是所谓"六趣"之论。因此,佛法将动心视为第一戒,不动心乃禅定之要,凡事都要立"趣"而后才有所为,此为禅茶极其厌恶之处。……凡事有趣之物,皆要动心,皆要思虑。以侘动心故生奢,以器物动心故生法,以风雅动心故生好,以自然动心故生创意,以足动心故生不足,以禅道动心故生邪法。

这段论述全盘否定了"立趣",于是审美意识也失去了存在的根基。

这本书还对"侘"本身的概念进行了说明:

> 夫"侘"者,乃物之不足、一切任我之意。……狮子吼菩萨问曰:"少欲与知足有何差别。"佛说:"少欲者不求不取,知足者得少亦不悔恨。""侘"字从字面之意来看,便是在说不自由而不生不自由之念,有所不足而不生不足之念,不如意而不抱不如意之念。因此,指侘者不生悭贪、毁禁、嗔恚、懈怠、动乱、愚痴之念。又,从来悭贪者变布施,毁禁者变持戒,嗔恚者变忍辱,懈怠者变精进,动乱者变禅定,愚痴者变智慧。此即六波罗蜜,能持菩萨之行,能成菩萨之名。"波罗蜜",梵语,即"到达彼岸",亦有"悟道"之意。然"侘"之一字,六度行用,必为尊信受持之茶法戒度。

这段话有些冗长,但因为是关于"茶禅一味"的经典论述,所以便在此引用。不昧公也曾说过:"……是以茶道皆不足之具,于是立茶而乐茶。人之所以为人便在于'知足'二字……以茶道之意便可修身齐家,茶道为知足而立。"这也是用道学来解释茶道的典型论述。

总之,这种佛教和儒教上的悟道心境,虽然在俳谐和茶道上,与"寂"和"侘"的审美精神态度也有着重合之处,但我们只用宗教的观点是无法将作为审美概念的"寂"和"侘"的内容解释清楚的。茶道中也有人意识到了这一点,于是反对用禅学来解释茶道中的诸多概念,野崎兔园便是其中的代表。他在《茶道之大意辩蒙》中说:"有人称参禅方可得茶事之妙味,历代先贤皆因此入禅门。然而自利休之后并无人入此道。"还说:"参禅在于物,若只是在口头上说着参禅,去大德寺走了一圈,标榜自己已经悟得茶道之味,但实际上却有悖于古风,只是将茶道作为饮食之物,实在可叹。"

在"茶禅一味"的立场上看,大名们奢华的茶道是违背了茶道本意的,理应遭到排斥。但从艺术和趣味生活的角度来看,奢华的茶道也有值得肯定的一面。接下来我们引用的文章便是有关这个问题的论述。虽然不知道能否清楚地说明这个问题，但至少对我们的理解有一些帮助。《清严禅师茶事十六条》试图对茶道分类，在分类前作者先说："做茶道之人若是为大名或类似的大官，只要入侘道便是侘道人，若是行为符合侘道，那便没什么可指摘的。"又在《达官贵人之茶道》中说："……此为'寂'之体，学习山居闲居之人，设茶道座席，建茶室，修草屋，立原木柱……达官贵人追求华美之举，则设施用具无一不奢华，不似山中闲居，虽看似平平无奇，但细品则为之侧目。然而，若只是游慰之事，则又有何大碍呢。"这个观点表现出了对趣味生活的理解和宽容。但是这本书终究还是将"无名茶"视作"侘"的最高境界，即便如此，还是表现出了对游慰之事的理解。这种观点出自一个禅师，这本身就是一件颇有趣味之事。（顺便一提，《贞丈茶记》则对大名茶嗤之以鼻。）

正如上文所言，悟道的境界和知足的心境就是不以贫困、不如意的苦痛为苦，从中超脱出来并得到安身立命之所，通常都会指向一种光风霁月的境界，然而如此就必然会带有一些消极因素。即便其中也有一些积极因素，但通常都存在于日常生活中，表现为一种平和而闲适的心理状态，并不能成为一种倾注在特殊对象和特殊氛围中的积极审美意识的载体。如果"寂"和"侘"概念的重点不在积极的审美价值上，那么它在茶道和俳谐中的存在意义便也值得商榷了。我们大可不必为了提纯其中的审美意味就硬将这个词纳入审美领域中。尤其像茶道，或许还不能被称为一门纯粹的艺术。实际上"寂"和"侘"的概念除了涉及像美、艺术和趣味这样的美学上的问题以外，还涉及了很多复杂的因素，比如道德因素、个人修养因素和社会因素等等。但是茶道的本质还是落在了趣味生活上，因此"寂"和"侘"的中心意味还是应该属于审美意味的范畴。

那么，"寂"的第一语义中的诸多要素，比如"寂寥""寂寞"还有由此转化而来的"贫寒""穷困"等，到底与俳谐和茶道中的"寂""侘"概念所包含的积极审美意味有什么关联呢？这样的关系也体现在俳谐中的其他概念上，比如"枝折""细"等，它们都有"弱小""贫弱""无所依靠"等含义，同时也与积极的审美要素相融合。但这和西方美学中的"Grazie"

（优雅）和"das Niedliche"（可爱）的概念一样，都不可以直接被视作审美范畴。在"幽玄"和"物哀"中，这种消极意味最终也并没有获得审美的积极性。换言之，"弱小""无所依靠"这些性质并不具备客观的审美条件。也就是说，它们本身具备的只是审美对象身上的一种客观的消极性，而我们在主观上进行审美活动的时候，保留了这种消极性的同时，由于体验者的主观意识和个别倾向不同，体验内容的一部分便转化为一种审美积极性。滑稽美学经常把"可怜""可笑"与"素朴滑稽"和"幽默"放在一起，考察它们的异同之处，在这里就不详细展开了。简单来说，就是"可怜"是"弱小"和"美"的结合，"可笑"是"可怜"和"滑稽"的结合，"可笑"中也有滑稽的因素，因此它获得了一些"美"的性质，而"朴素滑稽"则是因为具有滑稽性才具有了价值，"幽默"则不仅具有滑稽性，还有一定的审美意义。

我们可以借鉴滑稽美学中的这种思路。我认为"寂"的概念内容和我在上文中所说的诸多转化，正好和"幽默"的情况相似。具体来说，就是"贫弱""无所依靠"这些对象身上的性格在保留了自身的审美消极性的同时，还因为主观性的作用而具有了一定的审美意义。关于作为审美范畴的"寂"与"幽默"之间在理论上的关联我们暂且容后再论，现在我们需要注意的是在这种关系中"寂"的概念所具有的一个重要特性。我认为，在茶道中尤其是侘茶中，"贫寒""狭小""穷困""不自由"等意味通过"侘"的语义而获得了审美上的肯定。同样的，在俳谐中不只是狭义的"寂""枝折""细"，还有在各方面的题材上，"素朴""平俗"和"粗野"这样的意味也在广义的"寂"概念中获得了审美上的肯定。这和我之前所说的滑稽美学中的"幽默"的情况十分相似，这种相似不仅仅是形式上的，还有实质上的。我在考察俳谐相关问题的时候，已经论述了滑稽和俳谐之间的根本关系。由于一些历史原因，蕉风俳谐一开始只注重强调狭义的闲寂枯淡和芭蕉本人的俳谐个性，只将俳谐定位在闲寂趣味上，这样的思考方式是略微有些狭隘的。而蕉风之后，很多俳人也开始思考广义上的俳谐的本质到底是什么，也有人指出和"寂"相对的"可笑"也是俳谐中不可或缺的因素，我们可以在支考的理论中清晰地看到这一点。"寂与可笑是俳谐之风骨"这句话就是一个例子，需要注意的是，这里的"可笑"指的是俳谐所特有的那种洗练的洒脱心境，和卑俗低劣的滑稽不可同日而语。

接下来我们来看看这里所说的主观心理感觉和状态这样表示意识态度的词指的究竟是什么。我认为在研究这个问题时，首先要弄清楚蕉门俳论中的重要美学问题——"虚实"论究竟有什么深层次的意味。正如前几章我提到的那样，纵观蕉门俳论体系，"虚实"论是支考一派主要倡导的理论，他们认为俳谐中不仅有"寂"，"可笑"也是其中非常重要的一部分。而许六、去来等反对派则更强调"不易、流行"理论，对这方面并没有过多关注（与此相反，支考似乎并不太重视"不易、流行"问题）。虽然这个现象也可能只是一种偶然，但我认为支考一派继承了蕉风的同时，还进一步探讨了俳谐的本质问题，使其在理论方面有了一定的发展。而与此相对，许六等人也只是对芭蕉本人的俳谐本质加以研究，着眼点并没有在一般俳谐的本质上。我们在这里暂且不提我的这个看法是否有失偏颇，在研究

"寂"的复杂内容时，为了有一个更广泛的视野，我们就必须考虑"虚实"论的问题。但若是只依照支考那些玄之又玄、难解至极的文章的话，理解起来确实有些困难。所以在这里我们就不拘泥于支考本人的思想，而是用我们自己的视角来给"虚实"论一个相对自由的解释。

我认为"虚"与"实"之间的对立有着作为特殊心理态度的"观念论"和"实在论"这两种不同的倾向，如此看来，或许我们可以将俳谐中的"虚实"论看作一种"反讽的观念论"。"观念论"就是将外物看作我们内心的主观观念或者是一种心像。"实在论"则与此相反，将外物都看作一种客观实在。而所谓"反讽的观念论"，理论上还是观念论的一种，而就实际的意识态度而言，则游走于"虚"与"实"之间，飘忽不定。这里所说的反讽也可以称为"浪漫的反讽"。索凯尔曾试图为"反讽"赋予美学依据，他曾对这个概念做出过简短的说明。他认为"反讽"就是一边游走于万物之上，一边否定万物的艺术家眼光。因此，这个"反讽"的立场就是否定外界事物的实在性、否定肯定实在性的朴素态度，只是将客观事物当作一种单纯的观念和心像来看待，而这种"观念论"的态度会被更高一级的自我意识再次否定。于是在这个意义上，精神就在"虚"与"实"即"观念论"与"实在论"之间飘忽不定。

若是从这个角度来思考"寂"的话，由于现实世界是一种虚幻的精神，那么从"寂寥"这个语义派生出来的各种审美的消极因素（孤寂、挫折、贫寒、困乏、粗野、狭小等）就有可能从"不楽"这种痛苦的感情中脱离出来。这种心境可以称作一种"不感性"。而正是由于这种"不感性"的存在，人们便感觉不到这种消极事物中所带来的消极性。然而，若仅是如此，很有可能就像佛教和道教的心境一样，观一切皆为"空"，对一切"不自由"与"欠乏"都采取一种不关心、无感觉的态度，那么"寂"也就不可能发展成为一种特殊的审美意识了。在"反讽的观念论"的立场中，对实在对象采取的反应也不仅仅是自我超脱这一种，这其中还存在着一种不被一切实在对象所束缚的、潇洒的、自由的感情。这种感情最终还会被投射到种种客观对象和场景中。这就是利普斯所说的"美的实在性"，如此，审美客体便可自主成立并自行享受。正如索凯尔所说，面对任何事物都要保持一种终极的自由、自我，就像是将自己的影子投射在外物中再欣赏一样。审美意味上的"反讽的观念论"，就是用观念性否定实在性的同时，还反过来用实在性否定观念性。将现实视作虚无，并在其上寻找更高的实在，这是宗教的解脱之道。而"反讽"的立场则是将本不被视作虚空的主观再次虚空化，最终在"虚实"之间飘荡。这其中存在着一种逻辑上的矛盾，也正是这个矛盾使得一种主观性的代偿得以实现，最终令主体享受到了一种自我的自由性。

《荫凉轩日录》文正元年闰二月七日条记录的一个故事，可以当作我们所说的这种审美上的"反讽"的例子。细川氏家臣中有一个名叫麻的人，因某种原因被没收了领地，但他却一点都不伤心苦恼，而是自甘贫苦，悠然度日，每天都吃一种叫"四季纳"的食物，朋友们见状都笑话他。但他却不以为意，还作了一首和歌："侘之人，春夏秋冬都吃四季纳。"主人岩栖院听了这首和歌深受感动，便返还了他的领地。《荫凉轩日录》的作者评论说："尤一时风流事，是可为真俗之鬼鉴也。"这首歌中的"四季纳"是一种野草的名字,也有"度日""风雅之名"的意思。

站在审美的"反讽"观念论来看这则故事的话,我们就很容易理解那些消极的审美因素在"寂"和"侘"的概念内容中获得了一种积极的审美价值这件事了。在支考等人的俳论中,经常出现诸如"得虚实自在""游于虚实之间"这样的说法,虽然我们并不能保证支考就是基于我们上文中所说的"反讽"观念论的思考方式而说出这样的话,但从这样的立场去解释支考的"虚实"论思想大体上也不会出什么差错。上文中也说过,西方美学中关于"滑稽"和"幽默"的解释因人而异,但当这两个概念中的审美消极性被置于我们意识中的某种Constellation(星座)的时候,这两个概念便获得了一种积极的审美意义。这样看来,"寂"与"侘"所包含的某种消极的审美因素向着积极因素转化的过程,从"反讽"的观念论的立场上看,就和"喜剧""幽默"的情况有些相似,这应该也并不是一种牵强附会的说法。作为俳谐风骨的"寂"和"可笑"也因此获得了深层次的含义。至少从俳谐的一般本质来看,蕉风俳谐本身就和之前贞门、檀林等派别不同，并不是卑俗露骨的滑稽，而是在"寂"这种潇洒的精神态度中隐含着一些"可笑"。子规在《岁晚闲话》中曾评论过芭蕉的那首《过冬》，说芭蕉那句"靠在这个柱子上又度过了一个冬天"是"真人之气象，乾坤之'寂'声"。子规的这句评论可能有些过于简单，导致语义也不太明了，但他看到了芭蕉隐藏在这句俳谐中的一种特殊的心境，那就是在超克了"寂"的同时还能安住于"寂"中，并享受它。我认为从俳句的形式中也能看出这个特质，仅仅使用十七个字音来表达，不忌讳俗谈平话并将其表达成一种淡远和潇洒，我们从这种独特的表现方式中也能看出一点微弱的"可笑"气息来。不论是《古池》还是《秋暮乌栖枯枝》还是《布谷鸟叫》，这些俳句的题材都有很浓厚的"寂"的色调，而从整体的艺术表现"内涵"来看，这里面还隐藏着一丝淡淡的"可笑"。这是俳句在用"寂"的概念来表现审美内涵的时候所带有的一个特征。

与芭蕉比起来，其角的俳谐在优雅上稍稍逊色，却带了一些豁达、自在、潇洒的气息，不论蕉风派如何评价他，但不可否认的是，其角用自己的方式在更广泛的意义上拓展了俳谐的美。

在此，我想引用凉帒《俳仙窟》中的一段话，虽然有些夸张但我觉得这是一段能清楚地说明这个关系的论述："……其角敞开衣襟扬眉说，俳谐就是要有趣，就是要招人喜爱。只要能作出好句子，便可以彻夜不眠。从前我为先师捡柴火的时候，曾特别想作出又寂又有趣的句子，于是便有些违背了先师的教诲，变得言行不一。那时我曾写过'隔壁的咳嗽声，还有清晨的杜鹃啼鸣'，读起来好像是在写青楼公子的事儿一样。还有一首'秋日天空拂过尾上的杉树'……"《俳仙窟》将有名的俳人都聚集了起来，让他们各自说了一段气焰高涨的发言，在上面这段其角的话之前，还有芭蕉的一段话："……俳谐者，质也。若质与文皆盛，则如我之野逸……此道以寂为佳，少年繁花之声不能入耳，更何况丝竹之乱耳之声，难以与花月为友。"总而言之，这两段话分别强调了"俳谐之风骨"的"寂"与"可笑"两个方面。

我也在前文中说过，我并不打算再探讨一遍支考所说的"虚实"概念究竟为何物。在这里我想用自己的方法来给"虚实"做一个解释，我认为一般俳谐中的"虚实"概念大体上可以分为三个方面的意味。第一就是"游玩"与"认真"之间相对立，在此基础上稍加变化，便产生了"寂"与"可笑"的对立。也就是席勒所说的"生"就是"Ernst"（严肃的），"艺术"就是"Heiter"（明朗的）。支考在自己的著作中经常将"虚实"和其他意思混用，他所说的"虚实"的具体内涵是暧昧、多义而模糊的，比如他曾说过"心知世情之变，耳听笑谈之言，乃俳谐自在之人""'寂'与'可笑'都是有俳谐之心的人所推崇的""所谓俳谐之道，第一便是游走于虚实自在之间，要远离俗世的道理而游于风雅之道中"等等。至于"虚实"概念在茶道中是如何使用的，我并不十分清楚，不过我曾偶然间看过一段话，我觉得应该也属于我所说的第一语义。这是收录在《宗关公自笔案词之写》中的一篇文章，是石州公写给一个名叫松庵的人的一封信，其中有这样一节："茶道是慰藉之事，没有被困在俗世的道理中，是虚成之事，立其虚，而内亦要有真实，如此茶道方可成。只沉迷在趣味之中,茶道则容易走入迷途。……以上所说也并非道理,只是在讨论由虚而入实,而实就存在于人们心中。"

"虚实"的第二个意味就是"假象"和"实在"相对立的意味,"虚"在这里主要指表现在艺术中的审美假象性和非实在性,"实"指的就是与之相反的现实生活(实践和道德)。若是将它归类在广义的第一个意味中似乎也无不可,但这两种对立也并不总是一致的。在俳谐中,除了支考多义而暧昧的"虚实"论,还有露川主张的"居于实而游于虚",露川的观点应该就属于第二语义。还有虚实在皮膜之间这种说法,应该就含有感觉上的"假象"和观念上的"实在"相对立的意味。

"虚实"的第三个意味就是从"反讽"的观念论角度上看"虚"与"实"之间的关系。在这种情况下,自我意识会不断飘移在假象与实在、肯定和否定之间,而若是从审美的"反讽"立场来看,认识论立场上的"观念"与"实在"、"假象"与"实在"之间的对立关系,其实要做一个颠倒,即"假象"变成"实在","实在"变成"假象"。换句话说,那些沉浸于"风雅之道"，并在其中找到了安身立命之所的人认为，穷困潦倒的现实世界是"虚"，而在享受着精神之安定的心才是自己的客观投影，这才是"实"。因此，丑恶的现实世界便被抹杀掉，转而变成了"所见皆为花，所思皆为月"。然而这种精神世界的安在和宗教所说的大彻大悟的解脱并不相同，这种安在终究还是有一种难解的空虚和隐藏在深处的寂寞，因此也就不得不沉浸于风雅之道，游于虚实之间了。芭蕉是一个典型的"将一生系于此道"的人，即使是这样，他也曾在《幻住庵记》中写道："乐天破五脏之神，老杜苦瘦，其贤愚文质虽不尽相同，但都活在虚幻之间。"关于这个问题，支考和露川的思考都很不寻常，他们都十分固执地坚守自己的立场，坚持"居于虚而行于实"，我认为这就属于我所说的"虚实"的第三语义。

侘寂

第七章

作为审美范畴的"寂"
(二)

接下来我们要研究的是"寂"的第二语义即"宿""老""古"等意味，看看它们到底是如何转化和发展成一种审美意味的。

在上一章我们研究"寂"概念的第一语义时，关于其怎样获得积极的审美意味这个问题，我曾分为两方面来进行考察。一是"寂寥"在某种意义上表现为感性，于是其自身就在某种程度上接近了审美意味。二是"寂寥"本身的消极性经由某种主观态度的特殊作用最终获得了积极的审美意义。在对"寂"的第二语义的研究中，大体上也可以使用这种方法。但我觉得这次我要研究的第二语义从根本上就与第一语义有所区别，所以便不采用这种研究方法了。

首先我们要清楚，若是从整体上用抽象的形式来表述"寂"的第一语义的话，就相当于消减了"寂"在空间上的关系。"寂寥"和"孤独"这样的客观事态当然是基于这种收缩了的空间关系而形成的，而在此基础上转化而来的"单纯""质素""淡泊"等意味，从视觉性质上来看也是以这种收缩了的空间关系为基础的。我们现在要讨论的第二语义，自然就是时间上的性质，与空间上的收缩相对，这种时间性质是增进和累积的。换言之，"寂"的第二语义实际上就是一种时间上的累积现象。

然而时间性是一种内在的感觉，为了将这种内在的感觉显现为外在的现象，这就要求对象必须具备一些空间上的性质。不仅如此，这种时间上的累积比如"宿""老""古"等意味还需要对象在外部显示出灭亡和衰败才能体现出来。如此一来，"寂"的第一语义和第二语义之间就会产生一种必然的联系，而且当第二语义表现在感性的、外在的、直观的方面上时，就是第一语义的研究对象的诸多性格，而这时的第一语义必然会带有一些消极方面的审美因素。换言之，这种感性的显现中所包含的比较接近积极审美价值的因素，或者那种向着积极的审美意味转化的倾向，就是第二语义与第一语义的区别所在。最典型的例子便是金属老化后的生锈现象和植物自然而然的枯朽现象了。

此外，我们还需要注意的是，"寂"的第二语义的诸多因素比如"宿""老""古"等这种通过转化而带有积极审美意味的情况，与第一语义中自身直接就接近积极审美意味的情况，比如单纯、清净、淡泊等是不同的。比如，我们在词典中查"古"这个字，会得到"古典而雅致"即"古雅"的解释，还带有一些"高古""苍古"的意思，这些意味都直接属于审美范畴，至少也是非常接近审美范畴。但尽管如此，从理论上讲，这些意思和我们所说的第一语义的情况并不是同一种关系，因为这里的"古雅"等意味并没有像第一语义那样具备单纯的感觉的和形式的审美特性。就如眼前的这个陶器，我们可以直接去观照它，将它的形式和色彩当作一种美来享受，这种美是复杂的、富有综合性的，绝不是单纯的感觉性的美。因此，在考察"寂"的第二语义时，我们将这种审美转化分为两方面去研究是比较妥当的。一是"宿""老""古"的意味在一般情况下本身所带有的积极的审美价值，这种情况与俳谐和茶道这种特殊艺术是毫无关联的。二是以俳谐和茶道这种特殊艺术为背景，以此为基础，"寂"的概念中形成了一种特殊的审美意味。

我们先来考虑第一种情况。有一个意味与"寂"的第二语义有着直接关联，那就是"古雅"这种审美意味，它并不是单纯的感觉的和形式上的美。正如我们前文所说，这个意味再进一步，就是"寂"的第一语义的单纯、清静、淡泊等感性和形式上的意味。而"古雅"本身却有着一种精神上的内容价值，可以将其看作一种特殊的审美因素。我们可以看它在实际中的使用，当它作为审美宾词出现的时候，就不仅是"宿""老""古"的意味了，这其中还掺杂了一些其他的意味，其中还有和寂的第一语义比较相似的要素，比如寂静、闲寂等。《大言海》中对"寂"的解释"旧、古老、历经岁月"，就用了《平家物语》中的一句"岩石上的青苔是寂诞生的地方"。由此可见，这种庭园中的趣味也可以用"寂"这个词来表示，或者说也包含在了"寂"的意味中。我们可以看到在《大言海》中所有作为审美宾词而出现的"寂"，还有在俳谐和茶道中出现的"寂"的概念，都可以从"宿""老""旧"这些意味出发加以解释。不过这只是就语言学角度而言的。若是只从这个角度来把握作为一种审美概念的"寂"就未免有些片面了。在《平家物语》的那句话中，这里的"寂"就含有第一语义中"寂静"的意味，而且还表现得较为明显，或许也可以说在这个用例中"寂静"就是"寂"的中心意味。

我们现在去除其中杂乱的因素，只考虑第二语义中的"宿""老""古"意味。这种意味本身就和新鲜、生动、未成熟等意味相对立，再向前延伸一下，还和不安定、浅薄、卑俗等意味对立。然而在这里就需要区分一下逻辑上的概念对立和审美意味上的对立了。这些意味并不能直接和"寂"的第二语义关联起来，换句话说，从这些意味出发并不能直接导出"寂"的第二语义中的审美意味。一般的审美意识观点，尤其是在西方的审美体系中，普遍认为新鲜感和生动性是美的根本条件，而与其相反的意味是带有消极审美价值的，换句话说就是属于丑的方面。然而人的审美意识在实际中并不是总严格遵照着理论进行的，那些活泼的生命表现固然能带来无限的美感，但"宿""老""古"衍生出来的苍古和古雅也能带来一种深层次的美感，这也并不仅限于东方审美意识和审美趣味之中。在任何情况下，具有美的价值的事物都是一种对纯然的精神价值在感性方面的投射、转换和移入。在这种意义上，"寂"的第二语义为了获得一般审美价值，就必须要伴随着一种在主观上的侧面感情移入作用和一种活泼的想象活动作用，这一点也是需要我们特别注意的。

接下来我们就从这个侧面来对"寂"的问题进行考察。而在此之前，我认为有必要先考虑一个问题，那就是一般意义上的"宿""古""老"等意味和形式到底和美与艺术之间怎样产生了联系。在西方的美学体系中，是很难将这种意味直接看作一种审美要素的，但在某些特定的艺术样式中，西方的研究者们也承认这是一种非常重要的性质。首先在一般样式概念中有"古拙"这样的说法，原本是在说手法和技巧的稚嫩与拙劣，而现在"古拙"这个词还有一些新的含义。在最近的美学研究中，有些学者以此为切入点，从不同的角度对艺术样式问题加以探讨，某些学者提出了根据艺术家的年龄区分不同样式的理论，由此艺术样式可分为"老年艺术""老年作品"等。比如布林克曼曾在《老年巨匠的艺术作品》中考察了老年作品的一般样式特征，而弗兰克尔在最近出版的大作《艺术学体系》中也提到了类似的问题，他认为老年作品都暗含这一种谛念，从根本上有着一些自我超越的睿智。而在日本古代，世阿弥也曾在自己的艺术论中使用过"阑位""阑之心位"和"艺劫"这样的词，他还曾在《至花道书》一书中写有一篇名为《阑位事》的文章，试着说明能乐中老成而圆熟的境地到底具备怎样的特色，至于具体的细节我们在此就没有必要展开来讲了。我想要说的是，世阿弥的观点和齐美尔从艺术哲学的角度对老年艺术的论述是有一些相通之处的。齐美尔对老年艺术的论述集中在"老龄"本身带给艺术精神构造的影响上，他对此加以细致的观察，在某种程度上特别强调了"老年的"这一特征。这对俳谐和茶道等特殊艺术精神性的研究是有着启示意义的。

歌德曾说过，所谓年龄就是在生理现象上的逐渐衰退。齐美尔认为随着一个人进入老年并逐渐老去，在他走向世界的道路上便充满了种种复杂的经验、感觉和命运，它们相互之间又不断纠缠、互相消磨。从广义上说，就是有种种丝线将现象和我们本身连接起来，我们就是我们本身和周围事象联结后的成果。这些联结不断地充实着我们，它们本身也在相互对立中寻求着中和，而其中任何一个单独的要素都不具备支配性的力量，难以对我们的人生产生决定性的影响。我们存在的主观要素，使我们从这些现象中或者说从错综复杂的世界中逐渐退隐，这是我们人生中唯一的决定性力量。规定了老年艺术是一种特别的主观性，这和青年的主观主义除名称外完全没有什么相同之处。因为后者是一种对世界的激情反应，是完全不将世界放在眼中的毫无顾忌的自我伸张。而前者则是人有了一定经历，能够读懂一些命运后，从世界中的脱离。青春的主观主义将自我视作绝对的内容，而老年的主观主义则将自我视作绝对的形式。这种主观主义表现在天才们的老年艺术创作中，就是他们对外界事物之间的关系完全失去了兴趣，将注意力完全放在了自身上，或者说完全放在了作为艺术家的自身上，并尝试将这样的自己表达出来。对他们来说，那种经历性的生动或者凡人的自我形式，和其他事物一样，都属于"现象"，都是没有意义的。于是，他们的作品便几乎失去了主观性，全是天才艺术和创造力的表达，这是一种更高层次的自我。一方面，他们全部的本质都融进了艺术家立场中；另一方面，他们的艺术家立场又在生动的主观性中完成了变形。这样的统一性，我们能在多纳泰罗、提香·韦切利奥、弗兰斯·哈尔斯、伦勃朗、歌德、贝多芬等人的传世作品中感受到。也正因如此，存在于单纯的艺术和主观中的隔阂与超脱的感觉就完全消失了。这两极（艺术和主观）的合一产生了纯粹的创造力。而只有在主观和艺术合一的领域内，对于物象或者人物形象的兴趣才会存在。在这种情况下，老年艺术在沉潜到世界本质的深处的同时还能解释客观存在的终极本质，这可以说也是一个偶然的艺术成果了，或者也可以说是老年艺术的一种神秘性。因此，若是想要把握和探求艺术作品中人物的人格，就必须将这个被个性化了的一般生命还原到内在普遍性的程度。在这种老年艺术的神秘性中，没有人格经历的个别现象，只有对上述普遍性的直接展开。

齐美尔的艺术哲学强调老年艺术中所特有的主观性，这种主观性是人格的本质和艺术的立场相融合而形成的。而对于"沉潜到世界本质的深处"和对生动的"内在普遍性"的把握就是这一艺术哲学最突出的特点。关于这一点，我认为老年艺术比起一般的绘画艺术和西方的写实主义风格，在表现方式和鉴赏态度上，都较多地去除了现象性的一面，并将"超克"作为本意。这个特征似乎就和我国的俳谐和茶道这样的特殊艺术形式十分契合。

以上所说的"宿""古""老"意味都是依托于艺术样式而展现出来的，而接下来我们将把"寂"放在一个更广阔的自然事物中去，并考虑到对象的精神价值的投射和移入，以此来说明其审美价值。"寂"的第二语义"宿""老""古"，本身就含有时间上的累积的意味，假设我们将自然界中的"生"与"精神"的部分都剔除掉，我们就会发现，严格意义上，在纯粹的机械的因果自然法则支配下的世界中，物质形态的产生和毁灭，都不过是原子间的聚合离散，本就不存在生命意义上的出生、生长和死亡的概念。换句话说，我们没办法只从时间的累积与流逝的角度去看待变化本身。当然，哲学上有关时间的问题本来就无法用这种简单的思考方式去认识。我们在这里姑且不探讨哲学问题，只是在美学研究的范围内来探讨时间的累积性，还有以这个累积性为基础而形成的存在样式——即生命和精神这两个领域。"生命"意味着时间在外部的累积，"精神"则意味着时间在内部的累积。而累积则意味着必须要"统一"，而这种"统一"必须依托于有机生命或者精神世界上可以成立。因此,当我们用"寂"的第二语义的观点去探讨客观的自然事物的时候,在根本上就会与"生命"或"精神"建立起一种联系。

首先,我们能观察到的自然界中的种种事物和现象大多属于生物学范畴。比如花、鸟、风、月,后两者属于机械的自然现象,而前两者则属于自身的生物现象。其中的风与月,除了是天象与气象之外,作为一种审美对象,它们还包含着一定的生命现象。我们在观照和欣赏它们的时候,并不是仅仅在观照一种自然现象,还可以通过西方称为"拟人"和"有情化"的途径,赋予那些无生命物体精神和生命。这一点我们暂时可以放下不谈。在我们观照的大自然中,到处都是丰富多样的生命现象,这令我们心中产生了一种面对大自然时的一般态度,那就是不知不觉地向着"万物有灵"的方向靠近,朦胧间认为整个大自然都是一个巨大生命体。正如那句"岩石上的青苔是寂诞生的地方",庭园中的老树和顽石都给人一种"寂"的感觉,而这就是"寂"的第二语义"宿""老""古"的意味。这种时间上的累积现象,就必须用上述关系来解释才可以说清楚。

其次，我们要谈的是对自然物加以改造加工后创造出来的器物（包括建筑物），这些器物当然也和自然物一样在机械的规律中产生并消亡，但某种意义上带着些时间性的累积，在"宿""老""古"等意味上与"寂"的概念相符合。因为人类是对这些器物的改造和加工的主体，于是这些器物身上时间的古老性就更容易在人类生活的历史中被注意到。当然这仅仅是知识上的问题，至于作为对象的直观审美性格的"古色"和"寂"的问题则另当别论。这些客观器物本身并不包含"生命"的元素，所以严格来讲它们身上并不能直观地体现出时间的累积现象，因此似乎并不适用于"寂"的第二种语义的情况。若是强行用"寂"的第二语义对此加以解释的话，那就如同一件旧衣服和一个生锈的金属器物一样，从中并不能看出什么积极的审美意味。然而，茶道具等器物却是适用于"寂"的第二语义的情况的，我们很容易就能从中看出积极的审美意味。这到底又是怎么一回事呢？

我认为当对一个时间的累积现象进行观照的时候，这个观照行为的根源就在于对象和人之间的"生"之联系，这种特殊的联系通常会和对象一起成为观照行为的大背景。换句话说，这个对象虽然与无机的自然物一样是一种客观实体，但它本身就取自人的"生"的氛围，是构成"生"的世界的一分子。所以我们在对其进行观照的时候，必然就会发现它身上带了一些与"生"现象有关的时间累积现象。而一旦这种累积现象的价值被认可，那就说明这些对象与生命之间有关联。（当然，这些事物本身就存在着一些积极的审美价值，"宿""老""古"等意味作为一种审美表现也是有限度的，而且整个审美过程还有其他种种直观条件的参与。这里我们将这些因素暂且忽略，只讨论时间性的累积这一个因素。）这种后天被注入了"生"的氛围的情况，也就是将"生"所代表的时间性的累积转嫁到无生命物体上的行为，并不是只发生在人造物上。在某种特殊的情况下，也会发生在纯粹的自然物上，而这些自然物一般都十分贴近我们的生活。若是以我们为中心，将这些自然物按照关系的远近来排序的话，可依次分为身边的器物、外围的住宅、更外围的庭园、比庭园更外围大自然。根据不同的主观立场和客观条件，这个可移情的事物范围也有所不同，甚至还有可能更为广泛。这就和我们在第一种情况里讨论的自然现象的范围有所重合了。

以上是对自然物这种无生命对象是怎样从只有时间的变化而没有时间性的累积变为既有变化又有累积的说明，而这也只能说明"宿""古""老"等"寂"的意味通过我们的想象作用出现在了自然物身上，并没有说清楚"寂"的意味到底是怎样拥有了积极的审美价值的。换言之，只用"生"的感情移入和"生"的关系转嫁来说明审美对象中的"古色"和"宿""老"等审美意味是完全不够的。单单只"古色苍然"来说，这个意味并不一定带有审美意味。但我认为若是将"生"的关系再进一步，延伸到内向性的时间累积这个层面，就有可能说明白这个特殊的审美意味到底从何而来，也就是说，我们必须以"精神"的联系为基础来思考问题。而"古雅"和"高古"是最能体现这一点的词。这两个意味中的"雅""高"的价值意味完全是从精神方面发展而来的，几乎不含有什么感性价值。与此同时，"宿""老""古"的意味也不是在任何情况下都含有"雅"和"高"的价值意味的。在我们的日常生活中，生物学上的"生"与精神层面的"生"基本都表现为同一种现象。但从生物学的角度上看,积极方面显然是活泼的青春或是年富力强的壮年,老年的种种生命现象怎么也不能算作积极方面的范畴。而在精神上的"生"中,在重点发生偏移的同时,精神价值的方向也发生了偏转。在由记忆构成的自觉生活中,时间的累积即"古老"就意味着丰富的知识和经历、纯熟的教养,这样发展下去的结果就是会重点强调一种"主观性"。齐美尔在对老年艺术巨匠们的评论中所指出的主观性的源头就在于此。还有歌德所说的由"在生理现象上的逐渐衰退"而生的一种静谧、安定,和此中所蕴含着的、得到了确认的、高度的、积极的人的生活价值的倾向,也是一个跨越了民族和时代的难以否定的事实。

而这种内向性精神意义上的人的价值只有在人的精神与肉体、内部生命与外部生命在现象上融合了的情况下,才能将一种普通的价值感情投射、移入一般的感性直观对象上。而这个一般的感性直观对象指的是同时拥有老年化了的外部生命现象即外貌上的苍老和广义上的"生"的时间累积两个特征的对象。一方面,如上文所说，广义的自然物和无生命物体通过与人的"生"的氛围之间的联系，拥有了"宿""古""老"等带有时间累积性质的意味；另一方面，也正是因为这种关系，这些意味中的自觉精神和人的价值感情被无意识地移入了审美对象中，"寂"的第二语义的审美转化便就此发生，"高古"和"古雅"这样特殊的概念也得以成立。而在观照实际对象的过程中，因为上述关系的存在，"寂"的时间语义得以转化为一种审美意味。这种审美意味和我们在前一章中讨论的"寂"的第一语义即"寂寥""闲寂"等空间上的意味有着紧密的联系，在这里就不再赘述了。而人在"生"的意味上老化后表现出来的外部现象，通常都包含着一些"寂寥"的味道（"颜色憔悴""形容枯槁"等）。

然而从理论上来说，在讨论"寂"概念的第一语义和第二语义中审美转化的根据或者说原理的时候，我们需要认识到这个根据是多种多样的，并不是只有一个。我们不能用片面的根据和原理去解释整个拥有着复杂而微妙的内容的"寂"的概念。比如《平家物语》中的"岩石上的青苔是寂诞生的地方"所描绘的场景与家隆的"海岸青松终年立,松上常有寂鹤鸣"所写的情趣,就同时包含了"寂"的第一语义和第二语义。当然,这其中的重点或者终极审美意味还是在第二语义的"宿""老""古"上。然而,若是我们将所有的"寂"概念的审美内容都只从某个片面来解释的话,这只会将"寂"这个审美概念狭隘化,还有可能会不小心忽略掉"寂"在俳谐和茶道中发展出来的审美意味。实际上,我举的这两个例子,虽然使用了"寂"这个词,但在整体的审美内容上更接近"幽玄"的范畴。

至此,我们有必要变换一下视角,来研究一下"宿""老""古"等意味是如何以俳谐和茶道为背景从一般性审美内容转化为特殊审美内容的。正如我在前文所说,我们进行这一系列讨论的前提是"宿""老""古"等意味只能在生命和精神的世界中存在,换言之,时间的累积只能在闭合的统一世界中发生。因此,"宿""老""古"等审美意味在我们理解俳谐中的素材方面的"寂"之美的时候发挥了至关重要的作用。然而,只用俳谐中的独特审美内涵相关理念,并不能充分解释"寂"的全部审美意味。我认为,在这一点上以前的"寂"的研究多有不足。无论是在《古池》还是在《菊香》这样的俳句中,若是将题材上的"古"作为俳句在诗意内涵上的"寂"的形成原因来看待,似乎理由并不十分充分。我们也曾引用过去来的一句话"先师的俳谐姿态万千但始终离不开'寂'与'枝折'",说的就是无论用怎样的素材作歌,优秀的句子必然有一种"寂"之美。

从这个角度来看,在讨论"宿""老""古"等意味在俳谐和茶道中发生特殊审美转化过程的时候,就必须要以上文所说的第一个观点为出发点,考虑到纯粹的自然世界和生命与精神世界的对立。我们已经知道,自然世界只有时间的变化而没有时间的累积,而"宿""老""古"等意味只有在时间的累积中才能得以实现,换言之,它只有在生命与精神的世界中才可以成立。那么,在前者也就是纯然、机械的物质世界中,所谓单纯的时间变化到底又是指什么呢?其实指的就是一种能用自然科学来解释的因果关系的变化。但是若是想对"变化"本身下一个定义,这就不再是科学问题,而是一个哲学问题了。康德认为从变化中可以把握时间和因果，变化是同一性和异他性的一种综合。同一物在某种程度上保存了一些同一的根本，而其中的某些成分转化成了"他"者，这就是变化。然而这只是变化在思维和逻辑关系上的意味，我们在现实中对变化的感受，必须在自身"生"的体验上才会产生。变化就产生在"自然"与"体验"相接的切面上，离开了"自然"，时间的变化便也失去了意义。因此，在这个界限内，也就是在我们所理解的"变化"的含义范围内，"自然"就不是一种凝然不动、超时间的静寂世界。不仅是"宿""老""古"，还有单纯的时间变化，都和"生"有着直接、自觉的根本联系。

而俳谐对"自然"的时间变化的把握之优秀，就体验的深度来讲，可谓放眼整个世界都独占鳌头。所谓的"风雅之诚"，在这个意义上就是一种接近天地万物之实相的特殊的心理构造。俳谐的精髓在于对念念不断的"生"之流动和永不停止的自然之姿加以谛观并表现出来。很多俳谐的特色就由此而产生，比如，从诗的观点来看，俳谐的外在形式只是采用了最小限度的类诗形式，而且并不厌恶俗谈平话这种直接表现方式；俳谐注重观察生活和季节推移之间紧密而微妙的联系，喜欢用"呀（や）""咔哪（かな）"这种感叹词。《三册子》中芭蕉所说："乾坤之变为风雅之本，静物乃不变之姿，动之物则常变。时光易逝难长存，能留下的就只是自己的所见所闻。飞花落叶，若是抓不住那一瞬间，那么活物就只能变成死物，从此销声匿迹。"说的也是这个道理。

艺术通常都将艺术表现视为自己的生命，而俳谐也是一种艺术，上文所说的俳谐的终极本质中似乎就包含着一种难解的根本矛盾。这本也不是俳谐的特例，艺术在根本上一般都包藏着一种矛盾。不同的艺术会用不同的方法解决、超克这个矛盾，在解决矛盾的过程中就会发挥自己独特的审美价值。但是因为俳谐的艺术形态和构造都非常单纯，所以这种艺术的终极矛盾在俳谐身上体现得最为尖锐和鲜明。这种终极矛盾就是生动体验的直接性和艺术客观表现的间接性之间的矛盾，而所有的艺术真实性都是在这个根本矛盾得以解决的基础上才可以成立。费德勒曾论述过"体验的现实"与"艺术的直观"之间的异同之处，却没有将二者之间的矛盾性视作问题。东方艺术一般都会强调体验的内向性，在这种情况下，虽然这种矛盾的解决方法有时会显得比较模糊，但解决矛盾这件事情本身也是这种艺术的根本课题。那么现在我们要研究的问题就是，在理论上俳谐是如何解决这对矛盾的呢？这种解决方式又是怎样让俳谐获得了一种独特的美呢？在解决这两个问题的过程中，我们就会对俳谐和茶道中"寂"问题的根本意义有一个较为清晰的了解，还会对蕉门俳论中的重要概念"不易流行"问题的根本意义有一个明确的认知。

在前文中，我们曾假设自然与"生"的关系完全断绝，那么自然就会变成一个寂然不动、万古不易的实在性。虽然俳谐并不是一个哲学问题，但在这一点上也有着独特的世界观。俳谐的自然感情和世界感情中有着浓厚的佛教和老庄思想的色彩，在千变万化的自然现象的深处，有着千古不易和寂寞不易的东西（像"虚无"的深渊），这些东西也会向模糊的方向发展。然而正如上文所说，就艺术本质而言，俳谐一方面以变化多端的"生"之流动为基础对自然之姿有着较深层次的把握，另一方面有着一种强烈的形而上学、万古不易的寂然之感。俳谐穷尽了极度纯化、精练的艺术手段（这种纯化和精练在表面上看来是非常消极的）去把握这个世界中直观而真实的体验性。只要用了客观的表现手段，即使是最小限度的，那么所谓的"体验的现实"本身就会沦为表现的内容或表现素材。尽管如此，为了克服这种必然的界限，俳谐在艺术上尽可能最大限度地保留了体验的真实性和直接性（即自然的生动性），也就是说，在俳谐中有一种形而上学的、超越实相的"预感"如影随形。打个比方，那就是尽管一种色彩不能在色调上达到极度的饱和，但若是在旁边放置一个对照色，我们就会发现这个色彩的鲜明之处。同样，俳谐本身将一种纯粹的艺术理想当作目标，在此道天才的无意识的创作下，自然流动的体验真实性和与其相对的超时间的、形而上学的不易性自然而然就会对立起来。

以上我们尝试从理论上将俳谐审美创造体验中隐秘而深奥的过程用一种概念性的、鲜明的表述方式加以解释。但实际上，这个对照关系并不像色彩对照那么单纯和鲜明，万古不易、寂然不动与形而上学之间的对立以一种非常模糊的"预感"的形式呈现出来。若是生动的真实性是一口钟，那么为了将这口钟敲得更响，这对矛盾就起了一种共鸣的作用,这是隐藏在俳句表现背后的非常隐晦的暗示。若是用绘画来作比,也可以说它起了一种阴影的作用,用来凸显画面中物体的存在感。我在优秀的俳句中所感受到的,就像是一个影子在背后摇曳变换的感觉,若是将其当作"句之姿"的问题来讨论的话(虽然这里的"姿"的意味有些模糊不清,但可以肯定的是绝对不是指单纯的"形式"),在芭蕉的俳论中,正是为了探讨这个阴影的浓淡问题,"不易、流行"应运而生。去来等人的"不易、流行"论有一些局限性,即将问题限定在了样式论的领域上。《三册子》中的这样一句话"不囿于变化流行之中,牢牢立足于'诚'",其实已经有了一些深层次的"不易"的内涵的意思。不论蕉门俳人所说的"不易、流行"概念究竟是什么,"不易、流行"问题都是被当作俳谐艺术性中的根本问题来对待的。

总而言之,在俳谐的艺术表现中,永远流动的"生"之体验负责发出新的光芒,而永劫不易的"古"则负责增加一些微弱的"老"的氛围。但俳谐的表现之"美"即"寂"的本质意味,也就是我所说的"寂"的第二语义的"宿""老""古"的要素，从人的"生"和"精神"的立场上来看，已经超越了价值感情移入的境地，并通过一种形而上学的实在性预感，向着特殊方向转化成为一种特殊的审美意味。这个说法虽然非常具体，但说到底也不过是理论上的纸上谈兵。"责于风雅之诚"就是精于此道的天才们悟出的创作秘籍。当我们在品味天才们的杰作时，就可以感受、品味、享受到一丝"寂"的味道。若是将芭蕉的所有名句都放在心中细品，我们就会体会到"不易流行"的真谛，换句话说，就是能感受到在活泼的体验流动的深处，隐含着一些苍古幽寂的意味。"古老池塘中，一只蛙入水，池水出声音""静谧啊，蝉鸣渗入了岩石之中""秋末黄昏，鸟儿立在枯枝上""泛白的海面，黄昏中听见一声鸭鸣"等，我认为这些句子都是在春夏秋冬的季节流动中抓住了"风雅"的典型，这种瞬间的视觉和听觉的体验如电光火石般快速掠过，芭蕉就在其中捕捉到了那一丝隐藏着的"古"。只有以自然之"古"——即永远不变的古老自然为媒介，诗的体验的"生动性"才能传达到我们的内心。而也只有通过这种极致清新的体验生动性，

"自然"的无限古味才能被传达出来。

我们已经知道,对俳谐这种艺术来说,通过真实之相来表现自然现象中"生"的流动性是一个必然的选择。我们以此为切入点,在上文中论述了"寂"的特殊审美意味的产生。根据某种特定的观点,我们还可以将俳谐中的这种艺术取向,在审美直观和审美表现中看作一种对精神执着性的一种自我克服。关于这一点的探讨,西方美学中除了"幽默论""浪漫的反讽"之外就几乎不存在其他的美学观点了。因为一般情况下,我们通常都是通过沉潜到审美对象的深处静观它来感受意识之美。这当然并没有错,在所谓的古典之美和"das Schöne"的情况下,这是非常合适的。和歌中的"吟咏"要求的应该也是这样的精神态度。然而,在狭义的"美"之外的其他审美范畴中,这种价值体验本身就有一些静观因素,从心理上看,我们的意识并不一定会保持一种对特定对象的沉潜状态。这样的一般美学问题暂且另当别论。俳谐作为一种艺术,正如我们之前所说,在捕捉"生"的体验的真实的时候,并不是一边沉潜在对象感觉上的形态美中一边反省这种主观情绪,而是直接把握了主观和客观之间流通的体验的真实或者说把握住了那个瞬间,在坚守审美体验的流动性的同时,超越了艺术上的自我。这时候,索凯尔所说的漂浮在万物之上,否定万物的"眼光"就十分必要了。与其说俳谐以表现"美"为目标,不如说它以表现"真"为目的。尤其是在普通意义上,当能够成为"审美"对象的印象和体验十分丰富的时候,即使是芭蕉这种程度的天才,最终也写不出满意的句子,他在吉野、松岛旅行时写的纪行文学也可以证明这一点。

因此,在这种意义上,俳谐作为一种特别的"寂"之美,实现这个审美理想的过程多少都会出现一些矛盾。这种特殊的精神态度中的艺术直观和艺术表现在审美体验中多有体现,与此同时,这个审美体验中还包含着对审美执着性的一种自我超克。在面对丑的东西时,超越直接感情,依托世界的真实性,通过审美的"爱"来直观它,这种心境就是"幽默"。换言之,就是在面对美的东西的时候,超克对其直接的喜爱情绪,也就是不用美丑来区分它,而是以"生"的真实之相为基础去体察自然和世界,由此,俳谐的"寂"之审美意味才得以成立。正如上文所说,"寂"在俳谐中的复杂意味是俳谐艺术表现手法不充分的结果,这也令俳谐具有一些宗教方面的思想倾向。而在茶道中,这种倾向就十分微弱了,但在"寂"和"侘"的意味中却可以看出对审美执着的自我超克和一种特殊的心理结构。举例来说,泽庵禅师在《不动智神妙录》中写过这样一段话(这本书是禅师向柳生但马讲解"剑禅一致"而写的,其实也可以视作茶人所说的"茶禅同一味"的解释):

> 看见花红叶茂就应有花红叶茂之心,但不可就在此处停滞不前。慈圆有歌曰:"柴户之上有香花,双目之间只剩它。"花开本无心,但香气引得我一心向花,这实在是有些遗憾的事。需要牢记,见闻不可停滞在一个地方。

这段话虽然有些极端,但它所表达的精神倾向在俳谐之"寂"中却是适用的。若是对这一点着重强调的话,某种程度上就是虚子所说的"和歌是烦恼之文学,俳谐是领悟之文学"的具体解释。

侘寂

第八章

作为审美范畴的"寂"

（三）

接下来我们将要讨论的是"寂"的第三语义"然带①"的意味。我们要研究的问题是，这个意味和作为一种审美范畴的"寂"之间有没有内在联系呢？若是有，这又是一种怎样的联系呢？

辞书中有"神寂""翁寂"这样的用例，这里的"寂"就是"然带"的意味。这和我们研究的"寂"问题，从语源上讲是完全没有联系的。若是从语言学的角度来看，那么这个"然带"意味就没有研究的必要了。所以，我们在这里要抛却语言学的视角，将研究的重点放在这两个"概念"的意味内容上，在这里我们所说的联系也是意味上的联系而不是语源上的联系。但首先我们还是要从语言学的角度来明确一个问题，就是关于这个意味的使用问题，《万叶集》中有很多"寂"的"然带"意味的用例，比如"少女寂""美人寂"等，但到了后世，这种用例逐渐就消失了，只有例如"神寂""翁寂""秋寂"等保留了下来。若是这个观点成立的话，那么这也是需要我们特别注意的一个事实。因

---

① 日语词汇，意思是"带有……性质""像……样子"。

为我们可以发现,这些保留下来的词,在含义上都与之前所说的"寂"的第一语义和第二语义有一些关联。从《大言海》中对"神寂"的解释也可以证明这一点。

若是抛开语言学的角度,从审美角度来研究"寂"的内容,那么"寂"的审美内容与"然带"的意味内容之间的联系则是我们绕不开的问题。我们在研究第一语义中的"寂寥"审美意味与第二语义中的"宿""老""古"等审美意味时,已经发现事物原本的古旧感已经褪去了大部分现象上的色彩,丰富度和充实度都下降了很多。与此同时,根据审美环境的不同,"寂"的内容又增加了一些其他的审美意味,第一语义中增加了空间意味,第二语义中则增加了时间意味,与审美意味产生了必然的联系。然而这种联系本身也有一定的限度,"古"之极则会迎来枯朽毁灭,若是到了事物的本质全部毁灭的时候,那么"寂"作为一种审美意味自然也会消失。古雅中自然有"寂"之美,而老朽残破中却很难找到"寂"的踪迹。《芭蕉叶舟》中有一句"句以寂为佳,过寂则如见骸骨"。可见"寂"的一个条件就是,经历了"古"和"劫"的磨砺,事物中最重要的特性的"本质"就会在观照的层面上显示出来。在这个意味上的本质，就是事物的本然的属性，审美意味上的"寂"的内容就和"然带"的意味之间产生了联系。我们在考察"然带"的审美意味的时候，还是要注意一般审美意味和特殊审美意味的区分。

在考虑"然带"的一般审美意味的时候，我们不必过于纠结一些细节之处。因为"然带"的语义在一般审美意味上展开的时候，重点还是在狭义的"美"上，也可以说，它与"古典美"关系密切。从一般美学研究上来看，这或许是个非常有意义的问题，但我们现在主要的研究对象是特殊审美范畴"寂"，而实际上这个问题与"寂"关系不大。在西方美学中，黑格尔的"美是理念的感性体现"的定义十分有名，费肖尔也大体上同意黑格尔的这个解释，只是方向上有所不同。黑格尔认为在个体美中感受到的也是最高的、绝对的理念，费肖尔则认为个体对象中直接能被感受到的是个体的理念，通过这种个性的理念便可以洞察最高的、终极的理念。

根据费肖尔的观点，那么作为美的直接根据的理念，就是个体自身的知性理念，也就是个体的"本质"。在《万叶集》中出现的"贵人寂""少女寂",其实就是贵人"然"少女"然"。这里的"然带"就是带有某种特定对象的性质的意思,强调其中的一种类型性特征。当然,"本质"在"个性"中也可以发展,从理论上讲,在个人之中也可以发现某种"然带",但实际上认识一个具体的人实在过于困难,这要求高度的观念自觉和发达的精神。所以我认为我国古代的"然带"意味中所包含的"本质"意味应该只是指类型化的一般本质。总而言之,正如前文所说,这种一般意味上的"然带"是古典美的重要条件,但是当它表现在人或者其他生物身上时,作为自然存在的"本质"会充分而积极地表现在感觉的方方面面。人或其他生物加"然带"后所代表的意味,通常指的都是这种生物的生命最盛期的特质,"人类寂"应该就是指青年期到壮年期这段肉体极度强健发达的倾向(希腊的雕塑中大都是在表现这样的人类形态,也就是所谓的"古典美")。若是从这个角度去看"然带"中包含的"本质",那么就会发现它不过是一种一般美的条件。当这种"本质"固定在某种意味上的时候,我们就会发现,它和"寂"这种非常特殊的审美意象的条件在某种意义上是相矛盾的。然而"然带"却与我们之前讨论过的作为审美概念的"寂"的第一语义和第二语义的产生有关系。

我们需要注意的是,"然带"所包含的种种意味是产生特殊审美概念"寂"的重要条件。这就是我们之前说过的从特殊审美意味的观点来解释"然带"。在古典美中,"本质"或者"理念"一直积极地发展到了对象的感觉层面,二者之间还达到了一种完美的调和状态。但是根据对象种类的不同,我们会发现事物的本质和感觉的显现之间会产生矛盾,这一关系在某种程度上就变成了一种消极关系,而这种消极关系可能会让我们的精神再次鲜明地感受到这种"本质"。在这种特殊情况下,变化的并不只是本质与感觉层面之间的关系,"本质"的重点也会多少产生些变化。这时的"本质"或者说"理念"就和古典美中的不同了。

既然上文中已经提到了"古典"这个词,我们自然就会想到黑格尔所说的从"古典的艺术"到"浪漫的艺术"的转移,还有在这个转移的过程中,精神与自然之间的关系的变化。因为我们研究的重点并不是这对关系，所以在这里就不详细展开了。简单来说，黑格尔认为在古希腊的"古典艺术"中，神性的"拟人主义"有一种界限和缺陷。而在基督教之后，黑格尔所说的"浪漫的艺术"就变成了一种纯粹化的、彻底的"拟人主义"。也就是说，黑格尔所说的"古典的"，指的就是本来处在对立位置的"精神"与"自然"、"普遍"与"特殊"、"无限"与"有限"这些要素在表面上达到了一种调和与统一。从神性和人类形态之间的关系或者说"精神"本身的立场上来看，虽然并不彻底，但基督教中"精神"与"自然"、"神"与"人"之间的关系，通过一种"否定之否定"的方法，在精神的内部，也就是从神中自觉产生的"自然"这个立场上，令这两种艺术样式在根本精神上产生了区别。虽然黑格尔的这种思考方式并不能直接应用到我们现下的研究中，但这种方法却使得在"古典的"意味上去研究"然带"与在"浪漫的"意味上去研究"然带"成为可能。通过在感觉层面上的充分展开，还有时间（"宿""老"）和空间（"寂寥"）的影响，在某种程度上发挥着审美作用的物之本质（生命）在感觉层面上的充实性和丰富性有所衰退。然而这并不一定意味着其审美意义遭到了破坏，这种衰退反而成为将本质性的重点向更深层次的精神内部转移的契机。在这种情况下，我们有时候能感受到本质性和感觉性的"解离"，同时也能感受到它们在新层面上的"统一"。具体来说，感觉性一方面"否定"了"本质性"，另一方面却通过"否定之否定"，强调了本质性中的某种价值，并让本质性表现得更为鲜明，最终感觉性与本质性之间形成了一种非常微妙的关系。虽然这样的关系并不适用于黑格尔所说的"浪漫的"情况下的"然带"，但至少适用于"然带"作为一种特殊审美意味时的情况。要言之，即使在这样的关系中，"然带"的意味在语言学上也和"寂"的"宿""老"与"寂寥"没什么关系，但在含义上却和我们研究的"寂"审美概念的"宿老"和"寂寥"有着密切的关系。

上文中对"否定之否定"的解释偏黑格尔风格，可能会过于抽象，接下来我们将更加具体一些，从心理学的角度来说明一下这个问题。正如上文所说，感觉层面上的衰退和凋落令事物中的某种因素带有了一些"古典的"意味,这种因素也因此从与"本质"的统一中脱离出来。这种游离的分子便很自然地在直观上遮蔽了本质的一些要素。可以举一些具体的事例来说明,比如,一眼望去像岩石的古木,青春不再、枯木般的老人的肢体、生了锈而不再闪闪发亮的金属,原本又冷又硬但后来覆盖了一层青苔的岩石,这些事物都含有上述特点。尤其是我们在前文中研究"寂"的第二语义的时候,从时间内的累积这个角度来看的话,以上所列举的诸多现象中,所谓感觉层面上的衰退与凋落其实可以看作一种发展和增进。但我们在这里是以物之本质(生命)的积极感觉表现为判断标准的,所以这种衰减就意味着消极。但若是我们采用时间累积的观察方法,那么这里的破坏性力量也可以视为一种积极力量。然而我们实际在面对这样的现象的时候,有时也会只感受到"美的否定即丑"的一面,但若是换一种心理架构来看待,我们也常常能感受到其中更深层次、更高级的审美意味。这就是我们平时在说"寂"的时候、在感受到一种特殊的美的时候,所抱有的精神态度。但我认为只是从其感觉层面的非美性格或者近似于丑的特质与其内在的本质(生命或精神）之美之间的一种对照来进行解释和说明的话，虽然可能会凸显出后者的价值，却无法彻底明晰这种特殊美的整体概念。

美学家利普斯曾针对类似的情况提出"Psychische Stauuing"（移情）理论，在这里就不详细展开了。简要来说，这个理论认为当心的能量遇到某种障碍被阻塞、妨碍的时候，这种能量会更强烈，与此同时，整体上的心理活动也会更加活跃。这个理论不局限于审美意识的现象，基本适用于所有的心理现象。这是一个非常普适的原理，所以并不适合用来说明"寂"这种特殊的美的性质。

感觉层面上的某些因素在脱离了与本质性之间的统一之后，便会在直观上遮蔽本质，影响我们对本质的认知。与此同时，这种脱离作用所产生的反作用力会令感觉性和本质性之间重新形成一种新的、紧密的统一。在这个意义上，本质性反而有了一种更加鲜明的呈现。这种感觉性和本质性之间的特殊关系，是产生"寂"这种特殊美的必要条件。举例来说，就像枯树绽放出了梅花，一方面我们看见了与鲜活的植物本质相矛盾的一面，另一方面我们更强烈地感受到了梅花凌冬而放、散发清香的高雅的特殊"本质"。换言之，这并不是简单的感觉美与形式美的对立或精神美与形式美的发扬（本来审美体验不允许形式和内容的分裂），从感觉性方面来看，这是一种脱离，而这种脱离又带来了一种新的高度的统一；从本质性方面来看，本质性本身的重点也向更深层、更内层的方向前进了。换言之，这是一种审美现象的自我破坏和自我重建。因为"神"与"人"都以自身深刻的精神性为本质，所以这种情况是非常理所当然的，"神寂""翁寂"等词自然就会被经常使用。审美对象也与这种关系非常类似，因此通过这种审美意识的特殊态度，不论是在自然物还是在由自然物加工而成的器物中，我们都可以从主观上感受到这种特殊的美。

"然带"在意味上重点的移动，和"神"与"自然"、"心"与"物"的统一的世界观背景相关联，贯穿于个别事物的本质中，更进一步，也令我们能深切地体会到万物的形而上学本质。这便又和"寂"的第一语义与第二语义产生了关联。总而言之，在暗示万古不易、寂然不动的世界终极相这件事情上，"然带"发挥了至关重要的作用。在《芭蕉花屋记》中，有一篇据说是芭蕉临终遗言的文章，里面说："在我的人生结束之前，我还想说句话作为辞世之言……'诸法从来常示寂灭相'，这是释尊的辞世之言，我想说的也是这句佛教至理。"用这样的精神态度来观察世界、眺望自然，自然就会将一切本质都归于"寂灭相"，"然带"就是其映于内心的艺术表现，由此便会生出一种特别的情调，而这种态度本身也是"寂"得以产生的一个条件。这样来想就便于理解了。

正如上文所说，在某种特殊意味上的"然带"的审美契机，本来是以物的感觉性和本质性之间的消极关系为基础形成的，而在一般自然对象身上，这种消极关系一般都是"寂"的第一语义和第二语义所带来的。实际上，我们所说的第三语义即"然带"与前两种语义之间有着必然而密切的联系。从"神寂""翁寂""秋寂"等词汇的表现来看，"寂"这个词的意味明显具有二义性。从美学的立场来看，在理论和概念上的"然带"意味与"寂"的第一、第二语义也有着明显的区别。若是说第一、第二语义规定了感觉性的消极因素的话，那么

"然带"语义就规定了其消极程度。因此,俳谐艺术中的"然带"意味成了其艺术表现的一个特征。即使不考虑"然带"和"寂"的第一语义与第二语义之间的联系,"然带"意味本身也是俳谐特有的"寂"之美得以成立的一个重要条件。

俳书《芭蕉叶舟》中有这样一段话:

> 句中有光,则绚丽,是为高调。句子发钝,有湿意,是为下调。……缓钝、湿意、光亮、绚丽,此四者为句之病,是被本派所厌弃的。中段以上之人,第一个修行便是要先去其光。高手之句无光,亦无绚丽。句如清水没有什么特别的调味。有垢之句则污秽。气味应清爽淡雅,若有似无,若隐若现。

这段话就是将"寂"之美的消极条件用感觉上的比喻表现了出来,不仅厌恶"光"和"绚丽",还将"钝"和"湿"也放入了"病"的范畴。虽然描述可能有些简单,并不能很清楚地说明作者的思想,但毋庸置疑的是，只有去掉光、湿，让感觉转向消极方面，才能得到"寂"之美。"气味清爽淡雅"恐怕说的就是不能过分露骨、鲜明，同时还要有深刻的内容和本质。在这个意义上，不仅俳谐，省略、暗示、象征的表现手法都在某种程度上含有一些"寂"。但我认为，俳谐不仅有"气味清爽淡雅"的表现，还通过特殊的方法获得了"寂"之美，而这个"寂"之美正是来源于"然带"。

在俳谐的初始形态连句中，前句和附句之间始终保持着一种不即不离的关系。《去来抄》中说"句子之间要附着声与气"，说的就是两句之间虽然在表面上没什么直接联系，但在气与声上要保持一种微妙的联系。因此，在移动的内容和表现中，单纯的感性现象就被遮蔽了，与此同时，在表现和本质上又开启了新的自我破坏和自我重建，俳谐特有的"寂"之美也得以成立。这样的关系作为一种表现构造中的审美原则，在独立的句子即单句俳句中也是成立的。单个俳句要有一个统一的意味，但在连句中，句与句之间形成了一种外在关联，于是这种单句中的统一意味便不再被强调了，俳句的表现形式被压缩到了最小的限度。而在狭窄的表现形式中要盛放复杂的思想感情，词汇的意味之间的逻辑关系势必会被省略，甚至会显得有些唐突。在选择事物的时候，一定会避开普通人习以为常的联想，因此会令两个事物之间欠缺一些表面上的明确性。这会令俳句获得表现上的新鲜感，同时也是产生"寂"之美的契机，俳谐的艺术意味也基于此才得以成立。比如"奈良七重七堂伽蓝八重樱"这种风格，看起来只是单纯的名词罗列，却生出了一些十分难解的意味。这种极端的表现手法，被罗列出来的词汇在语法上没有表达一个统一的思想，很难去理解它的整体意味。这种文字的表面意思并没有多少关联的、十分难以理解的俳句也并不少见。比如"马寝残梦月远茶烟""十团子小粒秋风"这样的俳句，尽管意思相对明了一些，但也多少含有一些难解的意味。

虽然并非所有的俳句都会采用这样的表现方法，像《古池》和《枯枝》这样只是平淡地将眼前所见的景象描述出来的俳句也不少。俳句的"寂"之美并不是由特定的表现形式产生的。就像我们不能只从内容（题材）方面去解释俳句的枯淡闲寂之美一样，我们也不能只将"寂"看作某种表现形式的产物。之前引用过凉帘的一句话"很多人只将'寂'理解成'闲寂',然而'寂'并不仅仅是'闲寂'",虽然意思并不十分明确,但"寂"并不只与表现形式有关。我们已经知道,感性对象中的感觉显现与本质的意味内容之间有一种"然带"的关系,以此类推,俳句的外在表现和思想内容之间也存在着这样一种关系。在这种关系中,"寂"之美推动了俳句表现的特殊性与艺术内部整体性的形成。

正如前文所说,俳句中题材的选择和言词的配置方式在某种意义上会产生一些不透明性。此外,还有一些俳句会直接在句子中使用一些来历不明的故事和典故,且并不多加说明,以此来矫正俗谈平话的卑俗气息,结果又产生了一种新的不透明性。当然,在仅仅十七个字的句幅中并没有额外的空间让其添加解释。或许也是因为即使不知道相关典故的来历,也不影响对俳句的欣赏和品味,所以作者才没有对此多加说明。比如芭蕉那句有名的"象泻呀,雨中西施,合欢花",还有"须磨明石啊,像蜗牛角那样,分开吧",即使不知道苏东坡咏西湖之句,不知道庄子蛮触之争的典故,也不影响对整个句子及其情景的品味。象泻雨景中突然出现了中国的西施，须磨明石中突然出现了蜗牛，这种意想不到的相遇，也会在外在表现上给句子增加一种不透明性，就宛如隔着玻璃看光，或者是看见银器表面被硫磺熏染，反而多了一些特殊的味道。

这样想来，我们在以"然带"为基础论述"寂"的审美因素时，便又多了一个依据，我们也可以以此为研究的出发点来考察蕉门俳论中的一个美学问题。我们已经讨论了跟"寂"的第一语义即"寂寥"有关的"虚实"思想的根本意味，也讨论了与第二语义即"宿""老""古"有关的"不易流行"思想，接下来我们将要讨论的则是与第三语义即"然带"有关的"本情与风雅"的关系问题。很明显，"然带"和"寂"的审美意味的关系，和支考派所说的"本情与风雅"论存在着某种关联。

"本情"就是物的本然之心，从物心合一、天人相即的俳谐的世界观角度来看，"然带"意味的根本所在就是物的本然之相，即物之"本质"，从客观的观念论的角度看也是如此。《三册子》中土芳记录了其老师说的话，其中就有一句"松的事要向松学习，竹的事要向竹学习"及"不是出自本身的自然之情,就不是物我合一的诚挚之情",这应该就是"本情"的思想根源。在支考的《续五论》中有更为详细的论述,支考就芭蕉的"金色屏风之上,古松在冬眠"中所展现的表现方法展开论述,认为取古松在冬眠这个题材很好地表现了物之本情(金色屏风的温暖),是"磨炼了二十年的'风雅之寂'"。支考在这里使用的"风雅"一词,应该指的是俳谐的特殊表现,但后面的"风雅之寂"的说法,就有我们之前所说的特殊审美范畴的"寂"之美的意思了。

以上,我们已经讨论了"寂"概念的三个语义,即"寂""古"和"然带"。在研究的过程中,我们首先从一般审美意味出发进行研究,接着将其放入茶道和俳谐这种特殊的背景中,展开讨论了其特殊的审美意味,最后还将这些特殊的审美意味重新进行了统一和综合,形成了一个完整的特殊艺术生活理念。我们用这样的方式,考察了"寂"作为一个审美范畴的成立过程。而这三种语义又分别对应了蕉门俳论中的三个根本美学问题,就是"虚实"论、"不易、流行"论和"本情风雅"论，我在研究中也特别分析了这一点，希望能将其作为研究中的一个理论基础。我原本的研究目的是，明确以特殊方法和特殊形态为基础而成立和发展的一种特殊的美学范畴，到底在美学体系中占了怎样的位置以及他又与其他美学范畴有着怎样的归属关系，对特殊艺术加以美学理论上的考察只不过是完成目标的手段而已。因此，下面我想就这一点说说自己的看法。

为下文的论述方便，我想先在这里下一个结论。"幽玄"是从"崇高"这一基本美学范畴中派生出来的特殊的审美范畴，而"物哀"则是从"美"这个基本范畴派生出来的审美范畴，"寂"则是从第三个基本美学范畴"幽默"派生出来的审美范畴。和"幽玄"与"物哀"的情况一样，"幽默"也经历了某种程度的嬗变，才在内容上有了更复杂的表现，由此才形成了"寂"。若是将"幽默"做狭义的解释，将其理解成"滑稽"的一种，那么可能我的这个说法看起来就会变得很奇怪。若是将"寂"只理解成"闲寂"，可能我的说法看起来就更奇怪了。但我说的这个结论，并不仅仅是从"寂"的研究出发而得出的，我还参照了"幽默"的研究。虽然没有必要将"幽默"的相关研究展开来说,但我想强调的一点是,从美学的角度来看,我认为不应该只将"幽默"理解成滑稽的一种。若是将"滑稽"视作一个特殊的审美范畴的话,那么"幽默"就不仅像利普斯说的那样,是"美之所以为美"的根本范畴,还如科恩所说,"幽默"作为"美"的中心,在某种意义上处在与"崇高"相对立的位置上,二者处于相同的等级上,都是最基本的审美范畴。从审美体验的构造关系上来看也是这样。

我在这里就不对相关问题进行详细的论述了,为方便理解我只简单地介绍一下"幽默"的概念。我认为"崇高"作为基本的美学范畴,在审美体验的统一价值形态中基于一种分层构造原理而形成,它有着自然感的审美根据,在自然美的基础上经过一些变换后产生。而"幽默"则与之正相反,它通过另一种分极原理,以艺术感为审美根据而形成,并对艺术美的审美价值形态进行了根本上的改造。在审美体验的内容方面,艺术感的审美原理就是精神直接由精神本身产生,或者能完全洞察、透视一切内容。这个原理在内层进一步发展的时候,或者说精神力处于优势地位的时候,审美意识的作用就意味着"观"的同时也在"生产",所谓"观"就是通过神的"睿智的直观",洞悉一切事物隐藏的侧面,冷静地自由发挥艺术的直观。因此,人世间的根本矛盾、缺陷、不和谐、不完备等丑恶的东西都毫无保留地被暴露在阳光下。这就是利普斯美学中所谓的"滑稽的否定"现象。若是将"漂游于万物之上,否定一切"这种艺术直观的洞察称为"反讽"的话,那么在这种情况下,反讽就自由而直观地发挥着自己的力量。然而我认为,我们的审美意识或者说艺术意识在任何情况下,都绝不是只依靠否定的、破坏的、"反讽"的直观而成立。在审美意识中,直观必然会伴随着感情作用,而且这种感情经常以"美的爱"为原动力发挥作用。因此,当审美意识是真正的审美意识的时候,即艺术感的审美原理占优势的时候,也伴随着一种博大宽阔的"爱",只不过这种爱被冷静而透彻的直观力量遮蔽了。一方面,对象被冷彻的反讽直观所破坏、否定,另一方面,又被"美的爱"修复、重组,于是就产生了一种特殊的趣味。换言之,通过这种特殊的方式,"直观"和"爱"之间形成了一种紧张的关系,这种关系也促进了审美价值内涵的变化。我们所说的作为基本审美范畴的"幽默"也因此而成立。

我们也从这个角度对之前分析的"寂"的审美内容重新加以审查，这样看来我刚刚提出的结论或许就不会显得那么突兀了。我在前文中曾经说过"寂"的第一语义即"寂寥"和许多美的消极因素有着类似的特征，比如孤寂、贫寒、缺乏、粗野、狭小等，这些因素通过一种"反讽"观念论的重构，最终才得以获得一些积极的审美意义。与此同时，这种意识的客体将现实与非现实的客观矛盾放进了"审美实在性"中，并对其进行了一定的扬弃，这个过程也就是所谓的"虚实"论。这与西方美学中的"幽默"的本质有一定的相似性。俳谐风骨有二，一曰寂，二曰有趣。这里所说的"有趣"当然指的不是低俗意味上的"滑稽"，而是一种类似于开悟的、从高级的精神自由性而自然生发的洒脱趣味。这种趣味即使在以枯淡寂静为宗旨的蕉风俳谐中也有体现，这种含蓄的精神趣味是俳谐之所以为俳谐的根本。关于"有趣"和"寂"是怎样在同一个个体中达到和谐的，我在前文中也有论述。因此，我们这次重新来考虑"幽默"和"寂"的根本关系的时候,会特别关注"寂"概念的第二、第三语义,重点讨论展开的第二、第三语义中的审美意味到底与"幽默"有着何种程度的相似性。

在上文中我们已经详细论述了"寂"的第二语义即"宿""老""古"等意味为什么是俳谐特殊审美概念的来源。俳谐中有很多对自然中流动性现象的体验的直接客观化,但因为俳谐独特的表现方式要求这种对自然流动性的如实捕捉要与我们的精神产生一定的联系,所以往往这种万古不易的深刻的自然现象,在俳谐中伴随着一种隐晦而幽暗的理。打个比方,宇宙大生命就像滚滚而来、滚滚而去的江河,我们的意识和体验就像不断流动的水,而永劫不变、寂然不动的大自然就像可以透过水流看到的河床。因此,若是从神秘主义的谛观角度去解释"寂"的这个意味的话,我们会发现这其中也隐含着一些"幽玄"的气息。最近德国美学家杨克提出应该将"静观"(谛观)从艺术体验的范围中剔除,并认为"静观"是一种认识体验。根据杨克的这个观点,我们的认识态度分为发动的认识和谛观的认识两种。前者并没有停留在直观现象的层面上,并在任何情况下都包含一种积极性。而后者即谛观与艺术的直观虽然采用了一种被动的态度，但它并没有像艺术的直观那样仅仅停留在现象的层面上，而是为了通过现象看到本质，所以让自己处在一个被动的心理状态中。这种纯粹的认识性谛观就是神秘主义。

我认为在"崇高"这个基本审美范畴和由此派生出来的"幽玄"中，在这个意义上也存在着某种静观或者说谛观。但"寂"中的谛观和"幽玄"中的谛观又有些不一样，是一种更为复杂的精神态度。正如杨克所说，在"崇高"和"幽玄"中发挥着重要作用的神秘主义谛观，是一种纯粹被动的东西。总而言之，这是我们的精神所洞察不到的绝对黑暗的死角，充满了不可知（宗教要求和信仰在这样的死角中是如何保持光明的要另当别论），也是一种令我们始终处在沉潜、畏惧、皈依状态的绝对的精神态度。这种绝对的存在对于直接审美意识来说，有着漠然、超时间的巨大威力。在"寂"的情况下，这种谛观并不只具有单纯的超时间特性。历经太初以来的悠久岁月和万古不易，审美意识中产生了一种苍古幽寂的味道。在这种情况下，我们一方面用超时间的形而上学的观点来看待自然，另一方面也用自己有限的精神和生命这种特殊的时间存在方式来观察它。从超时间的观点来看，无限的古老同时也是无限的新鲜。在这个意义上，经过我们流动性的体验观照，自然的形而上学的超时间性中所蕴含的无限活泼的新鲜（流行）与在其背后隐藏着的自然的无限古老（不易），在体验的层面上必须进行分离，在分离的过程中就会产生一种紧张的关系，于是我们所说的作为特殊审美范畴的"寂"便因此而成立。

总之，在这里，精神一方面对精神的存在方式——时间性抱有一种执着的态度，另一方面又尝试接触超时间的自然本质。在这一点上，我们可以说精神对自然有一种二元的分裂态度。俳谐以"寂"为理想，这种特殊的艺术精神态度把一切自然都看作自己主观体验的表现，反而将客观自然放在了第二位。在这种特殊体验的流动性背后，或者说在这种表现的内面，也暗示着一种自然的、形而上学的、本质的超时间性或者说不易性。在这个意义上的"自然的超感性基体"（借用康德的话），并不一定像"崇高"那样超出我们的精神，也并不一定会成为我们皈依和景仰的对象——换句话说，就是朝着宗教的方向发展，与我们自觉精神的主观性相对，形成了一种否定的对极，我们也可以将其看作一种纯粹的客观性。如此，精神便会充分发挥自己，并通过与对极的接触，在俳谐中形成了"寂"这个审美概念。

但是所谓的精神彻底地发挥自己并不是执着于主观的自我内容。从内容的角度来看，在"寂"中精神明显放空了自己，深入到了否定的对极——自然之中，并与之同化。这与"崇高"和"幽玄"的情况是一脉相通的。不过在后者的情况中，审美感情是对自然的"爱"，主要是对超越了精神主观性的、无限的且强有力的大自然的赞叹和敬畏，通过这种感情将人们的精神态度引过来。在"寂"的情况中，精神通过对自然深刻的爱，在某种意义上完成了自我否定和自我超越，最终归入了自然。因此，即使同样是对自然的皈依和沉潜，"寂"中也保留了精神的终极形式——"自由性"。虽然精神在自身的体验中尽可能清除了自己的特质，归入自然，但最终还是未能完全地归入自然之中，残留了一些精神的最高的终极形式——"自由性"。于是从客观来看，精神和自然之间的关系最终还是会存在着一种对立性，但若是从主观来看，它们都被"美的爱"所包括、融合，共同组成了"寂"的特殊审美内容。

至于"寂"概念的第三语义"然带"意味在审美意味上的展开，我们之前也已经讨论过了。这个问题一方面与支考等人俳论中的"本情"和"风雅之寂"问题有关，另一方面也贯穿在具体物象的"本情"中，与自然的本然之相或者终极本质相关，"然带"的"然"正是来源于此。而在这个意义上，第三语义与第一、第二语义的展开就有了不少交错重合之处，我们就是试图在此基础上考察作为审美概念的"寂"的形成可能性。而即使是从第三语义的角度来看，"然带"对自然终极本质的思考，对我们的精神来说也是具有对极性的。本来"然带"中的"然"，说的就是物之本然相的自然或者世界的本然之相，是一种形而上学的实相。它并没有与感性现象的世界或者说与其背后的消极性（比如现象世界的有限性、无常性和空虚性）相对立，也并不是在理想的"本体"世界、神的世界、观念世界中被定型的。可以说，它是一个人类对现象世界的普遍现象进行了直观把握后而形成的世界。若是将它看成超越了现象的本然"存在",那么也可以说它是一种形而上学的世界。当然,有时也可以为其精神态度赋予一些宗教意味,这就是基于理论和道德之上对人类灵魂深处渴求的润饰和理想化了。但从纯粹的艺术和审美意识的角度来看,当我们对世界整体加以谛观的时候,"然"就是在感性显现深处的直观实相的本质内容,于是感觉现象世界中附带的所有消极性都得到了深化。从我们精神理论和道德的观点来看,这其中有很多怀疑主义和虚无主义的东西。就如同老子的那句"人法地,地法天,天法道,道法自然"一样。在老庄的思想体系中,"自然"有很多种解释,而这里的"自然"应该指的就是没有经过人的精神理论化、理想化过的自然本身之道。用审美直观的观点来解释的话,"然带"中的"然"应该就是自然终极本质的意思。由此便可以窥见世界宇宙的终极本质,再回过头来审视现象世界的种种事象的话,我们自然而然地就会对有积极精神价值的种种事象抱有一种冷然的"幽默"轻视态度,同时,对有消极精神价值的事象,则会有一种基于"幽默"的爱的宽容态度。也正因如此，芭蕉才既写出了"试问不悟之人，电闪雷鸣究竟为何"这样的俳句，又在《幻住庵记》最后写道："贤愚文质虽各不相同，但皆生于幻境之中，难以舍弃。"

以上我们讨论了"寂"的审美意味的内容形成的种种因素以及其深层次的精神审美构造与基本审美范畴之一的"幽默"之间的类缘关系，现在我们对此大致做一个总结。概括来讲，我认为"幽默"作为一种审美范畴，它的根底就在于对世间实相进行洞察、透视后的深刻的"爱"。这是对世间所有局限、缺陷、矛盾和丑恶的谛观，但这种谛观却不是消极而逃避的，而是一种对我们作为一个实践、行为主体时所做出的直接反应的自我超脱，是一种自由的静观态度。这种态度也使"幽默"本身带有了一些对人类世界真实性的积极、深刻的爱的态度。因此，为了这种深刻的美的"爱"能够形成，这就要求"幽默"中必须有精神的最高形式——"自由性"。在"寂"这个特殊的审美范畴之中，这种情况也和"幽默"类似，我们必须要认识到这种精神构造是一切得以形成的基础。但"寂"的情况又和纯粹的"幽默"有着些许不同，它并不是精神所能洞察的东西。在审美范畴中对自然的形而上学本质加以谛观的时候，都会产生一种由"爱"而生的沉潜态度。在这一点上，"寂"在表面上和"崇高"与"幽默"有很多相似之处，但"寂"的精神构造更为复杂，这也使"寂"成了一种特殊"审美形态"。

作为一个经常被使用的审美宾词，"幽玄"有着很多种含义，且内容都较为模糊不清，其中容易和"寂"混淆的含义也有不少，这一点从俳论相关的书中都可以看出来。比如五竹坊在《俳谐十二夜话》中，在评论芭蕉的俳句时就经常随意地使用"幽玄"这个词。而《俳谐的寂与枝折》也对发句的体做了分类，其中就用了"幽玄"来形容，并认为芭蕉的"花香飘逸，不知是什么花发出的"和山川的"弥生的卯花，太容易凋谢了啊"就属"幽玄"之句。在歌道中，"幽玄"的意思多有"漂泊""缥缈"之美的意思，想来这里的"幽玄"也颇为类似，子规曾从芭蕉的句中选出"幽玄"之句，比如"海苔中的沙子硌了牙，太悲伤了""菊香围绕着奈良的古佛""靠在这个柱子上又度过了一个冬天""天气冷，屋内的人也打着寒战"等。这里的"幽玄"应该就含有一些"寂"的意思。子规认为芭蕉作为诗人的杰出之处便是写出了雄壮豪宕之句,但具体"雄壮豪宕"与"幽玄"和"寂"有着怎样的关系,子规并没有细讲。

在尝试对"寂"进行解释的人中,也有很多人认为在表面的细、弱、贫等背后隐藏着某种巨大、有力、强壮、坚固。芭蕉俳句在今天普遍被认为是"薄弱得风一吹就破"的俳句,但其中也有《荒海》《最上川》《浅间山》《太井山》等雄壮豪宕之句。提倡茶道之"侘"的利休,也是如此。我们已经说过,"寂"和"侘"并不是只靠表面体现出来的消极价值便可以成立的。我们既然将"寂"归入了"幽默"范畴,这就说明它与属于"崇高"范畴的"幽玄"是不同的,只从细弱背后蕴藏着强壮这个角度,是无法充分阐明"寂"的本质的。更不要说,所谓的"有力"与"巨大",根据不同的情况也有不同的解释方式,包括我们之前所说的精神的自我超越与最高的自由性,也可以看成一种"有力"和"巨大"。但在"幽玄"和"崇高"中,这并不属于直接的观照内容。芭蕉之句中的"寂"并不是题材的宏大,利休的"侘"也并不是人的气魄的雄伟。利休受到战国时代豪宕精神的影响，他本人就有雄浑的气魄，但这并不影响他在茶道中获得审美满足，以"寂"为理想的俳谐也可以有表现天地雄壮的句子，但我们需要注意的是，并不能将这些表层的东西与深层的审美内涵混同起来。

正如子规指出的那样，芭蕉的句作中也有很多雄壮豪宕的作品，但仔细去看，我们就会发现芭蕉并没有有意地想要表现雄壮的感觉，可以说他的作品中没有一例是在有意描绘雄壮的。硬要举例的话，或许"把石头吹了起来，浅间的大风"这句能勉强有一丝这样的感觉。在子规举出的芭蕉的雄壮豪宕的句作中，也基本上看不到这种创作意图，大多数都是平淡地描绘自然的客观现象和直接体验，基本上都是直率的表现。而当他将"寂"作为审美目标去反复推敲的时候，自然而然就会有一种雄大和崇高的效果。比如"夏天的草里，残留着古代武士的梦境""波涛汹涌的大海，横亘在佐渡中的天川"等。与芭蕉之句相比，子规本人在写雄壮豪宕的题材的时候，就显出了一份刻意来。就我个人的审美体验而言，觉得这种明显的意图就稍显幼稚了。其角有一首著名的"猿露出白齿,对月引颈长啸",这首俳句中也有些刻意显露出来的意图。这种刻意的效果比起"寂",倒是更接近"幽玄"一些。与此相比,芭蕉的"咸鲷鱼龇着一口白牙躺在寒冷的鱼铺中",虽然有着相似的目的,但乍看上去却更接近"寂"一些。支考在《十论为辩抄》中将这两首放在一起做了批评,虽然用词稍显极端,但确实显示出了他敏锐的鉴赏眼光。支考说:"其角的《猿齿》的意趣像汉诗与和歌,'枯'字极尽断肠之情,峰上之'月'写尽寂寞之姿,是个令人惊叹的发句。……祖翁……却只以儿童都知道的鱼铺来写夏炉冬扇之寂,如此悠游自在的道人,不愧为本派祖师。"

总而言之,若是将"幽玄"和"寂"的审美本质加以区分,那么就像"幽玄"隶属于"崇高","物哀"隶属于"美"那样,"寂"是从"幽默"派生出来的特殊审美范畴。这三个基本审美范畴都是从审美体验的一般本质构造中发展而来的,因此我们就可以尝试在这些美学范畴之间建立一种有体系的联系。这就是我对"寂"问题研究的结论。

第九章

"寂"的审美界限与茶室的审美价值

最后，我想以上一章的结论为基础，再对"寂"的审美界限问题进行考察。我在上文中将"寂"放在了俳谐和茶道这种特殊的艺术领域，来试着阐释其特殊的美的理念，"寂"既是一种统一的概念，又是一种单独的美。构成"寂"的众多因素在某种程度上也能看出一些对与艺术相关的主观和客观事实的具象而直观的显现。就如同我在上文所说，"寂"的内容非常多样且复杂，各个因素的具体现象也非常多面，且范围较为模糊不清、多有重合。站在美学研究者的角度，我认为非常有必要为"寂"的审美意味划分一个明确的界限。

概括来讲，"寂"的审美界限可从上下两个方向来考虑。上方的界限划分了"寂"这个美学问题和道德、宗教问题，下方的界限则令"寂"与单纯的感觉心理相区分。要对"寂"的审美界限做一个清晰的划分，那么就必须考虑到茶道中"寂"和"侘"的情况。不论是从精神上还是从形式上来看，茶道都不能被完全用"艺术"这个词加以概括。除此之外，自古以来茶道中提倡的茶禅一味、和敬清寂、安分知足、随遇而安，都有一种道德和宗教上的意味，这一点我们在前文中也有强调。还有茶室的布置、茶具的选择和茶果点心等事物的感觉性也发挥了重要的作用，这种感觉性主要以视觉为主，还包括触觉、嗅觉、有机感觉等纯粹的感性分子。俳谐向上延伸，便会接触到一种道德的、宗教的问题，在对俳谐的艺术特性加以考察的时候，我们也曾提到过这一点。一般而言，侘人、风雅者、茶人、风流人等说法所要求的内在条件已经有了超艺术的、非审美意味的性质，是一种在精神上的要求。当然，这些概念本身也有一种"能够体会到寂之精神"的人的意味。在利休、宗旦、芭蕉、惟然等人的精神风格中的"寂"，非常明显地含有一些宗教悟道的意味。因此，我们在划分"寂"的界限的时候，就必须要将这些人的人格、精神价值和"寂"本身的审美价值联系起来去考虑。

比起上限，相对而言"寂"的审美下限则更为暧昧模糊一些。我们暂且不论茶道到底能不能被称作是一种艺术，即使将它看作一种趣味生活，茶道本身的精神构成乃至形式表现都十分复杂多样，这其中还包含了一些其他艺术中没有涉及的触觉、味觉等低级感觉因素。但因为它本身所具有的统一的精神构造比起其他艺术来说层次更高，所以这些低级感觉因素中的卑俗性和粗糙感便被弱化重组了。即使不谈这些低级感觉因素，只谈其他艺术中也有的视觉要素，茶道中的视觉要素也在整体构成中发挥了更高的审美功能。这样看来，似乎就不难理解为什么茶道中的"寂"之美会直接体现在茶室、茶具等诉诸视觉的器物之上了。这与"寂"的一般语义是相通的，或者说当"寂"作为一个单纯的形容词时是适用的。但是是否可以将这种"寂"与审美范畴的"寂"视为同一种东西，或者说这种单纯的感觉因素是否可以直接归入"寂"的审美内容中，这是我们需要研究的问题。

千宗室的《茶道史讲话》中有这样一段话：

> 所谓的"元伯好"中有一种风韵，这是以侘和寂为基础设计的道具。……宗旦喜欢的"一闲张"到现在也有不少留存下来。"柿饼茶筒"也有遗留，偏远地带的百姓会按照树上柿子的形状做出"一闲张"。这种微弱的红色虽然略显粗糙，却呈现出一种强烈的"寂"感。

……

在我国，无论是在色彩方面还是在音曲方面，达人们最喜欢的还是"寂"与"侘"。比如说色彩方面，我们已经看惯了欧美风的红色，再去看日本的红色的话，可能会觉得这并不是红色，这种日式红色有些黄色的感觉，其中又包含了一些混浊的色调。这种红色自古以来就在我国经常出现，尤其是在茶道中。还有音声方面，我国的谣曲中也有强烈的"寂"的味道。……三味线这种乐器发出的声音一半都是拨音，这种拨音的音色非常浑浊，"寂"味也由此而来。这就是能打动人心的东西。

（《茶道全集·卷一》）

在诸多茶器中，茶人最在意的还是茶筒。古来最有名的"九我肩冲"就大都是饴色釉和茶褐色等暗色，因为这种特殊的色调能更好地表现出"寂"感。

关于茶室的色彩问题，《茶谱》中写道："千宗易说：……关于墙壁的涂抹，有一种涂抹到墙角的方式，将稻草切成四五寸长，然后和泥土混合起来涂在墙壁上。"还有："茶室建筑的思想——'寂'与'侘'自然是反多彩主义的。但绝对不是单色主义，茶室中的色彩，大多都是物体本身的颜色，比如中和而沉静的灰色和暗褐色。"

要言之，这里的"寂"虽然也认可了单纯的感觉性质因素，但有两点还需要我们注意。一是"寂"这个概念在广义上使用时，作为一个形容词在大多数情况下它的含义都是差不多的。二是即使是在狭义的特殊审美意味上使用，比如茶室的墙壁颜色、茶筒的釉色等，这其中包含的感觉性要素也并不单单指自身，而是就茶道生活整体的审美氛围而言的。这就好比在绘画中，色彩作为一种道具并不能给我们带来超出感觉快感的美，色彩也只有在一幅杰出的绘画作品中，作为一个完整作品的构成因素，它才能真正作为美被承认。或许还有一个比喻也比较贴切，单纯的物质只有在作为构成生命的细胞时，才被赋予了生命的意义。我们在上文中举的例子，还有"寂"在感觉性上的使用都可以从这个角度去理解。

在这个意义上,"寂"的审美性格与个别的感觉性因素比如色彩之前的关系就不是直接的关系,而是一种间接的关系。也就是说,所谓一定的色调并非都是"寂"之色,不论是茶褐色、暗褐色、灰色,还是其他色调,只要能够和"寂"的审美性格相调和,那么作为构成茶道审美氛围的一种因素,它就可以为我们带来"寂"的审美效果的体验。无论是怎样的色调,只要加上了一些"古色",就会失去鲜明度而变得暗沉,也就是所谓的"中和的、沉静的"颜色。这样的色调不仅能和茶的氛围达到和谐,也能使我们联想到"寂"概念的语义("老""宿""古")。从这一点来说,这个形容词是很贴切的。

若离开审美氛围,只单就颜色与声音这种单纯的感觉属性来说,它们是并不能直接作为"寂"之美被承认的。一般来说,若是对美的本质理解有误,那么也就不能正确认识"寂"这个特殊审美本质。但在这里,我们也没有多余的篇幅去对美的本质展开论述了,而关于特殊审美范畴"寂"的本质我们之前也已经论述过,在这里也就不再赘述了。关于这个问题,我认为需要注意的还有一点：我们已经考察了特殊审美范畴"寂"的语源性意味因素及其综合发展后形成的意味，现在我们还将色彩这种单纯的感觉性因素本身也看作"寂"，这是经过综合发展后形成的一种特别的审美意味。在这个过程中，"寂"的统一本质被分解，并再次回归到了最原初的意味上。尤其是我们之前也讨论过的"寂"的第一、第二语义，即"寂""寥""闲"和"宿""老""古"等意味，很容易就将色彩等感觉性的、可视的性质加以象征化。从美学角度来看，热烈、沉静这样的意味，都只不过是一种色彩抽象化后的象征。这些内容本身就是非审美意味的（寂寥、古老、热烈、沉静等性质本身就是非审美的），而单纯的感觉上的象征也未必都是审美的。因为象征化本身也有审美和非审美的区别。实际上，我们之所以经常将色彩象征称作审美的，这是因为我们常常为其预设了一个包含这种象征的艺术整体。我们是将色彩象征放入其中去理解的。因此，若是我们将"寂静""古老"等意味内容的色彩象征单独抽象出来，那么它们就只能是一个单纯的心理学现象。不论是从内容的单面性还是从象征化形式的单纯性来看，它们都不能直接成为"寂"的特殊审美本质的表现，而只是一个单纯的素材性的分子。当然，这些都是从美学角度来谈的，若是从心理学的角度去研究这个问题，那便是另一码事了。我们所说的"寂"的审美意义的下限，就是在这个意义上而言的。

然而，在个别要素的感觉现象上，"寂"只是作为一个形容词而存在的，这里的"寂"并不是本质意味的审美范畴中的"寂"。那么作为审美范畴的"寂"和"侘"的概念，到底是如何在茶道中逐渐具体化、逐渐成立的呢？若要充分阐释茶道中的"寂""侘"概念的具体显现，只用概念性的手段便足够了吗？即使这在某种程度上是可能的，说到底也不是我这个门外汉可以做到的。关于这个问题，现阶段我们也只能这样回答：俳谐中种种单纯的素材，比如古池之蛙、枯枝之鸟和盐鲷之齿等物象，通过俳谐独特的诗意表现在艺术上，获得了"寂"的审美内涵。与此相似，茶道中茶室的布置、茶器的组合和茶会中的主客都分别作为一种艺术构成共同组成了一种特殊的氛围，由此"寂"与"侘"的妙趣才得以形成。茶道作为一种综合艺术，实际上其中某个单独的艺术构成就具有充分的艺术性的情况也不少。作为建筑的茶室和壁龛中作为装饰用的书画自然不必说，就连茶器茶具本身也属于一种工艺美术。茶道中的书画和各种道具，大多数都是为了茶道而特意制作的。虽然或许它们本身就带有一定的艺术性，但由于在制作之初就被茶道的目的和趣味所规定，所以在茶道中它们还是作为一种单纯的感觉要素而存在的。但这其中，茶道建筑的艺术风格，是值得我们特别注意的。茶室和露地的审美性格与壁龛的书画、茶器茶具的色彩和形状等要素一样，都是茶道综合情趣世界的一个组成部分，都是作为单纯的素材性分子而存在的，而建筑这种艺术形式本身就有其自身的确定性，茶室作为建筑自然也有这一特性，同时它还是为茶道而特意生产出来的，为茶道的趣味所规定，因此，它在茶道中有着特殊的地位和价值。我们需要特别关注的便是茶室建筑中的"寂"的具体显现问题。

关于茶室的历史和构造的相关问题，已经有很多专家研究过，在《茶道全集》中也收录了很多篇文章。在这里，我想就茶道的基础艺术要素——在茶室的直观性格中是怎样具体显现出"寂"的审美内容的问题进行一个概括性的考察。在此之前，我们已经对作为审美范畴的"寂"的本质内容进行了相关的考察，接下来的研究显然会以这个为基础展开。从这个角度对茶室这一特殊对象加以研究，我认为需要从三个相互关联的方面展开：

第一，是闲寂性，这恐怕也是公认的茶室最根本的特性。这个特性可以从茶室的规模、构造、材料等方面加以说明。毋庸置疑的是，茶室不管是作为建筑还是作为艺术，都是为了表现和唤起闲寂的氛围而存在的，它的样式性格也因此被规定下来。然而为了获得"寂"的审美体验，建筑这种茶道中的样式性格除了能直接引起我们感性直观之外，还必须包含种种复杂的精神因素。我认为茶室的闲寂性最根本的还是来源于归入自然，若是说得再极端一点，我认为茶室的闲寂性不是从建筑的"内部"产生的，而是从"外部"导入的。在大自然中，人们用最简单的方法来安排自身的行住坐卧，以便能将身心归于自然，于是人们逃离本来的社会，在山野中放浪形骸，这就是草庵的根本精神所在。然而，从隐遁生活这样的消极侧面去解释草庵或许是恰当的，但显然单凭此点并不能充分说明茶室是如何形成的。

用这样的方法归入自然，是在人类生活中最大限度地引入自然的静寂性的前提。草庵最大限度地打破了一般人类住宅和自然之间的边界，若是再退一步，拆除草庵，那么人们直接面对的就是田野，人也彻底回归了自然。利休之后的茶室（甚至有极端情况，只有一铺席的茶室）的根本精神就是通过"自然"和"生活"的极度亲近关系来将自然中的闲寂性引入到生活之中，并由此获得审美享受。在这里我们需要特别注意的就是审美享受这一点。为了获得自然的闲寂性的审美享受，并不一定要真的走遍山川河流或者住在山野中的草庵里。对同一个对象的审美享受，很多情况下都是通过我们的想象进行的，而这种通过想象的体验往往更加纯粹而不含杂质。因此，草庵风的茶室也实在没有必要就设计成草庵，露地并不需要设在广阔的山野之中。在这个意义上，茶室的闲寂性是从外部导入的，而在享受这种审美体验的过程中，自然就会发现这其中存在着一种象征关系，这也令审美体验的效果更加强烈。这就是茶人追求的"外露地要有郊野之趣，内露地要有山陆之趣"。

《茶谱》中还说:"利休流的设计风格要求甬道要设计为乡野之侧、古树之荫中,要像隐居者的草庵那样,植灌木、修细路、装木门,这样才有侘的氛围。"

但茶室的构成本身又会遮断自然中的景观。堀口舍己曾说过这样一段话:

> 窗户的第一功能是采入光线和通风换气。但在日本的住宅中,窗户还有连接人与外部景色的作用,人们通过眺望窗外的美景来用心感受生活。但是在茶室中,窗户只有通风和换气的作用,并不能看到庭园。虽然露地也就是茶室中的庭园也非常重要,但几乎不能从室内看到。因而,比起柱式建筑,茶室更有壁式建筑的感觉。这可能跟躏口一样,因为茶室本身的面积很小,为了不让人感受到这种空间上的狭隘感才如此设计的。正因如此,茶室会给人以强烈的独立感,从而让人避免被外界的事物分去心神。从采光的角度上来看,这个设计也很有必要。(《茶道全集·卷三》)

可见，关于茶室的独立性这一点，不同的人也有不同的解释。当然，为了心无旁骛而将周围的景观遮蔽，这一点大家基本都认可。利休有一句关于野外茶会的话，"首先要注意的是不被景色夺取心神而妨碍茶会"，《茶道觉书》中还有一段："要保持安然的心境，那么就需要狭小的空间。心若是变得散漫了，便品不出茶的正味，因此太大的茶室是不好的。"这一点看起来似乎和我之前所说的茶室的闲寂性（归入自然）有些矛盾，但若是从审美体验的角度来看，因为想象作用和象征作用的介入，这种外在的矛盾便直接被消解了。而且，尽管说茶室是一种对外界的遮断，更接近壁式建筑，但人在茶室中和在西方的壁式建筑中的心情还是非常不同的。

茶室虽然将外界的风景全部遮住，但因为它和大建筑不一样，本身的空间就十分狭小，而且被自然围绕着，不论怎样去遮断自然景观，这种自然的"氛围"是无法遮断的。而且把自然遮蔽起来的天花板和墙壁等设施，还故意采用了一种暗示山野田园的设计，所以我们坐在里面虽然没有看到一草一木，却能感受到自然的气息。遮断城市中人工制造的自然光景，反而更容易想象到自然中流动着的真正的闲寂性。这或许也是为了"不让人感觉到茶室的狭隘性"。我们坐在华丽的房屋内眺望庭园和周围的景色，就很容易直接地意识到室内和室外的区别，反而会感到与自然之间的距离很远，至少会隐隐约约觉得我们并不在"自然"中。而在草庵风的茶室中观察外界的时候，通过想象这种感觉便非常微弱了。著名的《南方录》中记载了利休说的一段话："即使露地的前后左右都是茅草，我也不觉得它困窘。以雪月涂抹墙壁，以岸阴山之阴为窗，也别具一格。"

接下来是茶室的第二个性质，即游戏性。或许用"游戏性"这个词来概括并不贴切，我想说的是茶室有一种抛开建筑本身带有的生活实用性的倾向，或者说有种脱离严肃的精神上的目的性的倾向，它用模仿的方式来将自然与现实之间的关系假象化了。若是将茶室与城郭建筑这种实用性非常强的建筑或者神殿寺庙这种精神目的和宗教目的非常明显的建筑相比，就可以看到茶室的游戏性很强。即使是不和其他建筑作比较，单就建筑的实用性和功利性而言，草庵式茶室非常狭窄且不牢固，非常不自由、不方便，从中也能看到它的游戏性了。"风雅屋"这个词本身就多少含有游戏的意味。

茶室的这些消极特性一方面是其产生游戏性的必然条件，另一方面也令其本身带有一种轻快洒脱、纤细精巧的特质。不仅如此，这种现实的消极性和审美的积极性在茶室中不可思议地达到了一种和谐的境界——至于这二者之间的共存方式，我在后文中也会提到——而这也为茶室在建筑内部的构造上带来了一种不可思议的自由性和便利性。本来茶室是为了茶道而特意修建的建筑，是举办茶会的场所，茶道和茶会本身就是从人类生活中取材而来的一种艺术活动，也可以说是一种"游戏"。为了表现出这种精神而修建的茶室，不论是从整体上还是从局部上来看，似乎都应该带有一些游戏性。然而茶室作为一种建筑，游戏性也体现在具体构造和材料的选择上。这里的游戏性也并不一定是"游戏艺术"这种高级的精神层次上的游戏性。

比如我认为利休风格的茶室的"蹐口"中就显示出了一种游戏性。"蹐口"这种东西在我们这些外行看来非常不可思议。《橘庵漫书》中说："躏口就是进入茶室的入口，不分贵贱老幼都从此口进入，是仿造穴居而设的一个东西。"《茶道筌蹄》中说："妙喜庵的入口最大，一些居士看渔人家的入口很小，便去模仿。"可能"仿造穴居而设"听起来有些不可思议，但从模仿渔人家的入口来看，甚至还有很多茶室设有贵人入口，就可以看出所谓"躏口"就是一种游戏性的模仿产物了。若是从建筑师的角度去看躏口，实在是找不到什么存在的理由。堀口先生在《茶室的思想背景与构成》这篇论文中，对于躏口有一段非常有趣的解释：

> 从艺术的角度上来看，我们会发现这种不方便的入口也有美学上的意义。茶室一般面积都不大，大都是四张半铺席大小，还有叫作"一大铺席"的量度，也不足一坪[①]。天花板的高度也是现在城市中建筑物的最小限度，大概不足七尺。这个狭小低矮的空间乍看可能都

---

① 日本计量单位，一坪等于3.3平方米。

不像一个独立的居室。一般都会设有一个宽三尺、高近六尺的出入口，露地的设计也要配合茶室这种特有的小空间。以人体的大小来看，处在这种狭小的空间中无论如何都会感受到一种在狭窄的洞穴中的感觉。但是当你从蹲口弯着腰进入室内的时候，就如同从窥视镜中看到一幅画一样，能够超尺度地看到一个独立的世界。

蹲口可能就具有这样的作用，而且很明显为了审美意义而牺牲了现实的方便性，从这一点上也可多少看得出一些茶室的游戏性。在这篇论文中，堀口先生引用了一段利休对一个名叫川崎梅千代的人说的话："先把头和手放进去，然后弯腰膝行。要低头抬腰，不能向前后左右看，有时也会有些不舒服。"看来，作为蹲口的创建者，利休也承认它有一定的不方便性。

第三便是自由性。在概念上，自由性似乎和游戏性有着密切的关系，但我们这里所说的自由性还是和游戏性有一定的差别的。通过这种自由性，游戏性和闲寂性之间也建立了紧密的联系。关于茶室和自然之间的关系，就像我们之前说过的那样，一方面，人们在茶室中有了归入自然的审美体验，与自然建立了感情上的主观联系；另一方面，通过视觉上的遮断，又在某种意义上与自然有了一种隔离的倾向。正是在这两个对立的倾向的统一过程中，茶室产生了自己独特的审美性格。我们暂且不管第一个倾向，来谈谈第二个倾向。在四张半铺席或者更小一些的草庵式茶室的狭窄的空间内，在这样一个艺术构成受到基本制约的空间内，又是如何产生这种精神和审美非常自由自在的世界的呢？而且这种自由性也不一定只是精神和审美上的，因为茶道本身就是取材自生活，所以在茶室内的特殊生活（行为）上，也有一种自由自在的特性。茶室将这个意义上的自由性与审美的、观照的自由性，巧妙地整合统一了起来。

专门研究茶室的建筑师，曾经对这一点做过精细的解释，比如堀口先生就曾指出贯穿在茶室建筑中的"反对称性"，并认为它是茶室建筑的根本原理。当然，非对称不是只在茶室中出现的现象，在以出云大社为代表的我国特有的建筑中，也有这种非对称性的体现。一般而言，对这种非合理性的喜爱，是日本乃至东方民族审美意识的一个根本特色。但像茶室这样,自由地打破观照上的合理性和规则性的情况恐怕也只此一个了。将茶室作为一种建筑或者说作为一种艺术去考察的人,往往都否认其与禅宗思想之间的关系,或者说很少考虑到禅宗思想,反而经常强调茶室与神社建筑和神社思想之间的关系。禅宗的寺院作为一种佛教建筑,当然和茶室中蕴含的民族性和民族精神有所不同,但比起这个,首先这二者作为建筑的根本条件和本质就大相径庭,在建筑样式上也是毫无关联。但毋庸置疑的是,在自由性上,即在对合理性和规则性的破坏上,还有对茶的根本精神的统一和对艺术观照的调和上,茶室的审美本质都在精神上和思想上与禅宗有着密切的关联。

关于茶室自由性的具体现象,在此想借用建筑家的研究成果稍作说明。自古以来,茶室大都是四个半铺席以下、总坪数不到三坪的小室,就具体实例来看,在这个小空间内茶室围绕着壁龛和茶炉产生了近百种变化。根据堀口先生的说法,一尺四寸的茶炉与宽三尺、长六尺的长方形铺席组合、点茶礼法也分两种——左胜手和右胜手,这些要素之间的组合方式并不多。但是将地板

（板叠）和中板从铺席的中间或两端插入，就会出现多种组合方式，因此平面上的变化便多样化起来，视觉效果也更加丰富。还有铺席也可以再次拆分，比如可以将宽三尺、长六尺的铺席再作二等分，正规铺席四分之三大的铺席，也就是所谓的"大目叠"（台目叠）。铺席、地板、中板、茶炉、躏口和壁龛之间的种种组合令平面上的设计也变得复杂起来。这只能说明茶室是如何在"平面设计"上实现自由自在的变化的，若是进一步考虑到茶室的建筑特性，果然最重要的还是大小不一的各种窗户。根据茶席的不同，窗户的位置和形状都自由而多变，即使是在茶会上，也会用帘子来自由地调节室内的采光程度。关于这个，我们可以看看茶道专家重森三玲先生在《茶道全集·卷三》中对茶席部分的解说：

"茶室的生命就在于窗户，一切明暗都由窗户决定。在茶席里，窗户的大小、多少和位置直接与景致相关。"又说："直接在地板前安装墨迹窗和花明窗，都面向点前席。这都是为了让主人所在的点前席更明亮一些，让客人所在的席位更暗一些，这样就让点前席看起来更美了。"还有叫作突扬窗的一种天窗，也是考虑到特殊光线效果的设计。除此之外，还有在中柱附近悬挂的一层或两层隔板、壁龛中的种种变化，还有"水遣""道幸"等，都将茶室中的生活要求和审美观照上的要求，通过一种不可思议的方式自由自在地统一到了一起。山崎妙喜庵的待庵是经利休之手设计的并保留到现在的茶室，那里还保留着利休喜爱的隔板，就安在墙壁的角落，还故意不与上面的窗框对齐。曾有建筑家评价这个隔板"创造了一个凝聚匠心的世界"，赞扬它发挥了优秀的审美效果。在这个匠心里，我们也能看到突破规格的特殊自由性。

总而言之，人们一面在茶室中拥抱着外面的大自然，离开日常生活并离开自我，沉潜到大自然的深处去感受它万古不易的本质，另一方面又通过茶室的内部构造感受并强调人们生活和精神的自由性，由此特殊的审美形式得以形成。我认为，这种寂然的自然深处的本质与生活和精神上的自由的活动性相对立，这种对立也使茶道成了一种高级的"游戏"，在"虚实"之间游走体验。茶室中最为独特的"寂"之美便由此形成。

版权专有 侵权必究

图书在版编目(CIP)数据

日本美学三部曲. 侘寂 /(日) 大西克礼著;曹阳译. —北京:北京理工大学出版社, 2020.11
ISBN 978-7-5682-9089-0

Ⅰ. ①日… Ⅱ. ①大… ②曹… Ⅲ. ①美学思想-研究-日本 Ⅳ. ①B83-093.13

中国版本图书馆CIP数据核字(2020)第182510号

出版发行 /	北京理工大学出版社有限责任公司			
社　　址 /	北京市海淀区中关村南大街5号			
邮　　编 /	100081			
电　　话 /	(010)68914775(总编室)			
	(010)82562903(教材售后服务热线)			
	(010)68948351(其他图书服务热线)			
网　　址 /	http://www.bitpress.com.cn			
经　　销 /	全国各地新华书店			
印　　刷 /	三河市金泰源印务有限公司			
开　　本 /	880毫米×1230毫米　1/32			
印　　张 /	9		责任编辑 /	时京京
字　　数 /	131千字		文案编辑 /	时京京
版　　次 /	2020年11月第1版　2020年11月第1次印刷		责任校对 /	刘亚男
定　　价 /	135.00元(全3册)		责任印制 /	施胜娟

图书出现印装质量问题,请拨打售后服务热线,本社负责调换

あわれ

日本美学三部曲

物哀

（日）大西克礼 著
曹阳 译

北京理工大学出版社
BEIJING INSTITUTE OF TECHNOLOGY PRESS

- 《源氏物语绘卷》第五帖若紫

《源氏物语》是世界上最早的长篇小说,描述日本平安时代贵族社会的生活,作为日本古典文学的巅峰,开启了影响日本国民精神的"物哀"文化。

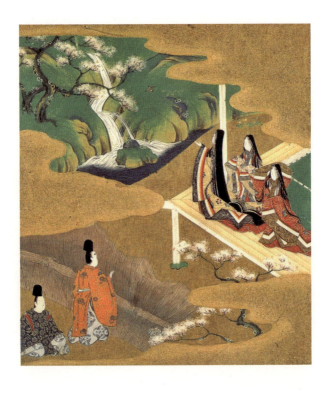

- 《源氏物语绘卷》十九帖薄云

每一场死亡,都难以用言语表达,是在生命背后黯淡却又绚丽的光;美好的事物就算毁灭也都是极美的毁灭;清风、明月、山川、河流,抑或死亡,一切都是"物哀"。

《松林图》长谷川等伯

物哀是一种个人的、淡泊的、对于人生无常和宿命必然的完全接纳,是对万事万物的一种敏锐的包容与体察。一言以蔽之:「心有所动,即知物哀。」

物哀 | 5

- 电影《东京物语》剧照

山谷中春天已至,樱桃花开如云,但是这里,凝滞的目光,秋刀鱼的滋味,花儿也忧郁,清酒的味道也变得苦涩。

——小津安二郎

- 《感伤之旅》荒木经惟

一种从内心直接发出的生命的声音,就是『哀』。

- 《海景》杉本博司

杉本博司的海,是温情与悲情的临界值,平和与不安的临界值,静默与哀诉的临界值,但淡淡的,似有若无。

- 《海景》杉本博司

物哀不是天生的悲观,而是寻回了事物的脉络,看到万事万物的轮回,抓不住变化,也抓不住瞬间,不如就此放手,安心去欣赏。

▪ 东福寺

人在接触外物之时,心为之所动,自然涌出情感,便是物哀。站在长廊的一侧看远处的端口,能得到在画框里看风景的感官。以物哀之眼看景,不仅有视觉的享受和情感的冲击,也包含着一种生死观。

- 京都夜樱

看见美丽的樱花绽放,觉得很美,这就是知物之心。感知到了樱花的美,从而心生感动,十分愉悦,这就是"物哀"。

- 名古屋城　土屋光逸

细节皆入五感，然后体悟、发现、由此及彼，并将个中情致掰开揉碎，又见优美、凄美甚至禁忌之美。每个发出的感叹词，也就是达成物哀的瞬间。

- 雪国

人物是一种透明的幻象,景物则是在夜霭中的朦胧暗流,两者消融在一起,描绘出一个超脱人世的象征世界。

——《雪国》川端康成

目录

一 "哀"的概念的多义性及美学考察的困难……………… 001

二 "哀"的语义、其积极与消极意味及其他意味的
价值关系…………………………………………………… 007

三 本居宣长关于"物哀"的学说…………………………… 015

四 感情上的深刻、对哀的主观主义解释………………… 025

五 "哀"从心理学向美学的展开,从一般审美意味向
特殊审美意味的分化……………………………………… 037

六 作为审美体验的"哀"的构造…………………………… 047

七 美与"哀"、悲哀与美的关系…………………………… 053

八 美的现象学性格与哀愁………………………………… 065

九 平安朝时代的生活氛围和"哀"的审美文化发展…… 071

十　知性文化的缺陷，唯美主义倾向，"忧郁"的概念… 081

十一　平安时代的自然感情与"哀"…………………… 095

十二　"哀"的相关用例研究，"哀"的五段意味……… 107

十三　特殊审美意味的"哀"的用例…………………… 119

十四　情趣象征的问题及其直观契机…………………… 131

十五　审美范畴的"哀"的完成及其用例……………… 139

一

"哀"的概念的多义性及
美学考察的困难

就如同我在《"幽玄"论》结尾提到的那样，我认为"美""崇高"（或"壮美"）还有"幽默"这三个范畴是审美上的一般基本范畴。沿袭这个思考方式，"美"这个基本范畴，若是继续向着某个方向发展，由此而派生出的一个特殊的类型或者说形态，就是"婉美"或者说是"优婉"（Grazie Anmut）。而从"美"出发向着其他方向发展派生出的另一个美的特殊形态，便是我们所说的"哀"了。但是这个问题其实属于外部的体系问题，虽然这个问题本身也值得关注，但我还是希望像之前分析幽玄问题那样，暂且切断"哀"在美学体系中的种种联系，在某种程度上把它作为一个单独的形态来研究。因此，我不打算就上文所说的美学根本问题进行展开，想直接开始对"哀"这一范畴的讨论。

在我国的文学史中，"哀"经常作为表现我国国民审美意识的词汇出现，但是这个概念果真是作为一个审美范畴或者说审美概念被人们所接受的吗？若果真如此，那么应该怎样理解它所代表的意义呢？若是将它放入美的基本范畴中，并认为它是从基本范畴派生出的特殊范畴的话，那么它真正的含义又是什么呢？这些问题就是我们以后要研究的重点，但可以预想到这个研究过程必定困难重重。若是将"哀"看成美的一种类型，那它指的就是完全是从平安时代开始发展起来的，为我国国民所特有的审美内容。不仅西方的美学中没有涉及这个概念，即使在我国的学术研究中，也没有对此展开过充分的论证。（虽说在本居宣长之后，日本的学者陆续发表了有关"哀"的研究，或许这些研究成果在其他方面都是非常出色的，但从美学的角度来看是绝对称不上论证充分的。）其实"幽玄"这种概念也是如此，用美学的观点来考察这种东方或者说日本所特有的美学概念，本身就是非常困难的，所以我们的这条研究之路可谓步履维艰，但也算是为相关研究开创了一个新的方向。

"哀"这个概念所特有的一些元素会给我们的研究带来一定的困难。首先，"哀"与"幽玄"和"寂"相比，历史更加悠久，而且它本身所涵盖的领域也很广。"幽玄"的概念最早出现在《古今真名序》中，这已经很久远了。但"哀"（あわれ）这个词则出现得更早一些，在纪记时期就已经常出现了，但是这之后它经历了很多次含义的变化，大概一直持续到近世的德川时代。比如，根据某种说法，这个词在奈良和上代时期，大概是"可怜""亲爱""有趣"的意思；到了平安时期，开始有了一些情绪和感情上的意味；镰仓时代后，它又分化成了两个意思，一个是代表壮勇意思的"あっぱれ"，另一个是代表悲哀意思的"あわれ"；然后到了足利室町时代，这两个意思在一定程度上融合了。而在接下来的德川时代，又再次分化，称赞胜利者用"あっぱれ"，惋惜失败者用"あわれ"，这里的"あわれ"主要用来表达同情、怜惜和怜悯的意思。我们先不要在意这个说法正确与否，但由此我们可以看到这个概念的演变历史之长。另外，"哀"与"幽玄"和"寂"这种有主要应用领域的概念有些不一样，比如"幽玄"主要用在歌道和能乐中，而"寂"主要用于茶道，"哀"则基本上存在于我国所有的文学领域中，甚至在日语中也有体现，俗语中也能看到"哀"的影子。（当然，在这种场合就只有"悲惨""悲哀""可怜"等含义了。）所以，"哀"比起其他概念来说，它的意味就变得十分复杂，想要把握它核心的审美意味是非常困难的。

　　我们还需要注意的一点是这个概念研究的困难，可绝不仅仅体现在它语义的多样性上。有些东西虽然没有明确地表现在表面上，但它却在我们进行深层次研究的路上设下了一道屏障。无论是赞赏亲近还是悲哀怜悯，这都是对感情和感动本身的表达。所以当我们想从语言学的领域更进一步深入美学领域，就很容易陷入心理学的美学观点中，从而妨碍了在美学角度上更广泛、更深层地展开研究。而且通常情况下，心理学的观点和美学观点混在一起难以分辨，甚至有的美学研究还会全部采用心理学的观点和方法，但是在探究"哀"这个问题上，以及它所表示的概念的直接内涵的时候，若是还采用这种美学考察的方式就很容易陷入主观主义的泥沼。我觉得这个倾向对于美学范畴的研究来说是非常有害的。在下文对"哀"的考察中，我也会对这一点加以详细的说明。

物哀

二

"哀"的语义、其积极
与消极意味及其他意味
的价值关系

首先若是对一个"审美概念"进行研究,那么就要在一般意义上对其进行概念上的分析。关于这个概念的多义性,我们一方面要参考现在的一些可信度较高的词典,从一般意义上对其进行探讨,另一方面还要注意分析著名的"哀"研究者本居宣长的观点,当然也要参考当今的一些学者的观点。实际上,现在很多日本文学的研究者,也从各个方面讨论过这个问题,发表了诸多研究成果,在这里就对此省略,不一一列举了。

大槻先生的《大言海》将"あはれ"这个词的含义分成了三个方面来解释。作为感叹词,它表达的是"喜、怒、哀、乐等心中有所感动时发出的声音",就相当于"噫"这个汉字。而当"あわれ"作名词使用时,它的含义则又分成了两个层次。第一个层次是表示值得赞赏,即"值得赞赏、优秀、很棒"(あっぱれ),相当于"优"这个汉字。表示"可爱、可疼爱"的动词"あはれむ"就是由此而来。第二个层次则是表示感伤的意味,即"可怜的、令人伤感的",这就相当于汉字"哀"。表示"觉得可怜、可悲"的动词"あはれむ"就是这个意思的引申。

由此我们可以看出，"あはれ"这个词是多义的，而且大体上可以分成两层意思：一是相当于汉字"优"，含有积极的意味；二是相当于汉字"哀"，含有消极的意味。这两种意味看似矛盾，却同时存在于一个词中。

上述"哀"的意味，或积极或消极，总是与客体或者说对象的价值相关。若是以此为前提来思考价值关系的话，则有一点需要特别注意，因为价值判断无论在任何情况下都不是单一的。首先，"价值"这个概念本身的定义及其具体内涵我们暂且不论，我们直接来讨论价值关系，这里所说的价值关系至少分为三种情况：一是以感情为主体的，对我们自身而言的价值关系；二是对作为客体的，也就是相对于其他主体而言的价值关系；三是主体和客体所共有的一般价值关系。

实际上，这三种价值关系一般都是互相重合的。但根据侧重点的不同，我们的感情性质和感情色彩也会有所不同。比如，若是我们自身的主观直接价值判断占主要部分的话，那么它就有着更积极的色彩倾向；若带有一些愉悦的意味，它还可能包含有欲求的爱和执着的意思；与此相反，若是带有一些消极的倾向，可能就包含有些不快的、不耐烦的、厌恶的情感倾向。严格来说，价值关系这个概念本身就带有二重性，我们应该注意区分，有价值的东西直接唤起我们的感情与利益得失带来的感情波动这两者的不同。这种价值关系中，积极的感情指的就是欢喜，消极的则是悲哀。（在第一种意味的价值关系中积极的东西，在第二种意味中也可以代表消极，反之亦然。）第二种情况下，在我们看来的客体，其实也可以说成其他主体，他们所体验的价值关系和判断，无论是消极还是积极都是间接的，而且对于客体来说，他的感情体验可能和作为主体的我们的感情体验是相互矛盾的，这之间还形成了一种复杂的关系（比如嫉妒心这种情况）。而这种情况应该是我们之前区分的两种价值关系的第二种（也就是利益得失的情况）。大体上来说，这个价值判断的积极情况大多是庆贺或庆祝这种感情占主导地位，而消极情况则多是固定在同情或怜悯这样的情感之上。在第三种客观价值的情况下，虽然说主观方面的情感体验是多层次的、叠加的复合状态，但这种情况中最显著的情感，大体上概括一下就是，积极方面是尊敬和赞赏这一类的感情占主导，消极方面则是轻辱和蔑视这类的感情为主。

若是像现在一些人那样，将与"哀"有关的价值内容解释为"生命力"的话，那么和之前所区分的精神价值和理想价值不同，在这里我们已经区分过的第二种和第三种情况，和第一种情况的区别就会变得模棱两可，那么这样的区分也就失去了意义。不仅如此，实际上"哀"这个词，若是只考虑它的一般意义的话，积极方面应该可以用"赏""爱""优"等汉字来表达，消极方面也可以用"怜""伤""哀"这样的汉字来表示。在我看来却不必因此就束手束脚，若是用美学观点来思考，则有必要从美学的立场上对它做一个详细的分析。

在此之前，我们先比较一下在已经区分过的三种情况下的价值关系中，积极和消极方向的感情与"哀"这个词的一般语义之间的区别和联系，从中我们可以发现，其实一般语义中的"赏""爱""优""怜""伤""哀"等已经概括了所有前者的情况。当然，若是更严谨一些，在之前所说的第一种主观价值关系中，消极倾向也没有包括嫌恶、忌讳、躲避这样的感情。与此同时,对于某种客观价值的消极东西(也就是我们所说的第三种情况),比如轻侮、蔑视这样的感情也是没有直接体现出来的。不过,词语的使用有时候是完全看习惯的,"哀"这个词在作为一个感叹词出现时,也可能包含一些嫌恶、轻蔑意味。正如上引辞书①中所解释的那样,在"哀"这个词所包含的直接感情中,并没有嫌恶和侮辱这样的情感。即使是在面对嫌恶的对象的时候,产生的情绪也不是嫌恶、轻蔑,此时主体将自我置于旁观者的视角,产生了一种感叹的情绪,是一种接近于悲哀、怜悯的情感,这才是和"哀"有关的情感。而且,"哀"的语义中所包含的"爱",是一种审美意义上的"爱",换句话说,这个"爱"是客观的感情,与嫌恶相反的比如偏爱或执着的意味并不强烈。

因此,在我们之前区分过的价值判断的三种情况中,首先第一种情况,也就是作为感情主体的我们,自身所产生的积极或消极的情感,是很难在"哀"中看见

---

① 即《大言海》。

的,即便含有这样的情感,那也是非常淡薄的。而在第三种情况下,对"哀"的对象来说,积极倾向的价值判断是"哀"得以形成的非常重要的条件,而属于消极倾向的感情(比如轻蔑等),在"哀"中所占的比重是非常小的。换句话说,第三种情况作为第一种和第二种情况的价值变形,与悲哀、怜悯等感情是难以区别的。

虽然上述内容对语言学家来说可能是一场没有价值的诠释和考察,但对我们的研究来说却极为重要。根据上述整理,我们可以直接得出一个结论,即在"哀"这个概念中的感情意味是非常多且复杂的,从价值判断的角度上来看,它又同时包含积极和消极两个方面,而且"哀"所包含的精神态度是一种静观式的Einstellung①。而这种静观态度,令"哀"的积极和消极的感情中都带有了一种客观而普遍的"爱"(Eros)的性质。所以,"哀"这个概念既具有盖格尔②美学中的观照(Betrachtung)——自我与对象的隔离,又有西方美学中常说的所谓"静观"

---

① 德语,意思是"态度""观点""看法"。
② 盖格尔,德国现象学家、社会学家、美学家。

（Contemplation），还有日语中所说的"咏叹"，据此我们也可以说，"哀"是一种具有积极的审美意味的，符合一般心理学定义的情感态度。

三

本居宣长关于"物哀"的学说

这一节我想谈谈本居宣长对"哀"相关问题的研究，对"物哀"问题比较感兴趣的人应该或多或少都会知道些他的观点，在关于这个问题的文章中也经常出现宣长的著作《源氏物语玉小栉》的引文。为了能更清楚地阐述我对宣长观点的理解，我想先就原文详细地说明一下具体内容，就相关观点展开一些基础的论述。

宣长在《源氏物语玉小栉》一书的第一卷和第二卷中，曾极力反对过去很多受儒、佛思想影响的学者从全篇着眼用惩恶扬善的观点去解析《源氏物语》的做法。他认为应该着重强调其作为文学作品的审美自律性，认为表现"物哀"才是作品所传递出来的精神和主旨。因此，他曾在自己的著作中详细地分析过"物哀"的概念，部分原文如下：

> 所谓知物哀，就是见到值得去赞叹"啊哇嘞"（あはれ）事物时心中有所触动，从而自然而然地发出感叹，用现在的话来说，其实就是"啊""呀"。比如，看到花月十分感动，就会发出"哇，好美的花！""哇，好漂亮的

月亮！"这样的感叹。"啊哇嘞"其实就是"啊"和"哇"的叠加音，就像汉语中将"呜呼"连读成"啊"一样。……过去的和歌中也会用"啊哇嘞"，比如"啊哇嘞，一棵松树""啊哇嘞，那个鸟""啊哇嘞，又是几夜过去了！""啊哇嘞，从前就有呢！"在这里的"啊哇嘞"就是一种直接的感叹，这也是这个词的本原。……

动词见物感叹（あはれぶ）其实就是感受到了"啊哇嘞"（あはれ）的意思，《古今集·序》中有"感叹云霞的人"这样的用法，后世把"啊哇嘞"写成了汉字"哀"，会给人一种这个词就代表悲哀这样的错觉，但实际上"啊哇嘞"并不仅仅局限于悲哀这个意思，高兴的、有趣的、快乐的、可笑的事情都可以用"啊哇嘞"来表示。虽然"啊哇嘞"也可以表达高兴和有趣，但高兴的、有趣的事总不能像悲哀、忧伤、爱恋这样的事情令人感触深刻，于是在说"哀"的时候，常常指的就是这些深刻的感触。而人们总是将"哀"理解成"悲哀",也正是这个原因所致。

字典中对"感"的解释是"感,动也",只要心中有所触动,无论是好的还是不好的事情都可以用"哀"来表示,"哀"也是最适合表示心有所动的词汇。

"物哀"也是同样的意思,所谓"物",指的是言物、谈物、观物、赏物、忌物,范围很广。不论是因为什么,人们遇到该感动的事情就感动,并能理解别人的这种感动的心情,这就是"知物哀"。而遇到该感动的事情却十分冷漠,毫无反应,这就是"不知物哀",是无心之人。(《增补本居宣长全集》第七卷)

上述引文有很多地方都值得我们注意,这些我们放到后面再讨论,在此先按下不谈,我想特别提醒大家注意的一点是,最后结尾处关于"物哀"一词的解释,即"人们遇到该感动的事情就感动,并能理解别人的这种感动的心情",这句话其实一直没有引起很大的关注。

但从美学的观点来看，它却很值得我们注意，我想将这句话和我马上要引用的本居宣长的其他论述对照来看，这样可能会更加清晰。宣长在论述和歌的著作《石上私淑言》中，提出了"所谓'物哀'，究竟是什么"这样的问题，并给出了自己的回答：

> 《古今集·序》中说："倭歌，以心为种，由万千言词汇聚而成。"这里的"心"就是知物哀之心。接下来又说："人存于世间，必历经种种世情，则思物、见物、闻物，而后有所言。""思物"（心有所思）也是指"知物哀之心"……《真名序》中"思虑易迁，哀乐相变"，说的也是知物哀。
>
> 世间万物皆有情，人为万物灵长，较之动物更加聪慧，人的生活远比动物复杂，经历也更加丰富。歌对人来说是必不可少的东西。
>
> 人之所以所思所想更加深刻，就是因为人能"知物哀"。人世中琐事众多，很多经历都能触动人的情绪，情有所动，不论是欢喜还是

悲哀，气愤或是喜悦，惊恐或是忧虑，是爱是恶，皆是因为人能"知物哀"。

若是无法理解事情的本质，不通事之心，那么便无喜无悲，心中亦无所思，心中无所思便不能咏歌。

知事之心也有深浅之分，动物浅薄，与人相比近乎无知，人则优于其他生物，能知物之"心"，感物之"哀"。人和人之间也有深浅之分，与深知物哀的人相比，一部分人就相当于根本不知物哀，不知物哀的人更多一些。当然，这也只是深浅之分，并不是完全不知物哀。

在上文中我曾引用过《源氏物语玉小栉》，还提醒大家注意那句"能理解别人的这种感动的心情"，在《石上私淑言》中，又出现了"知物之心"这样的表述，由此也可以看出宣长就是在重点强调这一点。

在比《源氏物语玉小栉》更早一些的《紫文要领》中，也有类似的论述，即对"物哀"的概念加以说明，这与上文所引观点在本质上是相差不大的。只是在《源氏物语玉小栉》中将"知物之心"和"知物哀"紧密地联系起来，更强调知性客观的因素，这一点需要我们注意一下。我在上文中经常提醒读者注意的一点，其实在《源氏物语玉小栉》和《石上私淑言》之前的《紫文要领》中就已经能看见清晰的原型了，这对我们对这一点的理解至关重要。而我之所以在上文中强调"美学视角"，其原因也正在于此。宣长曾在书中这样写道："对某种并不长久的事物，认真地制作并观察它，这就是知物之心，是知物哀的一个表现，"还说："知物之心就是知物哀，能够透彻地知晓生活中的事物，同样也是知物哀，"还说："男女之间互相爱恋，也是知物之心，也就是知物哀。能从万事万物中看出美好之处，这就是知物哀。男女之间细碎的心思自然也是物哀的一种，物语中关于这个的描写也有很多。"

《紫文要领》中所说的"物哀"概念，将"知物哀"和"知物之心"结合了起来，这和现代美学中的"直观"和"感动"相调和的一般审美概念很像，关于这一点下面的这段论述可能说得更清晰一些。

一言以蔽之，《源氏物语》五十四卷所讲不过"知物哀"三字而已。关于"物哀"究竟为何物，上文已经详细说明过，在此可以再强调一下：世间万事万物，目之所及、耳之所闻、身之所触，全部藏于心底，再在心中细细琢磨品味，这就是知事之心，也是知物之心，也是知物哀。

如果再细分一下，就可以分为"事之心"和"物之心"。能够感知各种各样的事物，就是"物哀"。比如，看见美丽的樱花绽放，觉得很美，这就是知物之心。感知到了樱花的美，心中生出了几分感动，心情也变得愉悦，这就是"知物哀"。（《石上私淑言》第272页）

虽然宣长的说明略显冗长，但我们读完就可以明白他大体上想要表达什么。虽然他对"理解"这个词并没有进行"直观"和"辨别"的区分，但这从他所处的时代来看也有些要求过高了。

在这之后，宣长还追加了更加详细而冗长的说明，在其中可以看出他的观点和现代美学观点所说的"移情"是有诸多相似之处的，比如：

> 看到别人悲伤时，能感受到他人的悲伤，这是因为知道悲伤的点在哪里，这就是知事之心。而感受他人悲伤的同时，自己也会不由自主地悲伤，这就是"物哀"。明白他人悲伤之所在，自然而然地与他共情，最后自己也变得悲伤起来，这就是"人情"。

就是美学观点中所谓"本来的移情"。宣长同时也提到了"象征的移情"，比如：

> 《桐壶》中有云"虫声窸窣，令人落泪"……这些都是面对不同景物而产生的物哀，根据当时人们的心情不同，对同一景物所产生的感受也不尽相同。（《石上私淑言》第274页）

四

感情上的深刻、对哀的主观主义解释

现代的国学家也有很多人对宣长的"物哀"说做出了评论，他们的看法大概是，宣长认为"哀"的特色在于其悲哀的感情倾向，这显示出了宣长本人敏锐的洞察力，但这个特色并没有体现在"哀"的一般用法上。具体来说，就是宣长所说的"高兴的、有趣的事总不能像悲哀、忧伤、爱恋这样的事情令人感触深刻"，但有时"高兴的、有趣的事情"也会令人有深刻的触动，在这种情况下高兴的和有趣的事情便也可以称作"哀"。按照宣长这样的说法，那么"哀"的本意可能在"感触深刻"这一点上，宣长也是以此为根据和出发点来思考"哀"的价值的。（请参见《日本文艺学·"哀"的考察》冈崎义惠）

我们已经大致了解了《源氏物语玉小栉》中的观点，宣长认为"哀"中的一个重要因素就是感触深刻。但这里所说的深刻，到底是什么意思呢？根据冈崎的说法"深刻的感触，就是无论何时何地在咏叹的情态上都要带有一些哀调，感情上要带有一些反省的意味，这些在欢乐和强烈的愤怒这样的情绪下是难以看见的"，但深刻的感触到底为什么必须带有哀调呢？为什么感情上的反省就必然伴随着哀调呢？宣长关于这些问题的解释其实并不是特别清晰。

本来感情上的"深刻"就是个很模糊的概念，它具有很多重的含义，也有很多种解释。（在美学领域，关于这个概念利普斯和盖格尔都有自己的解释。）在这里，我也不说它在一般意义上的定义了，只在此对它做一些必要的整理和思考，在我看来，当我们研究宣长观点的时候，可以将这个"深刻"分成两个层面来考虑。

第一层是对于自身来说，纯粹的感情体验。这种体验令人心神摇曳，而这个"深刻"说的就是这个体验的强度。第二层则是将自我沉浸在这种感情和引起它的契机中，并逐渐浸入很深的层次中，然后安静地谛观、反省，这是一种内向的体验。前者注重的是感情本身的力度、强度还有深度，而后者注重的则是立足于心灵上的情感体验的自我结构和重铸，是高视角、全方位的思考。这种整体而全面的思考就会为"哀"这个概念带来一些知性的反省意味。当然，实际上在一些情感体验中，尤其是在像"物哀"这样的体验中，知和情这两方面往往是紧密地联系在一起的。但在理论上，还是很有必要来探讨一下这个"深刻"到底是侧重于这个问题的哪一方面。(尤其是这种区别往往要同时考虑感情过程和时间上的缓急,我们在这里就不将这个问题考虑在内了。)

《源氏物语玉小栉》中有这样的说法"感,动也,亦称心动",《石上私淑言》中也有"因事而感动,因情而触动,心中难以平静"的说法,宣长还指出"啊哇嘞"(あわれ)的词源是"啊""哇"这样的感叹词,有着感情十分强烈并深刻触动自我的意思。在这个意义上,那么"哀"中所包含的感情内容就没有过多的限制了(高兴、有趣都可以),若是这种情绪向着感动的方向发展,那么就都可以成为"哀"的一种。宣长立足于"哀"在语源学上的含义,指出这个概念的一般含义应该适用于所有的感情。但是"感情"与"激情"也是有区别的,"感动"中的"动"指的是自我的一种被动状态,而像憎恶、嫉妒和愤怒这种自发的本能的"动"就不在我们所研究的问题之内了。因此,对于宣长认为弘徽殿女御那样嫉妒心特别强烈的女人根本"不知物哀",似乎也就很容易理解了。同样,像僧侣那样远离现实生活,将宗教情感视为生命的人也属于不知物哀之人。

宣长在《源氏物语玉小栉》中的"对高兴的、有趣的事感触并不深刻,而悲伤、爱恋这类的事情却往往更容易留下深刻的感触",这句话很值得我们注意,理解了这句话就可以洞察到宣长思想的深层次内容。我认为宣长在这里所说的"深刻"和之前他提到的有些不同。宣长在这段话后接着解释到,高兴和有趣这样的感情只要达到一定的强度,也就是发展到感动的层面上,那么它也可以是"深刻"的,这种感动表现出来便是"哀"。即使是从表面意思上看,宣长对感情的深刻程度的说明是前后一致的,他直接将程度和频率的不同纳入考虑之中,也就是说快乐的感情有时候也可以达到"哀"的程度,但这是很稀少的情况,与之相反,悲伤和爱恋却"更容易留下深刻的感触"。我想宣长在写这篇文章的时候想表达的就应当是这个意思。但若是将宣长的这个说法与他在其他著作中对"哀"的详细说明比照着来看,还能看出程度的不同,但也能发现这其中还含着一些感情的"深刻"度的第二种意味,也就是我们之前区分过的，包含着知性的直观和谛观的深刻度的情感体验，接下来我也将就这一点再多做些解释。

在《源氏物语玉小栉》中，宣长先是立足于"哀"在语源学上的含义，在一般意义上说明了其中所包含的感动："在可笑、高兴的时候，也常说'哀'。"接着写道："人们在悲伤、爱恋的时候，在不顺心的时候都经常发出'哀'的感叹。"这就将问题从一般概念限定在了狭义的解释上，我觉得与其说这是关于一个概念在狭义还是广义上定义的问题，不如说这是宣长将'哀'的概念的研究从心理学领域开始转向美学领域的一个表现。若只是从语义的广义和狭义的角度上进行一些语言学上的研究，那么宣长接下来应该就会举出一些狭义的例子来。但他在后面也只举了《源氏物语》的《若菜》卷中"要在盛放期观赏梅花"这一句，指出梅花也是花，但紫式部却直接用花来指代樱花，来说明一些词语的使用问题（我在之前的引用部分中将这一部分省略了）。如此想来，这个狭义的"哀"就是《源氏物语玉小栉》中所分析的主题，也是《源氏物语》这本书的"精神"和"感情"，与此同时，这个问题就顺理成章地从语源学上的一般心理问题转到了特殊意义上的文学和美学的领域中，大概也正是这样，宣长才经常强调"哀"的狭义上的概念，这样确实在研究中会更方便一些。

接着与高兴、有趣相对立，他又举出了悲伤、思恋等情绪，这些感情在体验上已经十分复杂了，在这种情况下所说的"深刻"也不单单只是指感情本身的强度。不能得到满足的爱恋带来的苦恼，往往在强度上都能达到一种病态的"深刻"，它的情感内容是非常复杂的，和其他相对单纯的感情比起来，在对自我的震撼程度上是非常不同的。与高兴、有趣这样的积极的生活感情相比，悲伤、忧愁这些消极感情不只是在强度上更大一些，在体验、动机和根据方面，也更利于人们将自我沉浸到内心深处，有着普遍意义上的形而上之感。一言以蔽之，就是我们之前说过的第二种情况的感情体验中的"深刻"在悲伤和忧愁这样的情绪中更容易产生，这应该对所有的人都适用。至于到底具体为什么又怎样对所有人都适用，这就涉及世界观和人生观的问题，需要从哲学的层面来解释，在这里我就不展开论述了。即便是有人对这个事实的普遍性抱有怀疑态度,但最起码也会承认在佛教世界观的或直接或间接的影响下,这个事实是成立的。

以上是关于《源氏物语玉小栉》一书的分析,下面我将就《石上私淑言》再继续论证我的观点。

在《石上私淑言》中,宣长曾说人与动物相比"人之所以所思所想更加深刻,就是因为人能'知物哀'",而在"知物哀"这个感情体验过程中,知性与直观的参与是一个至关重要的条件,即"知事之心"是非常重要的。同时,就像我们之前说过的那样,宣长还指出知物哀的"深浅程度"也很重要。由此可见,深刻感动和感情的强度就是"哀"的本意,在平安时代的物语中出现的"哀"概念,这种深刻程度往往和沉潜、观照与谛观相伴,是一种扩充到全部自我的情感体验。这种体验的构造,或者说直观和感动在自我的内部互相渗透,也是一般审美意识产生的根本条件。

我曾在前文中说过,宣长在《紫文要领》中对"哀"的说明更加清晰。在《紫文要领》中,他说对于器物的制作和巧拙的鉴赏,就是"知物之心,是知物哀的一种"。可见，在艺术鉴赏的审美行为中，"知物哀"不仅仅是其中的一种表现了，而应该是核心。虽然宣长的说法还没有完全达到现在的美学观点和艺术的审美意识的要求，但他指出"看到漂亮的樱花"就沉浸在欣赏的情绪之中时，就是"知物哀"了，这其中就有一些将"知物之心"（直观）和"知物哀"（感动）相融合的纯粹的审美意识的感觉了。而这到底意味着什么呢？它意味着宣长已经意识到了绝不能只从感情本位的片面主观主义的角度来说明"哀"的概念，这至少可以说明宣长的观点有希望能够发展成为美学观点。

由此，我们也应该清楚宣长所说的知物之心、知事之心，"哀"的情感体验中的直观和静观，和日本的一些国学家所说的感情本身的凝视是两种不同的东西。因为前者是客观现象本身的内容，与感情体验的动机和契机有关，但后者是对主观感情的反省，指的是自己对自我感情的谛观。我认为宣长关于"哀"的论述，概括来讲就是综合地运用了语言学、心理学和美学等领域的研究方法来说明"哀"的概念，而他只在《紫文要领》中对"知事之心"这个客观侧面有所强调，从美学角度上看，这意味着宣长的思想虽然有了发展到更深层次的倾向，但还是到了心理美学领域中的感情移入说的范围就无法推进、停滞不前了。

而现代的日本学者，在探讨、解释、修正宣长的学说时，也大多陷入了狭窄的心理学、主观主义美学的泥沼中。

但若是按照这个思路去解释"哀"，就会遇到一个无法回避的问题，那就是该怎样说明作为审美概念的"哀"的价值意味呢？比如，在"面对对象物时产生的真实的爱情和同情的态度的严肃性"是"哀"的根本所在，和"'哀'这种心理状态只有纯良、严肃的感情中才会出现"这两种说法中，"哀"作为审美概念，它的价值根据从心理学转向了伦理学的价值方向，这是主观主义解释方法的必然归宿。若是从一般美学立场的主观主义来看，就会发现这里面有很多问题，这里用"严肃"这个概念来说明"哀"之美贴切吗？根据这个解释，即使承认"严肃性"是"哀"的心理状态的根本，但它真的能充分地说明"哀"之美的特殊性吗？我对这些都持怀疑态度。

就像辞书中解释的那样，从词汇的一般意义上来看"哀"，它既有"赏""优"这样的积极方面的意味，又有"哀""怜"这样的消极方面的意味，两者同时存在于"哀"之中。若是从心理学的角度来解释为什么这两种截然相反的感情会共存于一个词语里，就会遇到很多困难。若是只从语义方面来说的话，就像宣长解释的那样，这个词本来就是用以抒发感动的词汇，所以它包含多种感情内容，有多种感情倾向也就不难理解了。但若是将"哀"作为审美范畴中的一个概念来看的话，在分析它的审美内容的时候，其实没有必要将"了不起"的意味和狭义的"哀怜"的意味区分开；若是将"哀"当作一个审美概念来研究，那么"赏""优"等积极意味和"哀""怜"等消极意味在审美领域中是一个统一的关系。这个问题在之后我还会进行详细的讨论。总之，"哀"的语义复杂多样，也包含了截然相反的感情意味，同时有着纯粹的爱情和严肃的同情这两种倾向，那么我认为寻求其统一性也是有一定必要的。

物哀

五

"哀"从心理学向美学的展开,从一般审美意味向特殊审美意味的分化

根据上文的分析，关于"哀"的概念我们可以提出这样两个问题：一是"哀"这个概念的一般心理学意味和它的特殊美学意味之间的关系；二是"哀"这个概念广义上的感情意味和现今我们提到这个词时语感上的第一反应，即狭义的悲哀怜悯这个意味之间的关系。这两个问题在理论上未必会统一，但这个统一的倾向其实在宣长等人的学说中大约可以看出一些，而在实际中，即"哀"在古代的物语中所表现出来的审美意味中，这两个问题早就已经互相关联，并有了统一的倾向。因此，我们就将这两个问题统一起来考虑，然后再以此为基础，考察一下"哀"作为派生出来的特殊的审美范畴到底是怎样逐渐确立起来的。虽说这是关于对"哀"作为审美概念的确立过程的考察，但我们研究的重点并不在历史学或语言学中词汇的发展历史上，而是在它在美学领域的产生和确立上。也就是从"哀"的一般心理学的角度出发，考察它是怎样在理论的角度上产生了其特殊的审美意味，再将其与审美感情体验的本质联系起来，以直接的反省为基础来研究它。因此，将"哀"这个概念限定在"哀""怜"等狭义意味的范围内，其实是对比后世的用法，像这样的语言学历史，是不在我们的研究范围之内的。我们应该立足于现代用语的意味，以狭义的最直接的"哀""怜"作为基础和出发点，来探讨"哀"的特殊意味是怎样产生和发展的。

之前我曾就宣长的物哀说中"深刻的感动"这一观点阐述过自己的见解，这里的"深刻"应该有双层含义。宣长一方面立足于"哀"的语源学意味，从纯粹的感情的深刻程度方面进行了说明；另一方面还就"不如人意"的"哀"（这其实是对隐藏在物语中"哀"的审美意味的挖掘）进行了说明。用现在的话来说，这里的"深刻"包含着一丝诸如直观、谛观此种客观的知性。宣长在同时考虑这两方面的时候，就已经接近了一般意味上的审美意识即直观和感动的结合，这是一种观照态度上的感动。借用盖格尔美学中的观点（请参见盖格尔《美学享受现象学的研究》和拙作《现象学派的美学》），那么能发现弘徽殿中的女御因为自身的嫉妒心，是欠缺了"unintetessiert①"这种观照条

---

① 德语，意思是"不感兴趣的""不关心的""不表示关切的"。

件，而抛却一切俗世烦恼的僧侣身上的宗教情感则过于"intetesselos①"，是欠缺了"享受"这个观照条件。正是因为这些情感都因欠缺一些条件而无法产生"感动"，于是就无法成为"哀"。总之，宣长正确认识到了"哀"的心理学和美学本质，这体现出了他非凡的远见和洞察力，是非常值得我们佩服的。但从现代美学的立场上来看，在研究"哀"的特殊审美意味时，只停留在一般语义的考察上还是不够充分的。观照态度的感动、直观与感动的融合确实是"哀"能带有审美价值的不可或缺的必要条件，但不是充分条件，那在此之外还需要具备怎样的条件呢？

在思考这个问题之前，我们先按照从心理学到美学这个脉络来整理一下"哀"中蕴藏着的各种概念。现在我们一提到"哀"这个词，第一反应就是悲哀、伤心和怜悯这些特定的感情内容，那么我们就先将其称为"哀"的特殊心理意味。但这不过是表示某种特殊感情的名称，还不足以和美学意味扯上关系。接下来走出

---

① 德语，意思是"不感兴趣的""漠不关心的""无动于衷的"。

"哀"这个被限定了的狭义的感情内容,扩展到"感动"或者"感"本身这个层面上。到了这一步,就是宣长所说的不仅是"可悲的事情"和"忧伤的事情",还可以是"高兴的事情"和"有趣的事情"以及其他种种感情,都可以产生"哀",我就将此称为"哀"的一般心理意味。接下来再进一步,到第三个层次(实际上可能并没有这样清晰明了的三层区分),在之前"感动"的意味上,再加上"知事之心"和"知物之心",也就是加上了一些直观的意味,意识开始向静观的态度方面发展,这种才算是踏出了"哀"成为审美感情的第一步。虽然我认为实际上这和"哀"的一般心理意味相差不大,但为了区分方便,我就将此称为"哀"的一般美学意味。或者更加严谨一点,称之为一般心理——美学意味。总之,这将"哀"问题的研究引回了一般审美意识问题的领域内,但这还并不能令它足以称为美学上的特殊问题或者美学的范畴和类型问题。

那么到底怎样才能从上述的"哀"的意味的诸阶段更进一步,达到"哀"的特殊审美意味的阶段呢?

在讨论这个问题之前,为了使我们的考察具有彻底的美学意义,我想先解决一个问题,那就是宣长等人对"物哀"这个问题的把握方式,与从当今美学观点出发的把握方式有何区别?这个问题和我们之前提到过的在不同美学意味上研究"哀"的观点有所联系。换句话说,宣长研究的主要问题是"物哀"到底有什么样的含义,它到底意味着什么,在这种形式下研究的问题就是我们之前所说的"哀"的一般美学意味的观点。所谓"物哀",这里的"物"究竟是指什么?我们暂且不去深究这个问题,只谈谈在宣长的观点(前文引用过的《源氏物语玉小栉》第二卷)中所体现出来的思想,在宣长的解释中,"物"应该指的就是没有特别规定过的某种对象,在"物哀"这个问题的表现性质中,"物"并没有对"哀"的意味加以限定。"物"指的只是能够唤起物哀的事物,尽管写作"物哀",但实际上应该是"能唤起哀之物的哀"(虽然我之前也提到过,在宣长思想的另一面,也能看见一些与此不同的思考,但说到底还是局限于此,他的"哀"论还是陷入了主观主义的窠臼之中)。宣长认为"对于应该感动的事,则心生感动,这种感动即为'知物哀'",这句话就很明显地表现出了上述特征。也就是说,这里的"物"反而是被"哀"所限定的。若是换个角度,将"物"置于"哀"之前考虑,这里的"物"则是在哲学上的一般物,换句话说就是一般存在,那么"物哀"就成了被对象所限定的某种体验,这就为一种全新的领域和课题的产生留下了空间。但可惜的是,在宣长等人的研究中并没有看见这样的倾向。

因此,宣长把握问题的方法,最终还是走向了主观主义,在他对"哀"的概念的研究中,就像我们之前所说的那样,总是将心理学的见解置于美学见解之上,这就和我们在美学层面上形成的见解有了一定的差异。我们是想将"哀"作为一种特殊的美学范畴去研究,以它和一般美学范畴的不同点出发去把握这个问题,这其中的特殊性,最终还是要从对象方面也就是直观内容方面去研究。

那么"哀"是怎样经历了几个意味的阶段,最终获得了审美意味的呢?若是想理解这个发展过程,首先我们要把握一个关系。那就是,作为最初第一阶段的特殊心理意味的悲哀和伤心这样的感情倾向,飞跃到第二阶段的"一般心理学意味"乃至第三阶段的"一般美学意味"上的感动,这个过程是怎样赋予"哀"一个新的感情倾向的。详细来说,最初带有一些特殊感情内容的"哀",首先就排除或者说超越了自带的特殊心理学意味,继而到达了第二阶段的一般心理学意味(一般感动),继而到达了第三阶段,即宣长所说的一般审美感动的意味,然后更进一步也就是在一种新的形而上学(世界观的)的意味上,又转向了"哀"的特殊感情方向。就是在这个过程中,"哀"的概念产生了一种特殊的审美意味。所以,作为审美概念的"哀"的本质,其实就是一种超越了狭义的心理体验的哀感,是一种"物哀"的体验,并且这里面的审美感动和直观是渗透在一般存在之中的,它依托的是一种形而上学的根本,它本身也最终扩大为一种世界观,或者说变形成为一种"世界苦"(Weltschermz)的普遍化感情体验。

因此,我认为若是从审美体验的一般构造角度来看这种特别的哀感,"自然感的审美因素"(这个概念可能需要详细说明,但在这里我们可以简单地将其理解为"自然美")就是最主要的动因和根据。日常生活中的

"物哀"体验可以增加沉潜度,扩大谛观的范围,也就是从包罗万物的存在基础中汲取一种哀感,这和神秘主义的特殊体验有些许相似之处,都发生在人类生活活动的背后,都是通过对大自然本身的静观态度来催生的活动。这恐怕除了要考虑佛教的影响,还要考虑平安时代日本人的生活方式和时代精神,如此才能找到这种活动的依据。

上面我们只是分析了作为一种审美范畴的"哀",它所包含的特殊意味,以及其形成的基础和过程。"哀"作为一种审美体验有着很特殊的构造,实际上在王朝时代的物语文学中的"哀"体现出的根本关系,在很多时候都与其他一些关系纠缠在一起,互相融合形成了一种新的面貌。以下我会就这个问题简单地谈谈我的看法。

物哀

六

作为审美体验的"哀"的构造

如上所述,对"物哀"的直观和感动的感知,是蕴藏在类似于"世界苦"这种特殊的审美哀感之中的体验。总而言之,现世中的诸多事象在某个特定的时刻就会将我们内心的"物哀"唤起,而"物哀"就隐藏在我们幽暗的内心深处。它的具体内容可以是高兴、有趣乃至可喜可贺、优秀之事,在这种积极的生活感情中,也蕴藏着深刻的体验内容。所以作为一种背景感情,它本来的情感色调就带有一种哀感,这种哀感和浮现在表层的"高兴""有趣"等积极的情感色调相混合,产生了一种不能用概念定义的、微妙的情趣和氛围。我认为在平安时代作为一种审美感情的"哀",在贵族华丽的生活中,都可以看到这种特殊的情感构造,这一点我在下文会详细说明。

"哀"的审美意味的形成基础正如上文所述,最初具体的审美意识无论在何种情况下,都将主观方面和客观方面、艺术感的因素和自然感的因素融合在了一起。在研究"哀"作为审美范畴的成立过程时,也必须考虑其审美意识中的主观态度问题。我在前文曾指出,宣长的观点中,"物哀"的一般心理学意味是高于一般审美意味的，还梳理了其中特殊审美意味的产生过程和路径，而且还考虑到了审美意味的主观态度与这个路径互相照应、并行的关系。就像我在前文中梳理的那样，这个发展路径主要沿着客观意味的方向发展，从特殊心理学意味的"哀"发展到包含了所有感情和内容的一般心理学意味，然后进一步发展到一种"世界苦"的意味。这其中的第二阶段即一般心理学意味的"哀"，超越了"哀""伤""怜"等特殊内容，与此同时又增加了一些谛观和咏叹的因素，向着一般审美意识的方向更进一步。若是我们再次尝试完全站在主观主义的立场上，在一般审美体验的"哀"的"态度"（Einstellung）中再次唤醒"哀""伤""怜"这种特殊情感，也就是具体到特殊事象和场合中，尽管情感对象没有发生变化，但我们的情感体验也不可能会回到最初的特殊心理学意味上的"哀"上了，这一点无须赘言了。换句话说，这已经不是最初基于实践态度而产生的"哀"了，而是一种审美快感和满足，这种特殊的体验是在面对应该对其产生悲哀、同情、感伤的对象时所产生的，此时在"哀"中，这种感情是占优势的。这既是一种特殊的情感体验方法，也是一种特殊的意识活动方式。如此看来，这一点在本质上应该属于我们之前所说的第三阶段"哀"的意味范畴，但在具体表现上略有不同。就像西方美学观点认为"悲壮"和"悲怆"属于"审美异相"一样，"哀"之所以能带来一种特殊审美满足和快感，都是因为其特殊的审美对象。总而言之，以上所说的"哀"作为特殊审美范畴，其审美内涵的形成，实际上就是这种审美快感和审美满足不断丰富的过程。

只依靠这个意义上的特殊性（心理的、主观态度的特殊性），我们并不能对作为一种特殊的美学范畴的"哀"的本质有一个充分的理解。若是考察平安时代的文学作品，我们会发现，"哀"作为一种审美宾词经常出现，而且其中的很多用例都在强调主观性这个侧面。（关于具体用例，我还会在后文中加以考察，在此就先省略。关于这个问题，只是以具体用例作为研究依据是不行的，因为只依靠用例，我们还是没办法搞清楚作者到底对"哀"的审美本质是一种怎样的反省。）例如，能够激起我们同情的东西，一般都是柔弱的、纤细的，或者是能在外观上激起我们的同情。不仅如此，我们常常会认为这样的东西是一种带来特殊审美快感的审美对象，此时就可以用"哀"来形容（接近das Niedliched的情况）。这种情况下的审美对象并不仅仅局限在自然美上，也有不少是生活中的人造物。后者也更多地含有"有趣""优""艳"这样的因素。这些审美因素往往杂乱无章且很容易混杂在一起。宣长所说的"悲哀之事""忧伤之事"也适用于上述情况，若是认为宣长所说的"深刻的感动"是一种审美的满足，那么或许我们可以这样认为，宣长的"哀"论并不只是在探讨"哀"的一般美学意味，他所说的"哀"是《源氏物语》中所特有的一种审美情感。如此看来，就美学研究而言，宣长的"哀"论确实是有些不充分的。

总之，我认为审美意味的"哀"，若是想要超越其心理学意味并克服其中的感情内容的局限性，有两条路可以走。一是从根本上扩大狭义心理学意味的"哀"的动因，通过这种形而上学的扩大和深化，"物哀"中的一般感动转化为了特殊审美价值。二是在面对主观的、能够催生出狭义的哀感与怜悯的事物时，通过意识的重组和再构来超越这种消极的特殊感情，由此获得一种特别的审美满足。实际上,这两条路经常是交错重叠的,平安时代的"哀"的特殊审美体验和特殊审美构造就由此产生。但若是在理论层面进行分析,我还是认为应该前者还是最为根本的途径。因为只用满足感和快感是无法说明作为审美范畴的"哀"的终极价值依据的。因此两条路中,后者是有局限性的,若是心理学意味上的"哀"的对象和事态过多或过于强烈,那么就很容易唤醒强烈的诸如悲惨、哀痛这类的消极感情,而对于普通人来说显然在强烈的消极体验中是很难获得审美体验的。若不是站在西方近代文艺史中波德莱尔、奥斯卡·王尔德的唯美主义乃至恶魔主义这样极为特殊的立场上的话,第二条路基本上是走不通的。当然,在某种意义上,平安朝文学中的"哀"在意识深处,也就是在主要精神发展方向和世界观层面上,与西方的唯美主义是一脉相承的,我在后文中会就这一点再加以说明。

物哀

七

美与"哀"、悲哀与美
的关系

我们已经探讨了作为一种审美范畴的"哀"所包含的特殊意味，并从普通的感情心理的角度考察了"哀"这个概念的发展过程，在下文中我将为这个观点做一些补充说明。接下来我们将要考察的问题是，"哀"的特殊感情内容，也就是被限定了的特殊感情"哀""伤""怜"——我们曾将其作为出发点来考虑——和"美"的本质内容之间的深层关系。

正如前文所言，"哀"这个概念从一般意味发展到美学范畴是需要经历一个特殊的过程和路径的。像悲哀、伤心这样的特殊情感体验和"审美"本身之间，原本就有一种特殊的、亲近的关系，那又该怎样去说明这种关系呢？首先，很多浪漫主义诗人都曾在诗中讴歌过哀愁与美之间的关系。济慈有一首《忧郁颂》，就是在歌咏哀愁与美之间的深刻联系；雪莱曾在《致云雀》中写道"我们最美的音乐是最能倾诉哀思的曲调"；爱伦坡曾说"哀愁是所有诗的情调中最为正统的一个"。波德莱尔也曾说过："我发现了美的定义，美之中一定要含有一些情热和一种哀愁，还要有一种给人以想象空间的模糊性，"他还说道："我并非主张喜悦一定与美不协调，只因我不敢妄下断言。但喜悦确实只不过是美的一种最平凡的装饰物，但哀愁却是美最好的伴侣。所有形式的美中都会含有某种不幸（我的头脑中难道被安上了一面魔法之镜吗）。"然后他得出了一个结论：男性美的最完美的类型，就是弥尔顿在脑海中描绘的撒旦。

虽说这些诗人的描述在言辞上都或多或少有些夸张，并且带有一些偏见。但是不可否认的是，像悲哀这种附属于消极方面的情绪，与喜悦这种积极情绪相比，确实带有更多的审美色调，至少悲哀这样的情感本身就含有一种特殊的审美因素，这件事是为大多数人所认可的。（就像前文提到过的那样，我们将宣长的"哀"论当作主观主义的观点来看，他就用了一个模糊的"感动的深刻"的说法来描述）关于这个观点，我想我们还需要根据一些事实再做分析。

首先，从心理学的角度来看，若是悲哀含有一些审美性格，那么它就不会单纯地只是一种不快感，其中一定会含有某种意味上的快感因素。法国著名心理学家立波特在他的著作《感情的心理学》一书中，对"Plaisir de la doulenr"（快乐的痛苦）做出了解释，也论述了

"美的忧愁"这个概念,他认为悲哀包含某种快感,并称其为"Plaisir dans la douleur(Boullier)"(在痛苦中的快乐),或"luxury of pitty(Spencer)"(遗憾的快乐),又称其为"lust am eigenen Schmerz(Sydow)"(快感来自自身的痛苦)。事实上,很多人都注意到了这种特殊的现象,并意识到了它对于近代人的审美意识而言有重大意义。像"悲哀的快感"这种心理事实,实际上是"哀"从一种特殊感情进化为一种审美体验的媒介条件。另一方面,若是将这种特殊的"快感"当作"美"的发生条件的话,仅仅将这一事实指出来是不够的,我们还需要更进一步,探寻这种特殊"快感"的源头所在。

接下来我们来研究"哀"转化为审美体验的第二个条件,我认为其中的关键还是在于客观性上。可能"客观性"这个词放在此处并不是特别合适,但我想说的是,与喜悦、欢乐这样的积极体验相比,悲哀、哀愁这样的消极情感体验中的客观性的动因更能强烈、直接、切实地触及我们的意识,也更能体现根本事实。或许这和人们的人生观和世界观也有关,但若是只从纯粹的理论角度去考虑，我刚刚所说的观点是可以成立的。不论是喜悦还是悲伤（换句话说，不论是积极情绪还是消极情绪），当它们以一种氛围情趣的形态出现时，都会变得逐渐客观化和稀薄化。同时，当它们作为一种直接的、短暂的、强烈的主观感情出现时，也会逐渐客观化和稀薄化，这两种情况在这一点上是没有什么本质区别的。我们先不去考虑这种特殊情况，只考虑一般情况下的这两个方向的生活感情的本质，就会发现在我们的事实体验中，二者本身还是存在着一些差别的。在我们生命的存续和发展的过程中，很自然地就会伴有一种积极的生活感情。即使是病弱和衰老的情况也像其他的生命存续过程一样，也伴随着生命力的消长。若是以健康的状态和青壮年时代为基准，那么病弱和衰老通常被视为一种消极的倾向，常常伴随着悲哀、愁苦这样的消极情绪。但是，这里的积极和消极，从整体上看还是都具有积极的倾向的，只是在生命意识的范围内，有一个相对的区别而已。不论是老人还是病人，在生活中大多还是不会对这种相对性和自己生命中的消极现象有着强烈的意识和深刻的反省，因此生活中的感情倾向大多数都是积极的。另一方面，这种意义上的积极的、根本的生活感情，比如喜悦，只有在从死的恐惧中逃脱出来的那一瞬间，或者诸如此类的特殊场合中，才能占据主导地位，但通常我们并没有明确地意识到这一点。也就是说，喜悦潜藏在意识深处，换句话说，这种积极方向的情感本身就是生命活动中必不可少的感情，但我们对此早已习以为常，已经处于一种麻痹状态了。

这样看来，在人类生活的深处，积极的生活感情就一直以某种形式存在着。以这种根本的或者说无意识的、积极的生活感情为基准，我们在生活中去适应它、昂扬它、反驳它、毁损它，在我们日常生活中的或喜或悲的感情体验，就是在这个过程中作为一种特殊的感情而逐渐面目清晰并被我们意识到的。虽然纯粹的精神性的欢喜和忧愁是无法用单纯的Vital①关系来定义和衡量的，但在此我们就只研究人类一般感情生活中的根本关系。如此看来，像喜悦这样的积极感情，若是不带有特别强的动因就很难拥有鲜明的轮廓，也就很难被我们意

---

① 英语，意思是"充满活力的""性命攸关的"。

识、体验到。因此，我们会有这样的感觉，那就是似乎在现实世界中，这种积极感情动因的客观事态并不多见。但与此相对，像悲哀和愁苦这样的消极感情体验，却经常在现实生活中被人们敏锐地感觉到，所以我们会觉得似乎带有消极感情动因的事态充斥着世界的每一个角落。可以用一个比喻来说明，我们在乘车时，注意到的多是从反方向驶来的车，而与此相对，同方向的车若是速度没有我们自己的车速快，则很难被注意到。当然，我们也不能单凭这个道理，就为哲学上的厌世主义人生观找到依据。但若是这个理论是适用于日常生活的，那么我们可以先不去考虑人生观的问题，喜悦这样的积极感情之所以与悲哀这样的消极感情不同，就是因为积极感情的动因通常并不会从我们的主观状态中游离出去，而消极感情的动因却常常给予我们的生活以客观性的冲击。"哀"的感情的客观性，就属于我们所说的消极的情感体验的特性之一。

这种意义上的"客观性"也就是由于感情动因主体的游离性，使"哀"的体验中带有了对感情动因即"事之心""物质心"的谛观态度，并使感动和直观更容易融合，也使感情体验本身更容易客观化，并具备了富有情趣的表现形态。因此，"哀"作为一种特殊感情就更接近"审美"体验了，这是"哀"得以成为审美概念的第二个条件。

日语中经常将"哀"写作"物哀"，这个词也是宣长在研究《源氏物语》时为其定下的感情基调，也可以看作诗歌中所表达的一般感情。虽然关于"物"究竟应该怎样解释还存在争论，但现在"哀"被写作"物哀"已经是个不争的事实。除此之外，还有一些类似的词汇表述，比如"物悲"（ものかなしき）、"物忧"（ものうき）、"物寂"（ものさびしき）、"物凄"（ものすさまじき）、"物面白"（ものおもしろき）等，这里的"物"字，通常是被认为没有实际意义的。但若对这些词汇稍加研究，我们就会发现，这里的"物"又并不是毫无意义的添加词，它意味着主观的、直接的感情向外物间接地投射，即为气氛情趣赋予了客观化的特点。至少，不可否认的是因为"物"这个字的使用，使这些词都或多或少地带上了一些客观的意味。而且，我还在研究中发现，能够在前面加一个"物"字的生活感情，多是消极倾向的，日语中也并没有"物嬉"（ものうれしき）、"物楽"（ものたのしき）、"物賑"（ものにぎやか）这样的说法。能够在前面加上"物"这个前缀的词汇，除了能表达主观感情词之外，还有表现感觉性质的词。比如，"ものがたき""ものやわらか""ものしづか""ものさわがしき"等，这些词其实并不能严格地用积极还是消极这个标准来划分，因为本来"感觉"就是一种外物的属性，对这个问题我们就不详细研究了。当然，在一些积极的生活感情中，比如"高兴""快乐""有趣"，也有表示客观化的情况，但与其说是客观化，不如说是一种直接的情感表达，不过这也不在我们的研究范围之内，我们只需要明确我们所说的"物"给消极情绪所带来的客观化是两种东西就可以了。语言经常会无意识地表达出我们的体验方式和方法，在日语的这些词汇中，我们也可以看到悲哀、忧愁这样的消极感情体验中所隐含的一种根本的客观性。

"哀"中的哀感进化为美的第三个条件是普遍性。这个普遍性其实和我们之前所分析的客观性有着千丝万缕的联系，但为了叙述方便，我还是将它单引出来加以说明。上文也已说过，在我们对悲哀和忧愁的体验中，隐含着一种特殊的客观性，其实这也是我们的生命过程中宿命般的存在，它存在于生命的每一个角落。不管是否意识到这一点，在实际生活中我们会发现，对于世上所有的人来说，悲痛的体验都是非常普遍的。人生而在世，就必然会经历老、病、死这样的苦难，这是无法回避的。即使主观上并没有意识到这一点，但所有人都会经历悲哀、苦难之事，正所谓"人生不如意之事十有八九"。但在这种普遍的悲哀和愁苦之情中，还存在着一种予人慰藉的因素，缓和着其中的不快之感，那就是我们意识到了自己所感受到的悲伤是世人都要经受的，这样的达观就成了痛苦之中的慰藉，它会或多或少地减轻我们心中的痛苦，并予人以安慰。但说到底，这也是一种消极的意识，若是用它来全面地说明"Plaisir dans la douleur"，特别是以这一点去说明"审美"的快感和满足是十分欠妥的。

能令"哀"感无限趋近美的第四个条件，就是由心的"构造"而生的一种深刻性。在"哀"的体验中存在着一种客观性和普遍性的谛观态度，会引领人们更进一步挖掘到隐藏在人类生活的经验世界背后的"哀"的根本动因,最终探寻到其形而上学的根底。马克思·舍勒(Max Scheler)在解释悲剧美的"溶解"契机时提出,悲剧性的哀伤的根源就是它与这个世界之间"存在关联",而悲剧性的价值否定即"悲剧结局",已然超越了我们的个人意志,只要意识到这一点,我们的心里就会有一种安慰感和满足感产生。毫无疑问,我们的心中就存在着这样一种形而上学的倾向。若是带着这样的态度去观察世界,就会发现人生和自然归根究底都只是潜藏在一个巨大的"虚无"和一个形而上学的"深渊"之中,人世间所有的悲伤愁苦、喜悦欢乐最终也都是归于虚无罢了,就连"生命"本身也不过是漂浮其上稍纵即逝的泡沫而已。至于将人从这个思维中引领出来,为个人生活重新寻找意义,安抚人的精神,这就是宗教的任务了。

从"审美态度"出发,感受自然和人生的种种现象,并对其有着深刻的体会,如此,审美直观就会慢慢渗透到终极的"存在根据"之中。于是"哀"的体验就已经超出了心理学上的意味,悲哀愁苦不只是悲哀愁苦,而变成了一种特殊的审美概念。虽然悲哀忧愁这样的感情会给人带来一些不快感,但随着由此而生的包含着形而上学的、直观的感情体验不断深化,就会穿过哀愁,留下的是因为触及深层次的"存在"而产生的一种精神满足感和快感。这就是所谓的"悲哀的快感",是非常接近审美特征的快感,可以将其看作"深刻度"的一种变形。芜村有一首俳谐吟咏道"寂寥、愉悦,正是秋暮",这里的"寂寥"和"douleur①"虽然并不完全相同,但芜村在此所感受到的愉悦与上文所说的"深刻度"关系密切。若是没有这方面特殊的快感和满足感,但是还能产生冯西多(von Sydow)所说的"Lust am eigenen Schmerz"(快感来自自身的痛苦),那恐怕就是一种变态心理现象了。

---

① 法语,意思是"痛苦""疼痛"。

八

美的现象学性格与哀愁

以上我们对"哀"在特殊感情即悲哀忧愁这个方面的内容，是怎样逐渐接近美的概念的过程进行了分析，接下来我们换一个角度，在审美内容的本质中寻找与"哀"的感情相照应的因素。简单来说，就是考察在悲哀的感情中是否含有一些接近美的因素的东西，或者考察美之中是否本来就含有一种哀愁的元素。

既然谈到了审美本质，那么就至少要在一个基本的范畴内做研究。比如悲剧美（悲壮）作为一个特殊的审美范畴（也有观点直接将悲怆作为基本审美范畴的，在此不做赘述），它的本质之中就含有悲哀愁苦的因素。即使在一些基本范畴之内，比如崇高（壮美）和幽默，在其体验中也或多或少地含有一些哀愁或苦痛的感情因素，这种不快感与快感相互结合，最终形成了一种"混合感情"。但这仅仅是从心理学角度去考虑的，还不能说明"哀"是怎样与美的本质产生联系的。

从哲学的存在论角度来看，在基本美学范畴——"美"（da Schöne）之中，就像贝克所说的那样，它本质的存在方式与其"崩落性"和"脆弱性"有关（详见拙作《现象学派的美学》）。因此，要在"美"中寻找那些与悲哀忧愁相照应的因素，就必然要先明确其与

"美"的特征之间的关联。从这个角度来看，若是将"哀"视为一个派生的美学范畴，那么它就一定与美学基本范畴有一定的归属关系，换句话说它应该是建立在"美"这个基本范畴之上的。这是因为作为审美概念的"哀"就是从"哀愁"这样的感情转化而来的，还有一个原因，那就是"美"的"脆弱性"是"美"的本质属性，所以这种脆弱性和"哀愁"的感情，这两个审美概念之间就一定会有审美上的联系。但我们现在需要解决的问题，不仅仅是要探索作为一种审美概念的"哀"与"美"之间的内在联系，还要明确在这之前只具有普通意味的"哀"（"哀愁"）这样的感情和"美"之间的关系，因此我觉得有必要在这里说明一下，在考察的过程中千万不能将这两个问题混为一谈。

尽管"脆弱性"和"崩落性"这样的客观性质与我们精神层面的"哀"的特殊感情之间有着密切的联系，我们却不能直接将"美"的本质与普通意味上的"哀"联系起来。那是因为"脆弱性"和"崩落性"反映的是"美"的存在方式，并不是指我们通常理解的物质形态上的易崩易坏。美的"崩落性"是情感体验的过程中美的存在方式，它只是我们从现象学的角度反省的一种反映,因而反映这种"崩落性"和"脆弱性"的悲哀("哀")感情,在原本美的体验中,是无法被直接意识到的。历来直接反映"美的本质"的纯粹感情,不管在何种情况下都是一种明朗、和谐而快活的满足感,只要它没有变形成为一种特殊的"范畴",通常是无法在其中直接感受到悲哀、忧愁和苦痛这样的感情的。

因此,我们从存在论的本质角度考察"脆弱性"的时候,就不能直接地下结论,认为哀感的"哀"直接存在于审美体验的感情要素中。

尽管如此,我依然认为随着"美"的感受性的发展和审美体验过程的不断丰富,作为一种本质谛观的现象学反省会变得更加敏锐,并且会和纯粹的审美体验结合得越来越紧密。以这种自然的精神倾向为基础,一种特别的审美意识会逐渐发展并不断壮大,尽管这种审美意识可能在某些时代和不同民族的生活里体现得并不是特别明显,但这种特别的哀愁的感情经常会作为一种"美"的背景或nimbus①而被敏锐地意识到。正如前文

---

① 意思是"(圣像头上的)光轮、圣光"。

所述，尽管"哀愁"本身在理论上并不直接被包含于审美体验中，但伴随着美的存在而产生的，刹那间的存在和随之而来的灭亡是必然会作为一种特殊的氛围被感知到的。如此想来，在人们的精神中，必然存在一种对这种美的崩落的极度的敏感。这种敏感令人们故意地在自己的感情上采取一种超越的反讽式的态度，这也就是所谓的"浪漫的反讽"产生的根源。对美有着特别的喜爱、执着和敏感的浪漫主义者和唯美主义者，一定可以真切地体会到这种哀愁。

我认为上文所言的这种哀愁，相比于艺术美，更像是对自然美的体验所产生的一种反省的倾向。严格的现象学存在论意味上的崩落性和脆弱性，就其在审美对象上的表现形式而言，不论是在艺术美还是在自然美，理论上它都表现为"美"的体验和"美"的本质。然而实际上，在我们的日常意识中，是没法严格将美的体验对象和美的体验区分开来的。就像我们平时经常说的"艺术美"和"自然美"，在通常的审美意识中，这既是对审美对象物性质的区分，同时也限定了对象物的审美条件即自然物和艺术品的审美特性。从这个角度来看，自然物的美，从性质上而言，大多是不安定的、流动的、易变的、易逝的。这是因为自然物作为审美对象，与能够将瞬间印象固定下来的、轮廓与界限都十分分明的艺术品不同，它经常扰乱审美态度，让我们的审美态度受到那些进入我们意识世界的非审美要素的干扰。从这个意义上来说，如同古典主义的美学家所反复强调的那样，艺术美就是将自然物之中的美抽取后提纯，并使其得以永恒存在。

因此，对于能深刻感受自然美的日本国民而言，尤其是在审美意识高度发展的平安时代，一定会有很多人都感受到上文所说的伴随着"美"而存在的那种阴翳的哀愁氛围。在那个时代，几乎所有的日本人都能敏锐地感受到自然现象中的美，正如"飞花落叶"，这种自然风物大多都是具有显著的变化性和流动性的。对自然美的感受性越敏锐越发达，就会更容易从一些自然的微妙变化中感受到美。

总之，伴随着"美"而产生的哀愁，或者说"哀"的特殊感情，和我们之前分析过的诸多因素相互交流、相互融合，共同构成了平安时代独特的审美范畴"哀"的内涵。

物哀

九

平安朝时代的生活氛围和"哀"的审美文化发展

这一节我们要讨论的问题是,"哀"这个概念是在怎样的历史条件下演变为一个审美范畴的。当然,"哀"作为一个审美范畴,在艺术史上也是一个特殊的样式概念,这并不只是某个国家或某个时代的历史性产物,它带有的一些美的本质的色彩,从理论上看也具有一种特殊性,这是一种超时间和空间的性质。另外,因为"哀"本身也产生于人类的审美意识和艺术现象中,尤其是在发展的过程中"哀"有时还会以一种具体的鲜明的形态表现出来,所以实际上"哀"的产生和发展有其独特的历史土壤,当然这和前文所述的也并不矛盾。在这个意义上,我们无法否认的是,"哀"作为一个特殊的、派生的审美范畴,本身和日本人固有的审美意识、平安朝时代的精神风貌有着密切的联系。但我们的目的并不是要将"哀"发展成为一种审美范畴的过程与具体的历史事件联系起来,做一些历史学上的考察。我们研究"哀"与当时特定历史环境的联系只是为了更好地理解其内涵,因此也没有必要对平安朝的时代特征、文化样式乃至精神风貌的事实做一些精细的观察和记述。我们只需要从当时的物语文学作品中取材,然后再对当时的社会生活氛围和自然感情的特性加以把握，再将其与"哀"结合起来考察就足够了。

首先，我们若先回顾一下那个时期的历史，就会发现，与中世武家勃兴的时代相比，平安时代并没有发生什么大事件和大战乱，而且当时的各种制度也日趋完备，当时的国家被以藤原氏为中心的只享受不劳动的脱产贵族阶级所把持，那是一个贵族文化烂熟的时代。虽然平安朝也确实会间或出现几起反叛事件，但那也只是发生在宫廷内部的小范围的阴谋事件，从整体来看，整个平安朝还是太平的年代，也就是大宫人整日赏樱游春，颇为闲情逸致的时代。但需要注意的是，当时这种生活富裕、文化发展的景象，实际上只在一小部分的特权阶级身上发生，这也是社会发展的一种畸形现象，即使是从人们的内在生活来看，这也是畸形的。于是当时，文化也向着生活的形式化，即无处不在的礼仪和感觉上的情绪化不断发展，其中又受到了一些佛教思想的影响，这就是当时的文化总基调，带有一些女性化和老年化的特征。翻看记录当时生活的物语文学和历史文学，我们会发现大多是关于一些冠、婚、丧、祭的生活日常，游戏、恋爱和游览自然的记录，不得不说内容还是略显单调的。

可能因为这些物语文学的作者大多数是女性，所以这类作品中所描述的世界才会如此。但当时公私生活的主要内容恐怕就是这样的单一。神事和佛事本来是宗教礼仪，但在当时这与人们的冠、婚、丧、祭密切相关，而且从内部来看，这是需要极其严肃而认真地去对待的。在阅读物语文学作品的过程中，我们也会发现出家遁世这种行为不过是当时的贵族为了填补空虚、单调的现实生活的一种手段而已。即使这种行为披着"厌离秽土、欣求净土"的外衣，实际上却还是贵族骄奢生活的一种延续。在这种情况下，宗教的想象力往往与审美的想象力相结合，成为在现实世界中创造出一个超现实的理想世界（极乐净土）的手段。所以，对他们而言，现实世界并非秽土，他们所寻求的理想世界，实际上就是遍尝现世的欢乐之后再对现实世界的延长和补足。相反，在现实生活中感受不到欢乐与幸福的人，就将悲观的心情投射到了彼岸世界。"人如此，事事都不如意，却只能哀叹彷徨。注定此生不幸，一时却难即死，来世

恐怕还会如此，真是想来便教人寝食难安。"（《更科日记》）

诸如此类生活和宗教的融合，一方面，为深刻严肃的宗教心带来了几分浮华和浅薄，同时也增添了几分宗教氛围所不具备的明朗性；另一方面，这种融合也让满足于现世欢乐的心有了一些分裂的倾向，逐渐失去了一些质朴性，成为忧郁的无常观心情出现的动因。紫式部也在她的日记里敏锐地反省了自己的生活：

> 看到可喜的、有趣的事情，就总是会被触动，还会情不自禁地升起一种忧郁之感，我经常为此而感到苦恼。如何超然物外、抛却牵挂、反省罪过？那只能咏歌，看到水鸟在水中自由自在地游来游去：

> 看到水鸟
>
> 在水上游荡
>
> 想起自己在世间迷茫
>
> 水鸟那用心漂游的模样

不禁令我以身自比

徒生苦恼

若是对当时生活的氛围做一下概括,总结其本质的特征,那就是表面的浮华、悠闲和明朗之下有一股暗涌的哀愁。佛教的无常观和厌世观对它的影响只存在于表面,无常观和厌世观本身并没有得到充分的理解。我觉得很有必要从当时人们的生活情感的深处,探寻佛教思想到底是如何影响和渗透的。

我认为,存在于当时的生活氛围的最深处的哀愁忧郁的根本动因可以用一句话来概括,那就是异常发达的审美文化和极度幼稚的知性文化之间的极端的不平衡。这两者存在于同一个时代,并共存于同一个社会的文化生活之中,所以这种极端的跛脚现象在当时的物语文学和日记文学中也有明显的体现。对此我将在下文中进一步讨论,但在此之前,我觉得有必要先考察一下当时的审美文化本身的特性。

我所说的当时的审美文化异常的发达,是一种有局限性的发达,并不是全面的、本质上的发达。这种发达与古希腊时那种审美文化的发达不同。平安时代的审美文化特性，是一个很庞杂且有趣的课题，在这里我就不详细展开了，只做一个大体上的论述。在我看来，平安朝的审美文化，与其说是"艺术生活"的发展，不如说是生活的艺术化或者生活的美化倾向，即某种意义上的审美生活本身的发达。在平安时代，诸如文学、音乐、舞蹈、绘画和雕刻等艺术形式，它们的发展靠的不是某些杰出的艺术家做出的贡献（当然，不排除个别领域确实是这样），而是靠融入当时贵族的日常生活中，通过美化生活这个手段，又经由一些非专业艺术家之手，发展到了很高的水平。而且当时的审美文化也并不仅仅局限于固有的艺术形式，还体现在艺术品之外的世界即自然现象和人类的生活状态之上，换句话说，这是在寻求艺术之前的艺术，在创造艺术之前的艺术。当时的人们在严格意义上的艺术范畴之外，如工艺美术、园林艺术和服装的色彩花纹这些方面追求观感上的满足，甚至还追求较为低层次的嗅觉方面的满足，并取得了令人惊异的成就。此外，当时的贵族还用这种游戏来排遣生活中的无聊和空虚，这些游戏不论是男性特质的动还是女性特质的静，都在材料、形式、方法等方面反映了当时优美高雅的审美情趣。

不论是《源氏物语》里对情绪生活的审美理想化，还是《枕草子》里审美直观的尖锐化，都是当时审美文化的产物，而且在整个日本的文化史上都熠熠生光，是里程碑式的作品，在审美领域取得了令人惊叹的成就。

但从另一个方面来看，在这种审美文化里，我们很难找到豪气干云的精神、博大的睿智和深刻的感情，即使是在那些公认的伟大艺术作品中，这种博大宽广的精神也非常少见。比如，《源氏物语》在大格局这一点上就很难说非常的出类拔萃，《源氏物语》中有很多挖掘得并不十分深刻的地方。比如源氏和藤壶之间的关系，实际上其本身就伴随着一些有罪意识和深刻的内心烦闷，但紫式部对源氏生活的描写并没有朝着这个深刻的方面去发展。可以说以"物哀"为宗旨的文学，本质上就不会包含这些较为深刻的点。

总而言之，当时的审美文化，或者说审美方向，在当时极度发达的时代精神生活中，大体上是带有一种唯美主义倾向的。但需要注意的是，在物语文学出现的那个时代，并没有因袭严酷的道德束缚和基于此而产生的社会惩罚，所以在这种唯美主义倾向中并没有对这些道德束缚的矛盾和苦恼。宣长曾说，不应该对源氏和藤壶这两个角色进行道德上的批判和责难，也并不应该用"好人""坏人"这样简单的标签去定义他们，紫式部是怀着满腔的同情去创作这两个人物的。众所周知，宣长反对从劝善惩恶的角度去解读《源氏物语》的做法，不得不说这体现出了宣长卓越的见识。但若是从艺术的自律性角度来看，即使紫式部是用超前的意识和觉悟来创造《源氏物语》，但当时的社会环境若是保守道德的道学思想占主流的话，根据艺术固有的自律性，《源氏物语》也会受到来自社会上的强烈的批判，甚至会影响到其出版和普及，但这种情况在当时并没有发生。因此，我们也可以推断，那个时代对道德的要求是十分宽容而缓和的，那么审美文化在这种情况下得到了高度的发展也就不难理解了。

因此，我们可以这样认为，当时的唯美主义倾向，其中的悲痛和忧愁的感情，并不是对社会习惯和道德观念的反抗精神而产生的。为什么我要特别强调这一点呢，那是因为在西方近代的浪漫主义和唯美主义中，这种因被束缚和压制而产生的苦恼与忧愁是较为常见的。但平安时代，在生活之下暗涌的哀愁与忧郁没有这样的倾向。

物哀

十

知性文化的缺陷,唯美主义倾向,"忧郁"的概念和当时高度发达的审美文化相比,我们可以看到知性文化的发展非常有限,这二者之间是一种极端的不和谐状态。在《源氏物语》中我们可以看到,当时的贵族子弟,为了立世和侍奉宫廷,需要学习一些必要的知识,无论是源氏还是夕雾,都被塑造成非常有才华的人物。但这种意义上的知识和教养,重点还是落在了汉文学、历史、修身、道德等方面。即使当时的佛教研究非常兴盛,而且从中国求学归来的学僧带回了很多深远的学问,但这种研究也只是在有限的小圈子里流行,而且相关的学者多半还是以僧侣为主,在现实生活中基本上看不到佛教研究的影子。虽然当时佛教从宗教礼仪和修法等侧面对人们的现实生活产生了很大的影响,但那种学术的思考方式并没有影响到普通人。即使是当时学识最丰富的贵族阶层,在对世界和人生的根本问题的思考方面也接近于空白。他们所说的出家遁世,也只不过是过着吃斋念佛的生活,但挂念的还是眼前的世俗问题。不仅如此,即使是在可以勉强成为知性文化的哲学思想中,也欠缺对世界和人生的本质问题的思考。

至于自然科学文化方面的欠缺,这似乎是东方文化的普遍特性，在分析这个时代的文化特点时，好像没有必要单提出来这一点。但若是与平安时代审美文化的发展程度比照来看，于自然科学文化方面的欠缺就更加明显了，可以说当时的科学发展程度堪称幼稚，作为人类精神生活的内在发展方式，这一点其实是有必要引起我们的注意的。当然，如果去苛求平安时代要产生古希腊那种程度的数学和物理学以及其他科学方面的纯理学术研究，那也是不现实的。但在对抗威胁人类幸福的疾病和灾难等方面的科学研究或者行之有效的对策，也是少之又少，与那个时代的文学繁荣相比，这种科学方面的无力和贫乏是非常明显的。

若是阅读《荣华物语》，我们会发现那是以藤原道长为主角的，详细记述藤原一族的荣华风光的作品。若是文如其名，这应该是一部华贵的、明朗的物语文学作品。但里面所记述的宫廷生活，正如我上文所说，大多都是千篇一律的冠、婚、葬、祭的礼仪，还有人们对这些事件的情绪反应。抛开内容的单调不谈，在阅读的过程中，我们很容易感受到隐藏在绚烂的荣华背后的一种难以名状的阴翳、沉闷和忧愁的情绪。那么这种情绪到底从何而来？那是因为这本书在记述的过程中使用了蒙太奇的手法，在记述当时贵族华贵的日常生活的同时，还描写了疫病的流行、地震、火灾这样的天灾人祸。除此之外，在道长所代表的藤原家荣华生活的背后，是一代代的掌权者奋力将女儿培养成皇后，然后依赖皇后所生的子女通过外戚身份来把持大权这个真相（这不仅限于藤原家，其他的贵族也基本上会用这个手段掌权）。但由于疾病，这些子女往往不能善终，幼龄夭折是他们普遍的命运。还有就是生产本来是个值得庆贺的事情，但因为当时的医学极度的落后，所以生产这件事本身就凶多吉少。而对于一般的疾病，人们常用的对策是加持祈祷，根本没有想到用合理的方法来加以治疗，所以因病去世的人数不胜数，于是伴随疾病而来的往往就是死亡的恐怖。

关于上文所言，宣长在《源氏物语玉小栉》中也有相关的描述：

> 问：在《源氏物语》中，一旦有人患病，就认为是妖气和魂灵作祟，马上开展加持祈祷

的活动，就连身后事也会交给和尚处理，但他们却从来不想着用药来治病，这不是很愚蠢吗？

答：这是当时社会的常态，但若是因为《源氏物语》中几乎没有对医药的描述，就认为当时没有医药，这是古代知识的匮乏。我国医药的使用在古籍中有记载，比如《若菜》卷中有"医师的样子"这种说法，《宿木》卷中也有"愧为医师"的说法。由此可见，当时就已经有医师这个行业的存在了。那么为什么《源氏物语》中不写医师治病，只突出加持祈祷呢？那是因为写人物只相信神佛显灵，对文学创作来说会更容易刻画情节，听起来也有美感。而依赖医生和药物，则显得有些过于理性而不够优雅。东三条天皇身体抱恙时，也没有请医师来治疗。这一点可参照《荣华物语》。……紫式部在这方面也花了心思，她写"药"时却不直接用"药"这个词，而是代之以"御汤"。《源氏物语》中出现的"御汤"实

际上就是"药"……(《源氏物语玉小栉》二)

从宣长的这篇文章中,我们可以看出,不仅是当时的医术非常落后,而且当时的人们也非常欠缺依赖合理的医学疗法的科学意识。这并不仅仅是发生在个人身上的小事,即使是面对天灾人祸这样的大事,以及在对于火灾和流行病的预防上,人们也是没有掌握相关的科学知识甚至都不愿意用相对科学有效的方式去思考怎么解决问题。正如宣长所言,"依赖医师和药物"是没有美感的,这个想法恐怕在当时的贵族阶层中是十分平常的。这种类似于唯美主义的生活态度,恐怕是当时的贵族们尤其是贵族女性用牺牲自身健康为条件换来的。

当然,以上所言皆是一些侧面表现,最本质的一点还是当时的审美文化和知性文化之间极端的不平衡现象。因此,我觉得当时的人们虽然满足了自己的审美需求,但在那绚烂细致的文化和华丽优美的生活背后,是一桩桩、一件件蕴含着血泪的悲惨之事,在那表面上看起来华丽辉煌的生活之下总是笼罩着一层阴翳、暗淡的哀愁之雾。这样的例子无须多举,我们只看《荣华物语》里的《玉饰》里道长女儿妍子的送葬仪式的描写就可以了：

> 刚登上御车，就听见一阵骚乱的哭声。一品东宫的回廊隔板已经撤下，若是想要从中走过已经没有任何阻碍了。乳母们没有来，但单是从宫中传出的难忍哭声，就令人伤心欲绝。女房们菊花和红叶的内衣之上套上了一层藤衣，尤显悲哀之情更重。因为和平日的行程不同，这次出门不需要随即返回。秋季的天空没有遮日的云彩。
>
> 当天晚上月光明亮，就连人们脸上的神色、女房们衣裳上的花纹都能看清。这样的时候，凡是知物哀之人，都难免悲伤。而女房们的车队更令人觉得世事无常，于是咏歌一首：
>
> 身上着藤衣
>
> 悲从心中起
>
> 含泪送别离

花落叶凋零

抬袖欲拭泪

又见身上藤衣

谁人知

我心尤悲戚

从中我们也可以看到，诉说人生无常、厌离现实的佛教思想很容易就影响到了当时人们的思想。

平安朝文学中所描述的贵族生活的深处，隐藏着一种类似于"世界苦"（Weltschmerz）的"忧郁"（Ennui）的情绪。对于"忧郁"这个概念，不同的人有不同的解释，法国心理学家塔尔迪厄在其著作《忧郁》中，对这种心理状态展开了详细的研究。他认为人会对无意识的、不开心的情绪进行反省，这种反省最终会发展成一种悲观，而"忧郁"就是由这种悲观发展而来的一种苦恼。它有种种成因，主要还是来源于生活中显著的缓慢性。这是一种非常主观的东西，可以通过无聊、倦怠、有气无力、焦躁和逆反等情绪表现出来。对这个词的根本含义，法兰西学院的辞书中也有解释（我想上文所引《紫式部日记》中的一段就是对这种情绪最好的诠释）。

在西方，这种一般概念的"忧郁"又进一步发展成了一种特殊的时代精神，即所谓的"近代的忧郁"（Der moderne Ennui），它还和近代文艺思潮中的"颓废派"思想有着密切的联系。日本学界对这个意义上的"颓废派"即唯美主义和恶魔主义的文艺思潮也有不少的研究成果。从更宽广的视角来看，这种"颓废"其实是一种精神史、文化史的现象，当然也有一些艺术家从哲学的角度去研究这个概念，比如冯·西多，他著有《颓废的文化》一书，这本书也是从哲学观点研究"颓废"的比较有名的著作。他在该书开篇就先区分了两个概念，即"颓废的文化"和"文化的颓废"之间的异同，冯·西多认为颓废自有其独特的精神形态和文化特殊性，颓废在人类文化发展史上也具有积极意义。由此，我们也可以看出这本书的主题并不仅仅是颓废文化或文化上的颓废现象本身。

接着，冯·西多先是了解了列奥巴尔迪和塞南古等

物哀

人对"忧郁"的解释,并试图从中找到近代"忧郁"概念的本质,他最后得出的结论是:忧郁是"充满在生的痛苦之中的反抗意识",这也是最德语化的对"忧郁"概念的解释方式。还可以将"忧郁"与一些普通概念放在一起考虑,如"虚弱""厌烦"等,都是忧郁概念的二次发展形态。那么"忧郁"的这种反抗和逆反到底从何而来呢?这是因为人们不知道用什么方式才能改善现实,即使向着一个远大的目标努力,这种努力到最后也可能会变成徒劳。人们经常会被这样的一种兴奋感所支配,于是便存在本身产生了一种逆反心理,同时产生的还有对生命的反感和对自身的反抗。这种苦恼经过日积月累能量巨大,人不仅是沉浸于悲痛的情绪中,甚至想要对自己的人生复仇。这就是冯·西多对忧郁的解释。

相比于被动的情感状态,冯·西多认为更应该强调这种"忧郁"概念中的主动的、反抗的意识因素。他应该是在了解了以波德莱尔为中心的"近代忧郁"概念之后,才特别强调了这一点的。(在波德莱尔的观点中,还有一个词"spleen"也相当于"忧郁"。)

上文中我曾说过,在平安时代的精神文化中蕴含着一种唯美主义倾向，在生活氛围和对世界的感情中，也蕴含着一种"忧郁"。但这个时代的精神倾向并不能跟西方近代的唯美主义及颓废思潮画等号。从上述对"忧郁"概念的讨论来看，平安时代的生活感情强调的是一种被动的状态，这被冯·西多看成一种次要的因素，这种被动的状态是以无力感和倦怠感为中心的，这个含义反而更接近法语中"忧郁"的本义。《源氏物语》的《夕雾》卷中说"近乎物哀程度的无聊"，本居宣长在《紫文要领》的上卷中说："这描述的是一个年轻女子在无依无靠的寂寞中逐渐脆弱的内心，对于知物哀的人来说，他所能接触到的一切事物，不论是草木还是花鸟，都能让他心有所动。这种心情就应该被直接表达出来，如果对其加以压制，那么它就会变得越来越难以纾解，会逐渐超过心理的承受能力。"宣长所说的这种心理状态就是"忧郁"。

正如上文所说，一方面，当时的贵族男女的生活，大体上是单调、乏味而毫无生气的，从这一点上来看，确实符合"忧郁"的定义；但另一方面，在当时的上流社会中的恋爱关系，是非常自由而不检点的。宣长也曾试图对此进行了一定的辩护。但即便那只是一种形式主义的习惯，事实上并非毫无约束，从道德的角度而言，那些有教养、有地位的人确实过着十分放纵的恋爱生活。和泉式部①的行为在当时就已经引起了争论，而《蜻蛉日记》②的作者则因为身份高贵的丈夫的行为感到无限烦恼。因为当时的人们欠缺哲学上的知性思考，所以这种自由和放纵并没有给他们带来内心的烦闷和道德上的怀疑与苦恼，而且当时的社会环境对此也是十分宽容的。所以，平安时代的"忧郁"，并非产生于唯美主义倾向与社会道德规范之间的冲突，也并非由深刻的苦恼而产生的反动抗争意识还有逆反心理，即"Spleen"。从这个方面来看，当时的生活感情大体上还是比较悠闲、自得且安逸的。

因此，平安时代的"忧郁"，若是含有一种模糊而深切的哀愁、烦闷因素的话，那也并非产生于唯美主义与道德规范之间的矛盾，而是产生于我们之前所说的高度发达的审美文化和极度无力的知性文化之间极度的

---

① 平安时代宫廷贵族女性、女诗人，著有《和泉式部日记》。
② 平安时代日记作品，作者为藤原道纲之母。

不平衡。这其中需要我们注意的特性是，平安时代的"忧郁"是一种被现世的、感性的、被动的、静观的，或者说是游戏的、享乐的生活态度——即广义的审美满足感——所包含的本源的宿命感与深切的哀愁。换句话说，就是一种隐藏于所有人间存在的、不存在的事物之中的，能够触及虚无的深渊的、深切的哀感。《大和物语》①中有这样的记载：

> 在无聊的日子里，这位大臣身边有一个叫俊子的人，这是一位相当于姐姐的年轻女子。她长得像母亲并且很有情趣。有一位叫呼子的人也是知物哀、心性优雅的人。四人在一起畅所欲言，谈人世的短暂，谈世间的哀愁。大臣曾咏歌一首：
>
> 世事本无常，
> 哀愁常相伴，

---

① 一部和歌物语，约成书于九百五十年左右的平安时代前期。作者未详。

日后可还能见君?

听的人全都悲伤地哭起来。

了解这样的时代生活氛围有助于我们理解"哀"作为一种审美范畴的本质,而且在这样的时代氛围中,也就不难理解"哀"是如何以文学和艺术为摇篮逐渐成长起来的了。

十一

平安时代的自然感情与"哀"

上文我们探讨了平安朝时期人们的生活氛围和"哀"之间的关系,而这种生活氛围也会自然而然地影响到那个时代的人对自然的感受和态度,甚至会将人们对自然的感情引到一个特殊的方向,或者说为自然感情增添一些特殊的色调。宣长在《源氏物语玉小栉》和《紫文要领》中也曾提到"物哀"和自然感情之间的关系,他认为这是一种象征性的移情。此外宣长还说"对于知物哀之人来说,所见所闻,不论是草木还是花鸟,都可触动心弦",并引用了《源氏物语》的《松风》卷中的一句话"秋日来临,人也更知物哀",指出这是对季节的一种感受。我国国民自然感情的特异性,自古以来就极为发达,这是一个非常有趣且宏大的研究课题,在此就不详细展开了,只对平安朝这个特殊的时代进行一些简要的说明。

在平安朝的贵族之间培养起来的自然感情,会受到过去种种文化传统的影响(和歌、汉诗之类的文学),还会受到一些思想的影响(尤其是佛教思想),并且在这二者的影响下已经大致定型,这是毋庸置疑的。与此同时,它也会受到平安朝的人们特殊的生活内容的影响,因此而定型的部分也不少。首先从外部的形式上来看,当时的贵族生活,除了一些例外,大多都是静谧的、安定的,而且就生活范围而言多集中在京都附近,范围较为狭窄。当然,也有像《土佐日记》[1]和《伊势物语》[2]的作者一样远行的情况,后期也出现了很多类似的纪行文学,这种文学会与更广更远的自然交互影响,产生更加多样的自然感情,而且在平安朝的和歌中也专门有"羁旅歌"这一种类。但对于当时大多数的贵族来说,令自然感情得以发展的风光,大多还是京都附近的景色,或者是他们的起居之处——宫廷、私人宅邸和别墅的后院。

此外,若是从生活内容方面来看,正如上文所说,频繁的冠、婚、葬、祭,或者说神祇、佛教、思恋、无常这样的观念很自然地就会对他们的自然感情产生影响。比如,京都附近的寺庙和神社的参拜、四季的节日仪式以及去鸟边山的踏青旅游,还有《源氏物语》中常常描写的男女之间的恋爱生活,都和自然美联系紧密。

---

[1] 平安时代日记文学,作者纪贯之,于承平五年(公元935年)成书。
[2] 日本最早的"歌物语",作者不详。

但我认为,平安朝人们的生活内容正是由自然感情决定的,是自然感情发展的必然结果,换句话说就是没有这样的特殊条件,因为我国特殊的风土人情,这种自然感情也会自然而然地发展起来。人们对自然美的感受,并不仅仅限于花鸟的色彩和山水的形态这样表层的、感性的、静的方面,还有随着时间的变化,自然所产生的那种微妙的变化,换句话说就是对自然的"时间"感觉比较敏锐,这本身就有一种深层化和精神化的倾向。虽然还没有达到后世的《徒然草》中,嘲笑人们只知道欣赏盛开的鲜花、皎洁的满月,而不知欣赏残花缺月之美,这样带有佛教意味的自然美的讨论是较晚的事情了,但在《源氏物语》中的自然感情就已经显示出了对微妙的季节感的敏锐感触。

这种对自然的特别发达的感受性,必然会伴随着一种深刻的对自然的静观态度,也就是说平安朝的自然感情已经从单纯的自然享受、自然赏玩的领域中超脱出来,进入了一种形而上的神秘主义的静观层面。换句话说,我认为在平安朝的人们那里,知性文化是远落后于审美文化的,尤其是在哲学思考这方面,从普通妇女在这方面都具有的弱点就可以看出，与其说她们是对生活中的种种事情有了深层的反省，即对人生和世界深处的反省，由此而产生怀疑，意识到了"存在"的虚无性，不如说她们是将在生活深处所感受到的模糊的哀愁直接投射到了自然现象上，尤其是大自然不断的流转变化，更令人看到了人生的无常。换言之，她们并不是通过哲学上的考察和冥想，而是通过对自然这种外界的审美直观方面的感受，感悟到了一种悲观主义的态度。接下来我会对这一点再进行一些更为细致的考察。

在他们周围的自然景物，无论是春花还是秋月都具有无限的美。但这种美并不是压倒性的、雄伟崇高的、能展示自然无限威力的美，而是以安稳、宁静、圆满为基调的和谐的美，这也是大和绘的基本审美基调。换言之，这不是近代的风景美，而是完全的古典的自然美。这是一种比较朴素的、纯粹的美的状态。正如我们上文所言，这种美的体验虽然没有明确地对于作为现象学本质的"虚无（果敢）"和"脆弱"进行理论上的反省，但只要他们与这种美朝夕相对，流转的自然就会展现给他们时间的推移和事物的流动性。于是，在他们的意识中，这种体验上的虚无便与作为审美对象的自然本身的虚无融为一体。与此同时，自然的流动性也会投射在他们的生活氛围上，并移情于其中，最终会令他们意识到人类固有的虚无和脆弱。从这个意义上来说，他们对自然美的体验确实是将他们的审美直观和基于世界观的心态相结合的一个纽带。在《源氏物语》中，这种体验被巧妙地表现出来。我们就以《法事》卷中紫上之死为例，紫上的死不仅对于源氏来说是个悲伤的体验，对于读者来说也同样是一种美的脆弱性的象征：

> 紫上已经非常瘦弱了，但这份羸弱增添了几分高尚优雅之貌，容姿也显得更为可爱。以前年幼，过分娇艳，似春花般浓香四溢，反而落于庸俗。如今却有无限清冷之相，十分优艳动人。但似此种美终究不能长存，思之便令人心碎。傍晚，紫上起身想看看庭前的花木，便靠在矮几上。此时源氏正好进屋，便说道："今天你坐起来了，太难得了。"……此时紫上咏歌一首：

秋风吹过

荻叶之上的露水啊

眼看着就要消散

源氏听罢,一边哭泣一边和道:

这世上的露水啊

终归会消散

不过是早晚之分罢了

接着,明石皇后也咏道:

秋风吹散霜露

易逝之物又何止叶上之水

这一夜,紫上去世了。

之前我曾说平安朝的自然感情就是对自然的时间感的敏锐感触。但若是仅仅聚焦于自然现象的时间变化中的那些纯粹的无秩序、不合理的方面,尽管或许可以将其作为一种审美感性的辅助手段，但这和我们的主题"哀"的审美感情却无甚关系。西方有"memento mori"（死亡的警告）的说法，例如在古典绘画中，青春的年轻人背后永远会有一个若隐若现的死神存在，或者是为了暗示人生无常，而画上一个沙漏或时钟，这就是宗教方面的"memento mori"手段。对于平安朝贵族的生活而言，自然的复杂变化，即飞花落叶的无常，通常都包含着一种"memento mori"的意味。但在这些复杂多样的变化之中，还是存在着一种秩序和法则，当我们能在心里感受到隐藏在无常变化后的秩序和法则的恒常性的时候，换言之，就是我们在感受到审美体验的同时也能感受到自然律动性的、周期性的推移和变化的时候，也就是象征着自然本身的"memento mori"机能在我们心里发挥作用的时候。

但若是在观赏自然的时候，总是从恒常不变这个角度来切入的话，那就很难产生人生的无常感这种直接体验了。当然，若是用一种冥想的、理智的思考方式去考虑，那么自然的恒久性和人间的无常性就通常会聚在一起，形成一种鲜明的对照，最终也会产生一种无限的哀愁之感，比如"年年月月花相似，岁岁年年人不同""国破山河在"等。但概言之，这都是先从思维上意识到人生的无常，而后产生哀感的情况，与我们所说的直接的、无常的体验感并不可同日而语。

"Memento mori"最直接的效果，就是用律动的、周期性的自然变化在骄傲的人类面前，仿若神之手一般放置了一个巨大的沙漏，让人们能痛切地感受到时光的流逝，并对此进行一定的反省。

另一方面，我们也不能忽略这种感情效果是依赖于我们对时间流逝速度和周期长短的心理感知能力的。比如我们日常生活中的活动，多是以日出日落为一个周期的，但因为这个周期太短、太急，所以很难唤起在感情上的效果。虽然我们在精神上经常说人生苦短，如蜉蝣在世旦夕之间而已，又说人生如朝露，但其实能切实地感受到这一点的也只不过是濒死的病人而已，虽然我们的生命是过一日则少一日，却很少有人能感受到这一点。与此相反，若是我们将周期拉长到十年甚至二十年的程度，我们就会切实地意识到个人人生的转变，还会感受到整个世界的沧桑巨变。在这样的尺度下，我们主观意识上的无常感,也就不会再那么缓慢而迟钝了。

自然风物的变化会令我们在心理上产生"memento mori"这种感情效果,而这种变化的最佳体现,就是四季的推移循环。我们能感受到的最明显的时间变化,就是以一年为周期不断循环的四季,而且人们计算年龄也是以年为标准的,这是最能给予我们切实感的,最能反映人类生老病死现象的一个周期。在《大和物语》中有这样一段话:

> 大人魂归西天,不知不觉已经一周年[①],时间过得真快,又看见了月升,令人顿觉物哀,于是咏歌一首:
>
> 明月隐去尚可见
> 故人容音再难寻

《源氏物语》的《薄云》卷中曾有关于藤壶去世时

---

① 这里的一周年指的是死者的周年忌日。

源氏悲伤流泪的描写:

> 小大殿上的所有官员,一律身着黑色丧服,令本该阳光明媚的三月也黯淡起来。源氏看着满园的樱花,想起了当年举行花宴时的情景,不由得感叹道:"今年的花也开了啊!"

这样的例子还有很多,至于对未来时间流动性的感触,那就要等到稍晚一些的作品中才能看得见了。比如《东关纪行》中有这样一段:

> ……出了客栈,朝着笠原的原野走去,便见一片名为"老曾杜"的杉树林。林中杂草茂盛,且露水连连,前方如何尚不可知,只觉得头上的月亮与太阳是无比的近,于是咏歌一首:

> 河原边上杉林中
> 霜重草盛老树下

《伊势物语》中也有这样一首和歌："流水潺潺花飘落，情不自禁人难离。"由此可见，在身强力壮的青年期，人们对年龄的意识还没有那么的强烈，见到四季的流转也不会直接感受到自己生命的消长。但我国的民族文化和民众的生活之中有一种独特的对待自然的方式，那就是人们会适应自然、顺应自然，在与自然的紧密联系中不断发展，所以我国国民才会对四季的推移变化感觉十分敏锐。这和平安朝那些户外活动有限的贵族生活一起，刺激着当时的人们产生了一种无常感（当然，这里面也有佛教思想的影响）。于是，这种情感体验就逐渐朝着"哀"的诸多审美内涵的方向发展起来。

物哀

十二

"哀"的相关用例研究,"哀"的五段意味

接下来,我们将依照上文所确定的"哀"的概念内容,结合具体的文学作品,对"哀"的用例进行一些探讨。众所周知,"哀"在审美范畴上的概念主要是在我国的文学领域展开的,尤其是在以《源氏物语》为中心的平安朝时代的物语文学中发展起来的。因此,我们应先在这些文学作品中,寻找到"哀"的具体用例然后再分析古人到底想用这个词来表达什么样的内容,这才是从审美上进行"哀"研究的正确顺序。

然而,在实际使用中"哀"这个概念所涵盖的感情意味实在是太丰富了。毫不夸张地说,"哀"在平安朝的物语文学中基本上和所有的感情都有联系,若是我们只用文学上的研究方法来分析归纳这样一个含义极其丰富的概念,那么最后只会深陷杂乱纷扰的泥沼,而得不出什么有意义的结论。因此,我们在此就要改弦更张,舍弃这种研究方法,采纳本居宣长的方法,站在特定的角度去考察"哀"的概念。当然,我们从美学的立场上对"哀"概念的解释不能与"哀"在文学上的具体用例有很大的冲突或矛盾之处,因此,我们需要谨慎地讨论已经被解释、规定、分类的"哀"的概念,是如何在审美意义上由具体的文学作品之中表现出来的，并对此加以解释。

在此之前，我们首先要明确一点，那就是我们现在从美学立场上对"哀"纯粹的、理论上的精确定义，并不一定能与以《源氏物语》为代表的诸多文学作品的具体用例中有着明确而清晰的对应。那是因为所有美学上的理论都是被提纯后的、被锐化后的概念，即使是能和实际上的文学和美术相照应，那也绝不能将具体艺术领域中出现的所有美全部包含进去。在理论与实际的关系之中，这一点是毋庸置疑的。理论是从具体的实例中提取出来的，这些具体的实例本身就混有很多其他的元素。而且在实际使用中，会出现很多美学概念无法捕捉的微妙用例，比如一些文人和诗人只是将"哀"当作一个单纯的审美宾词来使用的时候，其实对于这种情况，也没有必要非用严格的美学观点去分析和解释它。因此，这种用例并不符合我们在美学上对"哀"所下的定义，也不能作为我们理论的论据来使用。

还有一点需要注意，那就是我们虽然会对一些具体的用例做一些探讨和研究，但这些都是美学意义上而非语言学意义上的研究，这两个领域的研究方法是截然不同的。换句话说，我们在对出现"哀"一词的文章进行研究的时候，不是用语言学的研究方法，即只对这个词前后的词句进行把握，这在美学上并不是一种有效的研究方法。因为"哀"这个概念本来就是有些模糊不清的，所以若只局限于"哀"所出现的那句话或那个段落，会给我们的研究带来一些困难。因此，我们要跳出语言学这个范畴，从整体上把握前后文的大意和情景，并以此为基础捕捉这些用例中出现的"哀"的审美意味。换言之，我们在考察"哀"在文学上的用例的时候，不能将重点放在其语言学上的用例，而是要将它作为美学用例进行研究。

在上文中我们已经对一般语义中"哀"在审美范畴上的特殊含义进行了分析，又从语义分化的路径角度，对"哀"原来具有的"悲哀"和"哀愁"的含义与"美"的本质之间的联系进行了考察。现在，我想对此做一个整体的概括，对"哀"这个概念所有的含义和发展阶段做一个区分，大致可以分为以下五个阶段：

第一，直接表现"哀""怜"等特殊感情的狭义的心理学含义。

第二，超越了第一阶段所限定的特殊感情内容，指向一般情感体验的一般心理学含义。

第三，像宣长所指出的那样，在这种感动的一般形式中，加入了知物之心、知事之心这种直观和感动的知性因素后，所形成的一般审美意识和一般审美体验。

第四，这种已经进化后的意味再次与"哀愁""怜悯"这样特定情感体验的主题相结合。与此同时，那种静观或谛观的"视野"也超越了特定范畴，扩展到对世界"存在"的一般反思上，或多或少含有了形而上和神秘性的宇宙感，变成了一种类似"世界苦"的审美体验，而此时"哀"作为一种特殊审美体验才得以真正形成。

在此我们需要注意的是，第四阶段的特殊审美意味得以分化的依据，主要是一种对人生和世界的形而上的"精神态度"。但实际上，或者说在历史上，在"哀"作为一个特殊审美范畴逐渐形成的过程中，日本民族的、文化上的特殊背景，并没有让"哀"向着理论上的、思辨的人生观、世界观方向发展，只是对直观的、感情的自然美体验的形式和内涵有一些细微的影响，从而使这个概念向着特殊的审美意味逐渐分化。（这一点上文已有提及，为了论述方便我使用了"形而上"这个词，希望不会引起误会，在对"哀"在文献学上的用例加以探讨的时候，这一点需要特别注意）为了与上述的四个阶段和下面的第五个阶段区分开来，我将这个阶段称为"哀"在特殊审美意味上的分化。

第五个阶段是最后一个阶段，即"哀"作为审美范畴在含义上的完善和充实。在上一阶段，"哀"的意味多了一种类似于"世界苦"的、形而上的"哀愁"色彩，因此"哀"也具备了一些个性，从基本审美范畴中分化出来。与此同时，在分化的过程中，它也摄取了优美、艳美、婉美等诸多脱胎于美的基本范畴的审美元素，然后将其在内部吸收、综合、统一、消化，最后形成了我们上文所说的一种特殊的、浑然一体的审美概念。

以上所说的五个阶段，其实在第三个阶段之后，就很难再明确地将其区分开。在此只是为了理论上解释的方便，进行了一个强硬的区分而已。总之，接下来我将以上述区分为基础,整理一下对"哀"的用例。

首先是关于第一阶段的特殊心理学含义的用例,其实这个阶段的概念相对来说比较明确,没有必要举例。但严谨起见,我打算在此举一两个例子略加说明。《源氏物语》的《明石》卷中有这样一段:

> 从琴盒中取出搁置不用的琴,弹奏出缥缈而虚幻的琴音,身边的人见此情此景都觉得很悲哀。

这里说的是身边的人看到源氏寂寞地居于须磨的样子而感到悲哀。《贤木》卷中写藤壶出家:

> 日渐衰老的人要背世出家,真是太悲哀了。更何况在这之前也并没有什么征兆,听到藤壶皇后突然说要出家,亲王们都放声大哭起来……皇子们想到藤壶皇后的昔日荣华,心中更加悲哀。

这两个例子都属于第一阶段的用例。

接下来是第二阶段,即一般心理学上的意味,也就是"哀"被当作一般感动时使用的情况。关于这一阶段的用例有很多。比如《土佐日记》中的这一段"船夫不知物之哀,只知道自己喝酒",这里的"物之哀"指的就是一般感动,在这里主要想说船夫无知无觉毫无感情的样子。

上文中我们也曾说过,宣长所说的"哀"主要指的就是这个意义上的感动,《源氏物语》中有很多用例,比如"整个人都被物哀笼罩着,于是弹奏了一首珍稀的曲子,真是一场有情趣的夜宴"(《若菜》卷上)。

这里的"哀"几乎包括了所有人与人之间的亲昵、爱恋等情绪,内容是十分复杂,尤其是爱恋,必须将其与下文中将要论述的第三阶段放在一起考察,但它所表达的核心感情,比如狭义的怜悯和广义的同情,这些也只不过是同一本源的不同变形,还是可以将其视作第二阶段的范畴内的。

宣长在论述爱恋与"哀"之间的关系时,引用了藤原俊成"无恋则无心魂,哀自恋而生"的观点,他认为"若是没有爱恋，就很难理解物哀"。所以我们将"哀"的第二阶段定义为心理学意义上的一般感动，与人们最本真的情感联系密切。如此想来，这个阶段的用例在《源氏物语》中颇为常见也就不足为奇了。

《徒然草》中，有这样一段描写："如果有人问：请问有人在吗？若是回答说一个人也不在，这是最不知物哀的表现。这恐怕就是有心无情，这是个很可怕的状态，万事万物之中皆有哀。"《源氏物语》的《贤木》卷中有"原来'あはれ'就在此时吗？我想起了野宫的'あはれ'"，其中第一个"あはれ"指的是一般感动，即第二阶段，而第二个"あはれ"是狭义心理学上的意味，即第一阶段。

"哀"的第三阶段和第二阶段之间存在着非常密切的联系，因为必须在内容上没有特殊化的感情体验即感动之上，加之对象的直观性，方可满足一般审美意识在心理学上的条件，如此看来这种联系实际上是非常密切的。若是将其理解为宣长所说的"物哀"，那么在大多数情况下，这个"哀"就都要将一般意义上的"人情"和一般的审美意识都包含进去。就如我们之前所说的爱恋，实际上在这种复杂的情况下，是很难将"哀"的第二阶段和第三阶段明确地区分开来的。而且，若是我们在文学作品中寻找"哀"的第三阶段的用例，换言之，这些用例主要强调的是一般审美意识，那么我们就会发现大多数情况下它和优、丽、婉、艳这些一般的"das Schöne"内容之间的区别并不大。这种意味的用例以《源氏物语》为代表，在其他的物语文学中也颇为常见，甚至会给人一种"哀"的所有审美意味在第三阶段就已经演绎得淋漓尽致的感觉。

比如《源氏物语》的《蝴蝶》卷中有这样一段："自南山而起的风吹到了眼前，花瓶中的樱花也纷乱起来。清朗的天空中点缀着片片彩云，看起来是多么的哀而艳啊。"《航标》卷中有"将头发梳得十分漂亮而华丽，如画中人一般哀"。《浮舟》卷中有："景致艳而哀，深夜里花朵上缀满了露水，花香和着露水的芬芳传来，一种难以诉之于口的感觉。"《桥姬》卷中有"筝琴之声又哀又艳，断断续续传入耳中"，用来形容琴音曼妙。

总之，这些用例都是审美意识为主导的，基本上没有悲哀、哀愁这样的特殊感情存在。因此我们把这个意义上的"哀"看作是一种审美概念，但需要注意的是，这时的"哀"还只是一般意义上的审美概念，并没有充分发展成一种特殊美学概念。

十三

特殊审美意味的"哀"的用例

在对实际用例进行研究的时候，我们会发现在"哀"作为一个审美宾词被使用的情况下，我们很难将"哀"的第四阶段——即特殊审美意味——的分化阶段和第三阶段——即一般审美意味阶段——区分开来。但是我们或许可以试着将代表这两个阶段的用例对比看，这其中的区别可能会变得稍微清晰一点。

之前我曾举了《源氏物语》的《贤木》卷中藤壶出家的例子作为第一阶段"哀"的用例代表，在同一卷中，还有一段关于藤壶出家后的心境描写：

> 年关已过，听到宫中传来的歌舞之声，藤壶心中哀感顿生，她边走边思考着来世的事。

这段文字表面上是在写藤壶出家后的心态变化，但若是仔细品味，我们就会发现这段话中已经有了对自然和人生的静观态度，这已经符合我们所说的第四阶段的特征了。

在《源氏物语》的《葵上》卷中有关于葵上葬礼的描写，在那一段中所出现的"哀"，有一部分非常符合第一阶段即狭义上的悲哀情绪这个定义，但这其中也包含着一些第四阶段的要素，比如：

> 八月二十日已经过去，空中的残月也沾染上了几分哀色。大臣在归家途中思念亡女，心中憋闷，源氏见状，心中悲伤，于是遥望天空吟咏道：

青烟袅袅上九天
天上人间不复见
云端亦染人哀怜

参照之前我们对"哀"的阶段的区分，这里的"哀"很明显属于第四阶段。在很多情况下，第四阶段中对自然的理解，大多不是狭义的"美"，即优、丽、艳等诉诸感性审美直观的现象，而是对自然的推移产生的一些感悟，如风物随季节变化的情趣、天空的无限等。换句话说，正是因为对象模糊而暧昧、轮廓非常不清晰，所以要对其进行明确的、客观的捕捉就很困难。

因此，我们的审美直观就开始扩展，与此同时我们的审美意识也向着一种神秘的、宇宙感的方向发展。这也令"哀"这种特殊的美与"世界苦"的意识得以结合。之前引用的《贤木》卷的用例可能并不能很充分地说明这一点，那么我们就一起来看看《源氏物语》的《木槿》卷中的一段，这是源氏对某个人说的一段话，很有美学感觉：

> 随着时间的推移，人心也在不断发生变化。比起花团锦簇、红叶烂漫，寒冬月夜、月光映雪，天空被映照出一种奇怪的透明感，这样的景色更沁人心脾，会令人联想到天外的世界。这样的情趣与哀美都是别的东西总也比不上的。说这种景色可怕，那不过是一句浅薄之言罢了。

最后一句话，可能是针对清少纳言的《枕草子》中的那一句"最可怕的就是在腊月的月夜化妆的老女人"。腊月澄澈而皎洁的月光映在老女人化妆后的脸上，其实也是有一种美感的。这是将月光作为一种特定的对象而产生的感性的审美意识。从这种感性的审美态度来看，源氏所表现出来的审美静观意识，确实是要高于《枕草子》的。

《源氏物语》的《总角》卷中也一段类似的描写：

> 小飞雪遮蔽了天空，令远处的景物更加模糊不清，中纳言整日都沉浸在怅惘之中。尽管并不为人所喜，腊月的月亮还是出来了，人们卷帘遥望。靠着枕头听见了山寺中传来的钟声，昭示着"今天已经过去"，不由得咏歌一首：

人世无常难久住
拟随落月共西沉

这里虽然并没有直接出现"哀"这个词，但从整体感觉来看这一段就相当于"哀"的第四阶段的意味。源氏所谓沁人心脾的冬日之月，后世的俳人几董也有一首描述类似场景的俳谐："寒冬月下枯林中，夜光粼粼渗骨髓。"松尾芭蕉的《鹿岛纪行》中也有一段用到了"哀"的描写："到达鹿岛后，听说山脚下的根本寺之中有一个和尚遁世于此，遂寻去。听和尚诵经，发人深省，心灵也得到了宁静。东方破晓之时，和尚叫醒了我们，大家起身，就见月光与雨声协奏，此情此景令我们心中都充满了难以言喻的哀感。"

歌人西行对这种"哀"也深有体会，并且也写有优秀作品，那首《鸭立泽》就很好地诠释了"哀"的含义。此外他还有一些其他的和歌，比如"秋风拂秋山，枝梢处处含物哀"（《山家集》）、"雨急风骤，夕暮长空，山间哀意浓"（《新古今集》）。这些作品中所描写的"哀"并不是藤原俊成说的那种由爱恋而生的物哀，而是从自然风物之中感受到的"哀"，包含了一种对人生和世界深刻的谛观意味，达到了另一种境界。源信明在《后撰集》中有一首和歌"唯有知物哀，方能同观月夜与花"。据说今川了俊在读了藤原为秀的那首"愿与同知哀者为友，于秋夜听雨"后，深受触动然后拜了为秀为师。

前文所述"哀"的第三阶段与这里所说的第四阶

段，在审美内容上既有联系又有区别，为了说明这个问题，我想在此列举四首和歌，仔细阅读比较后应该就会对这其中的异同有比较清晰的认知：

颜色虽好

香却更哀

谁人衣袖拂庭梅

　　（《古今集》作者不明）

梅花枝头哀意满

颜色梅香皆惹人

折取一枝来

　　（《古今集》素性法师）

秋风拂过秋色重

心中哀意浓

　　（《词花集》和泉式部）

秋暮风起荻花落

世人观之皆知哀

（《山家集》西行）

前两首的"哀"都是一般感性美的意味，而后两首则属于特殊意味的美。

以上作为"哀"的第四阶段的用例所举出的和歌，都是比较明显的例子，除此之外还有一些并不明了，但确实也属于第四阶段的用例，在《源氏物语》等物语文学与和歌中都有体现。例如在《源氏物语》中，写薰大将对大君死于宇治之事难以释怀，整日闷闷不乐，某天晚上去一名叫按察君的侍女房间过了一夜，凌晨很早便起床了，按察君很生气地写了首和歌，薰大将对曰："关川看似浅，其下深水流不断。"然后打开窗户对她说："我是想让你看看这天空，有如此美景，不赏岂不是浪费。我并非故作风流，只是最近总是失眠，漫漫长夜不知如何度过，思量今世后世，觉得天空满是悲哀。"（《宿木》卷）这里将拂晓的天空说成是"哀"，指的也是一种特殊的美感。鸭长明在《无名抄》中也将幽玄体之歌喻为秋日之天空："例如秋日傍晚的天空，虽然无声亦无色，但就是会触动你的心弦，令人落泪。"这里令人落泪的便是充满"哀"感的秋日长空吧。

在《铃虫》卷中，源氏说过这样一句话："夜晚赏月之时总是充满物哀，今宵月色清明，令人有脱世之感，心中不禁思绪万千。"这句话就有些白乐天的"三五夜中新月色，二千里外古人心"之意。（上文所引《木槿》卷中关于冬夜的词句，也有此句之意。）而且这里所说的"脱世之感"，或许指有一种不在日本本国境内的意思，但只从这句话中看，其实秋月中就带有一种悠久的、无限的感情。无论白乐天此诗的原意为何，但源氏这句话中对月夜之"哀"的体验，就像薰大将那句"思量今世后世，觉得天空满是悲哀"那样，这两句话中都包含了"脱世"的体验。

像这样关于天空之"哀"的用例，《源氏物语》中还有很多。比如：

> 天空的景色实在惹人哀，每张熟悉的面庞上都笼罩着晚霞。（《做蕨》卷）

宰相看着傍晚的天空顿生无限之哀感，他透过潮湿的空气看着熙熙攘攘的人群。（《藤里叶》卷）

秋天来临，天空的景色愈发惹人哀。（《手习》卷）

黄昏之际，风声阵阵惹人哀，也叫人思绪连绵。（《手习》卷）

秋日山间，夜深人静，万千思绪涌上心头。（《手习》卷）

《源氏物语》之外也有很多这样的例子，比如：

浮云静立，月光澄澈，皇后物哀之情渐浓，取过一把琴信手拨弄起来。（《滨松中纳言物语》）

景物都已经染上了秋色，更显哀感，千草之花开放，更令人徒增哀情。（《滨松中纳言物语》）

想这样度过一晚。透过窗户看见西沉之

月,夜光清朗,薄雾遮云,钟声乌声混杂,不禁令人想到,如此美景将来可还会再见?连衣袖上都沾染了哀色,遂咏歌一首:见此月者不唯我,残月不常见,令人心生哀感。(《和泉式部日记》)

乌云遮住了月亮,此乃大雨将至之象,这是老天在故作哀之景吧,本来就不平静的心情更为怅惘。(《和泉式部日记》)

上文引用了西行的和歌,他在《山家集》中有"野原之上虫声枯,清月之下哀感生""枯野花露照月影,平添一分哀感""回望故都,旅人顿觉月光哀""都城之月催人哀,徒增无限寂寥"等等和歌。不论是在都城赏月之美还是普通意义上的美,当旅人感受到月光扣人心弦、沁入骨髓之时,其实这就已经接近第四阶段的"哀"之美了。西行在《山家集》中还有一首,题记为"参拜途中,月愈红,哀感生",歌曰"结伴旅行,见月亮忽明忽暗,多么可哀",这表现的是西行投身于自然,与天空和月影融为一体的自由之感。

十四

情趣象征的问题及其
直观契机

以上我们讨论了"哀"的第四阶段的一些用例,接下来我们来看看第五阶段的意味。

在此之前,我认为有必要先明确一下关于"哀"的情趣象征问题(或者氛围象征问题)。我们在之前列举的大部分用例,都是将主观情调象征性地投射到了自然现象之中。利普斯和福凯特把这种现象叫"情趣象征的感情移入",简而言之就是象征的移情,这一点相信对美学有所了解的人都比较熟悉,其实抛开这种专业性的术语,本居宣长在研究"哀"的概念之时,就是站在主观主义的立场上加以解释的,他在《源氏物语玉小栉》中写道:"心有所思,就会觉得天空、花草树木都忧愁缠身而有所思虑。"对此宣长还在后面举了具体的例子来加以说明。在《紫文要领》中,他说:"所谓的四季四时各有物哀,其实就是随着心情的变化,人对景物的感受也在变化,悲伤时所见之物皆悲伤,开心时所见之物皆可喜,若是无心,对所见所闻便没什么特别的感情色彩。"

倘若为美学研究加一个心理学的基础,那么"哀"的问题就属于主观过程的问题,从这个角度来看,我们所说的"哀"的第四阶段即特殊的审美价值果然还是要从情趣象征的角度才能加以说明。但毕竟我们最根本的出发点还是美学，所以我们并不能赞同仅仅从一般心理学立场对美的特殊价值加以说明，而且也并不能满足于本居宣长式的解释。因此，我们还是应该将"哀"的问题孤立出来加以考察，对上述氛围象征的事实加以详尽地分析。天空、草木到底是怎样引发哀感的？这个精神上的过程到底是如何进行的？我觉得为了弄清楚这些问题，首先就要对三个相互关联的元素加以区分。

第一是生理学—心理学元素，这一对关系主要表现为对外在刺激的反应形式。某种特定的自然现象经由我们的感觉器官为我们所感知，作为我们的精神与外界交流的第一步，对这些多样的感性刺激，即色彩、声音、香气、触觉和温度等有机感觉，我们一定会产生一些主观上的感情反应。这种反应的强度和性质可能各有不同，而且因为过于直接和快速，这种主观反应的过程可能会直接融合成对某一个对象的综合反应，也就是我们所说的氛围情趣。比如我们在面对澄澈碧蓝的天空和混沌发灰的天空时，都会对这种视觉上的刺激做出一些直接的反应。尤其是对色彩感觉和声音感觉的反应过程，会掺杂一些更高级、更复杂的精神要素，比如联想，虽然这种要素在反映过程中表现得并不那么直接，但在对空气的触觉和温度感觉的情况下，也就是在感受季风的时候，联想在其中发挥的作用就很明显了。不可否认的是，联想在对秋风和晚风的反应过程中，起到了至关重要的作用，正是因为有了联想的参与，这种情感上的直接反应才得以最终进化为一种审美感情。西行在作《鸭立泽》之时，秋日晚风的温度和触感就在无形中作为一种生理—心理条件影响了他的状态。上文引用过的和泉式部的日记中的"心绪纷乱，更觉得寒气逼人"便能说明这一点。当然，我并不认为克劳斯所说的生理和心理的一般感觉可以直接引发审美感情这一说法是正确的，但若是像利普斯那样站在克劳斯的对立面，认为这些心理—生理元素无论如何都不可能和审美意识发生关系，这又未免过于极端。

第二便是纯粹的心理学意味上的因素，为叙述方便起见，我们姑且称之为移情作用。但这里所说的移情作用并不一定符合利普斯的严格定义，它也包括一般直觉和感情上的融合作用，在广义上也包含了联想作用。也就是宣长所言"悲伤时所见之物皆悲伤",是在悲伤的时候,将自己的情绪与自己对自然现象的感觉做了一个调和,把自己的情绪融入所见的天空、草木之中,这种融合会给人带来一种微妙的满足与慰藉。但是美学上的移情认为我们感情本身的作用,就是将自身客观化,当对象与我们同样为人类时,就称"本来的感情移入",而对象是自然物时,就称为"象征的感情移入"。对于这种移情说,前一项是没有过多疑问的,但对于后一项我认为还有一些问题存在。

既然加了"象征的"这三个字,就代表着"非真正的"意思,在这种情况下,主体和客体之间并不是简单的有情与无情的区别,它们之间还有一些本质上的差别,那么这时候到底能不能将人和人之间的移情作用直接套用到这种情况呢?这便是第一个问题。或者我们可以把这个问题暂且搁置,从我们所区分的"哀"的第四阶段的角度考虑,对于这种对象和轮廓都很模糊的自然现象,虽然可以有一个大体的氛围印象,但这种影响也是由千差万别的感情现象组成的,而我们靠的并不是理性的辨别能力,而是这种直观作用的本身。那么这时候，只凭借感情的作用，便能完成特定的氛围客观化的过程吗？虽然宣长曾说"悲伤时所见之物皆悲伤"，但这个说法是非常笼统的，实际上在对自然的感情体验过程中，我们并不能如此极端地无视对象的客观性质。因此，我们可以承认"本来的感情移入"说，却不能完全认可"象征的感情移入"说，因为这个过程不是单单能用移情便可以说清楚的，我会在移情之外尽量寻找其他的理论来解释这个问题。尤其是在研究东方人这种发达的自然美意识的过程中，那种微妙的自然体验，是绝不能仅靠象征移情便能解释得清楚的。

所以我们要引入第三个元素，我将其称为"本质直观"，而要说明这个问题，就又涉及"联想"这个概念了。历来主张否认移情作用的心理美学学者，大多都喜欢将移情直接还原为联想，就比如在"哀"的第四阶段这种情况，他们可能会认为，秋日的天空的颜色和阳光会让人自然地联想到哀愁之人的目光和脸色，于是哀愁就和这种秋日天空的景色在知觉上建立了联系。然而我认为，这种情况和颜色、声音这种单纯的感觉性的感情表达一样，从直接反省的立场上看，这一点和冯·阿莱修等人的主张一样，我们应该将顺序颠倒过来去考虑。也就是说，我们在看到颜色之后，并不是通过联想才将它和某种特定的感情联系起来，而是相反，我们直接就在颜色中"看"到了这种感情。换言之，正是在我们对蕴藏在颜色之中的这种感情的"本质"加以"直观"，联想这个行为才得以成立。以阿莱修举出的"火"的例子来说明，我们并不是先看到了红色，然后联想到了火，再从火中感受到了热烈（feurig），真正的顺序正相反。我们其实是为了表达那种感情的本质，于是才想到了由"feuer"（火）这个词根而派生的另一个词"feurig"（热烈），所以我们不能被这种语言上的关系所蒙蔽。而且世上含有"das Feurig"这个"本质"的东西有很多，他们分布于各个领域之中，红色只是其中的一个。其他的还有比如狂奔的悍马、激情的演讲、强烈的意志等，火只是其中之一。但是在这诸多事物之中，若是有一个事物能全面地，换句话说能从多个侧面即颜色、温度、方式等方面，表达这个"本质"的话，那就一定是"火"。与此相比，红色等事物只能代表这个"本质"的一个侧面而已。其实这种单面和多面的区别并不是真正的问题之所在，重要的是这个"本质"不管是单面还是多面，它的表现形式多种多样，可以体现在诸多事物中。我们之所以把这种特质命名为"feurig"（热烈），也只不过是为了说明起来方便而已。因此，联想确实是"本质"和"直观"之间的媒介，但并不是因为有个联想行为我们才得以把握"本质"。（命名问题并不在此考虑范围之内。）

我们再回过头来考虑"哀"的问题，在眺望秋日傍晚的天空时，我们用"哀"这个词来表现从秋日天空之中谛观到的那种"本质"。正是为了将这种本质和广义上的"哀"区别开来，我们才对"哀"的第四阶段加以区分和定义。第四阶段就如前文所言，是带有一种宇宙感的深刻与宏大的"哀"之美。而对秋日傍晚的天空的观照能使我们联想到忧愁之人的脸，这只是在把握这种"本质"时所产生的附加产品而已，这其实并不是一个很有审美意义的体验。不管怎样评价这种行为的审美意义，我们都必须要明确一点，那就是一定要把对"本质"的谛观放在单纯的联想、移情之前，并将其作为一个根本要素来考虑，我们才能明确自然的情趣象征这个问题的内涵（"哀"的问题也包含在内）。

十五

审美范畴的"哀"的完成及其用例

之前我们已经大致说明了"哀"分化为一种特殊审美范畴即第四阶段的重要性。而且也明确了，"哀"在第四阶段具备了一种特殊的审美内容之后，又通过与"优""丽""艳"等狭义的"美"的诸多元素相融合，内涵不断丰富，最终发展到了第五阶段。

其实在实际的用例中，第四和第五阶段的区别经常只表现为程度上的不同，这种微妙的分别是非常难以区分的。不仅如此，像第三、第四阶段之间融合发展的情况，在第五阶段也有表现，而且在实际的用例中，我们还会发现，第五阶段不仅和第四阶段有这种综合发展的倾向，与第三阶段之间也会出现这种情况，这就为我们的区分带来了更大的困难。但我们在此先不考虑这些困难，只列举一些含有第五阶段意味的用例，作为我们关于"哀"作为一种审美范畴的研究的完结。

首先我们暂且先不必拘泥于"哀"这个词，只考虑"哀"所代表的审美体验的内容，我觉得最简洁易懂的一个例子就是纪友则的那首《春光和煦》之歌。这首和歌给我们一种在温暖、美好的春光之下弥漫着一种淡淡的哀愁之感，朝着一种类似于"kosmisches gefhl[①]"的方向展开。当然，就程度而言，这首和歌中第四阶段的元素含量并不高。另一首著名的和歌是能因法师的"山寺之春夕暮临，钟响花飘散"，这首歌中哀愁的气质就较为突出了。（这首歌在艺术手法上是否过于做作生硬，是否有艺术价值，不在我们的考虑范围之内。）这首歌所表现的美就已经大致接近"哀"的第五阶段的审美意味了。当然，这两首歌中都没有直接出现"哀"这个字眼，只是在概念上的用例。

上文我曾在论述"哀"的第一阶段问题时举了《源氏物语》中藤壶出家的相关描写作为例子，而在论述第四阶段时，举了藤壶出家后对其心境的描写作为"物哀"的例用，在此我还想举《薄雾》卷中对藤壶去世的那一段描写，作为第五阶段的例证，这段话表面上看是在描述源氏因为藤壶之死而悲痛万分的情景，但若是细细品味，我们就能从其中感受到这种"哀"之美：

---

① 德语，意思是"宇宙意识""宇宙感"。

整日待在诵经堂中,日复一日地哭泣。夕阳照了进来,山上的树梢都清晰可见,山顶上飘着一朵灰蒙蒙的云,令人格外有物哀之感。

还有源氏被流放到须磨之前,去亡妻葵上的府上告别的那一段:

天刚破晓,源氏动身返回,空中挂着一轮残月,花木都过了盛放之期,只有梢头还留有几分残红,薄雾弥漫在庭中的枝杈之间,与朝霞融为一体,比起秋夜来,此时更有几分哀之美。(《须磨》卷)

这里表现的是源氏身处逆境时,面对晚春之花所感受到的哀之美。

《源氏物语》的女主人公紫上,就像春花一般绚烂的女孩,她本人也特别喜欢春天,却在人生的花期患病,她自知死期将近,因为有夙愿未了,所以去供养《法华经》。我认为关于这一段的描写,还有其中所表现出来的美,已经十分接近"哀"的第五阶段的意味了。

> 彻夜不绝的诵经声与鼓声萦绕耳边,饶有情趣。天边开始有了微弱的光亮,花草从朝霞中探出头来,春日的气息充满心间,百鸟齐鸣似笛声阵阵,物哀至极。《陵王》之曲奏起,曲调愈奏愈急,绚烂又华丽。人们把衣服脱下来赏给了舞者……不论身份高低、尊卑贵贱,所有人都很高兴。此情此景之下,紫上想起自己时日无多,不禁悲从中来,难以自抑。(《御法》卷)

在《源氏物语》最后一卷,还有一段对宇治中君与薰大将一起追忆大姬之死的描写:

> 殿前的红梅,色香皆为上乘,黄莺也不忍落于其上,此情此景,心中不觉有了"年年岁岁春相似"的感慨,顿觉物哀。(《早蕨》卷)

这段中的哀之美和紫上之哀是同样的意味。

清少纳言在《枕草子》中描写道：

> 秋天还是黄昏最美，夕阳照耀之下，山也变得近了一些，鸟儿返巢，间或有两三只飞过，非常哀美。

又有：

> 山顶上的太阳欲落未落，阳光绚烂，天空看起来红红的，上面飘着微微发黄的云彩，非常有哀之美。

这里的哀，虽然在内容上还有些单纯的感觉，但就审美性格而言已经非常接近第五阶段了。

和歌中的例子也有很多，比如永仁五年的歌合中，有这样一首"夕阳西下，浮世渐哀，钟声阵阵"，这首其实很接近第四阶段的意味，但因它描绘的是暮春夕阳带给人的感受，也可以看作第五阶段的一个例子。还有武家歌合中的一首"樱花盛放，香色俱浓，朦胧之月显哀色"，这首看上去只是在表达优、艳等第三阶段的意味，但其实或多或少也包含着第五阶段的特征。

虽然时代间隔较远，但在松尾芭蕉的俳谐中也有一句很能表现第五阶段"哀"感的例子，那就是"蝴蝶茫然起舞，实在可哀"这一付句，收录在《瓢》中的《歌仙花见》卷中，是对"千部花盛一身田"（珍硕作）和"顺礼死后，道上阳炎"（曲水作）的附和之句。前句写顺礼之死，付句中的"哀"应该也与此有关，但俳谐这种形式，前后句之间也不一定有着统一的紧密逻辑。由此看来，这里的"哀"已经超越了特殊的心理意味，直接进入了第三、第四阶段，而且已经比较接近第五阶段了。各务虎雄氏在《俳文学杂记》对芭蕉的这首付句作注如下："此句中的'茫然'向来有很多种解释，解释不同对此句的理解也就略有不同。我感受到的是阳春四月的苦闷和寂寥，蝴蝶没有安然地立于鲜花之上，也没有在追逐花香，而是在漫无目的地随风飞舞，在左冲右撞中度过无聊的春日……我感受到的是隐藏在现实中的对梦想的各种无望追逐,以及心中由此而产生的空虚。"西方的浪漫主义文学中,有将蝴蝶作为人的灵魂的象征的传统,虽然芭蕉的付句中并没有这样的象征,但考虑到前句就是在写顺礼之死,芭蕉可能也会觉得这茫然的蝴蝶也寄居着一个灵魂吧!同时,它也是存在于春光融融的天地之间的一种特殊意味的"哀"的象征。

以上我对"哀"概念的相关用例做了考察,而这个考察结束后,这本书也接近尾声了。要言之,我想说明的是,虽然本居宣长认为"物哀"是《源氏物语》的基本情感基调,但他所定义的"物哀"概念,主要还是从心理学角度来说的,我们可以将他的观点作为打开以《源氏物语》为代表的平安朝文学的一把钥匙,但这把钥匙打开的与其说是文学的审美之门,不如说是主观素材方面的问题之门更恰当一些。因此,我将宣长的解释延伸到了美学领域,将"哀"之美分成了五个阶段,并将这种特殊的美当作平安时代文学的一般情感基调来考察,《源氏物语》则是它最主要的表现舞台。

最后我想强调的是,我在上文中所指出的"哀"的特殊审美意味，都是其最本质、最核心的审美性格。上文的论述肯定没有涵盖"哀"中所有的审美意味。但我认为即使"哀"还有一些其他的审美性格，比如静谧、朦胧等；但这绝对不是"哀"作为一个审美范畴的最本质的特性，在其他的一些审美范畴，比如"幽玄""寂"之中也同样含有这样的特性，这些性格在各个审美范畴中，可能是作为一般的、共通的特质而存在的。我在解释"幽玄"的时候，曾试着指出这个概念所包含的所有审美性质，这是因为"幽玄"在作为一个审美概念的时候，具有非常明显的两义性，所以我认为将这个概念中所包含的所有审美因素都考察一遍，最后再将其统一起来，是比较恰当的研究方法。其实在实际中，一个审美对象可能既是"幽玄"的，也是"物哀"的，还是"寂"（さび）而"侘"（わび）的，这种审美性质的重叠是一种较为普遍的现象。但若是将它们作为一个审美范畴来研究的话，就一定不能令其相互混同，在考察中最重要的便是明确这些范畴各自的本质属性，这也是我在本书的写作过程中所遵循的一个原则。

版权专有 侵权必究

图书在版编目（CIP）数据

日本美学三部曲. 物哀 /（日）大西克礼著；曹阳译. —北京：北京理工大学出版社，2020.11

ISBN 978-7-5682-9089-0

Ⅰ.①日… Ⅱ.①大… ②曹… Ⅲ.①美学思想—研究—日本 Ⅳ.①B83-093.13

中国版本图书馆CIP数据核字（2020）第182509号

出版发行 /	北京理工大学出版社有限责任公司
社　　址 /	北京市海淀区中关村南大街5号
邮　　编 /	100081
电　　话 /	（010）68914775（总编室）
	（010）82562903（教材售后服务热线）
	（010）68948351（其他图书服务热线）
网　　址 /	http://www.bitpress.com.cn
经　　销 /	全国各地新华书店
印　　刷 /	三河市金泰源印务有限公司
开　　本 /	880毫米×1230毫米　1/32
印　　张 /	5.25　　　　　　　　　　　　　　责任编辑 / 时京京
字　　数 /	76千字　　　　　　　　　　　　　文案编辑 / 时京京
版　　次 /	2020年11月第1版　2020年11月第1次印刷　责任校对 / 刘亚男
定　　价 /	135.00元（全3册）　　　　　　　　责任印制 / 施胜娟

图书出现印装质量问题，请拨打售后服务热线，本社负责调换

美
うげん

幽玄

日本美学三部曲

（日）大西克礼 著
曹阳 译

北京理工大学出版社
BEIJING INSTITUTE OF TECHNOLOGY PRESS

- 富岳三十六景之凯风快晴

所谓幽玄,就是不能诉之于口的心中感受,是难以用语言去形容的。薄云遮月,秋雾笼罩满是红叶的山峰,这些都是幽玄之姿。

■ 浮世绘

幽玄在浮世绘中体现为：描绘出自然蕴藏的生命灵气和超凡脱俗的意境，氤氲出缥缈空灵的气息，带着散漫耽美的诗性。余白，含蓄、内敛、隐晦，意味深远、神秘微妙。

幽玄

- 翁奉纳

装束繁复、脸上覆着面具的能乐师，低沉迂回地吟唱着谣曲，迈着沉缓凝重的舞步，暗郁诡异的气氛甚至会让观者望而生畏。能乐作为日本最古老的传统艺能之一，带着一股空寂哀婉的气息，将以物哀、风雅及幽玄为主的日本美学体现得淋漓尽致。

- **能乐面具**

世阿弥(能剧创始人)认为:幽玄是最高的艺术理想。世阿弥看重的幽玄之美,就是留下空白然后由观众的想象自由填补,是一种超越了明确性和完整性的审美。

- 源光庵

这姿态本身就是美丽的,它是通向外部的东西。它不是任何一个对象或概念,而是一个永恒的区域、一个永恒的沉默的象征。

- 源光庵

收敛、隐蔽审美对象、微暗且朦胧、寂寥、深远而深刻、超自然性、飘忽不定、不可言说的情趣。

- 源光庵

幽玄讲究境生象外、意在言外，追求一种以"神似"的精约之美，以引发欣赏对象的联想。

日本和室

和室的空间由拉窗和隔扇所围绕,通常设有凹阁,把空间完全隔绝,散发出一种模糊暧昧的环境。简单明了的独特空间,再加上朴素典雅的视觉感受,造成幽玄而又明亮的日本风格私人空间。

- ## 安藤忠雄——小筱邸住宅

安藤忠雄设计的小筱邸。清水混凝土的外立面十分简约，掩盖住丰富的内在，以光和影的互动，营造出幽玄之美。

- 禅意石

从意境上看，禅意石的简约和拙朴符合禅宗"奇特返于平常，至味回归淡泊"的精神追求。禅意石的雄浑见于平常之中，宁静生于淡泊之时。

- 日本武士铠甲

幽玄是带有神秘和梦幻色彩的,是不能用逻辑思维条理清晰地说清楚的,它呈现出来的是一种缥缈的情绪。

序言

本书所收录的"幽玄论",大致成稿于昭和十三年(公历1939年)五月或六月。这篇"幽玄论"曾发表在杂志《思想》上,这次我又就其中的部分内容进行了一些修改。至于"物哀"一篇则是在此前都没有发表过的文章,这次也只是修改了开头的一小部分,即有关宣长的"物哀说"的那一部分。我重新审阅了这一部分的内容并为其添加了一些注释,还根据《思想》编辑的建议,在此书发行前将本文刊登在最新一期的《思想》杂志上(昭和十四年六月刊)。

本书的内容主要是关于如何站在美学的立场上来分析"幽玄"和"物哀"概念的一次试论。原本我在学术上的想法是,用美学范畴论的观点来分析这些具有日本特色的美学概念,而后将其放入美学范畴论的理论体系框架之中，接着更进一步将这个美学范畴论再放入美学整体的理论框架中进行讨论。但是最近，我又有了新的想法，不想囿于此类的研究和考察中，为此我就需要做更多的准备工作。在撰写这本书之前，我曾暗暗下过决心，在研究"幽玄"和"物哀"问题时，一定要坚守住美学的立场，但在实际写作的过程中，我马上就发现了一些问题，到底怎样将这些概念，或者说能展现这些概念的素材，放入美学考察的框架之中呢，光是为了实现这一步，我就做了很多努力。

于是，在本书之中，我便放弃了将这些问题一一纳入美学框架的尝试，选择了将每个概念都单独作为一个论题，只是用美学的观点来研究和分析的方法。这并不是我为了迎合大众而下的决定。除了本书选取的这两个概念以外，还有很多东洋或者说日本特有的美学概念也很有探讨的价值。比如"寂"这个概念就是一个典型的例子。日后我也会将自己关于这些概念的研究成果发表出来。本书中关于"寂"的讨论，就权当是一次尝试，也希望能以此为契机，令大家的目光不要仅仅局限于标题的这两个概念之中。

正如上文所言，我写作本书的目的，并不仅仅是为了将这个试论发表出来。而是想着若是我研究的方法和结果，能为那些对我们民族的文学和美术感兴趣的人产生或多或少帮助，作为本书的作者，这对我来说也是莫大的荣幸了。

昭和十四年六月

目录

一 作为艺术的歌道和作为美学思想的歌学……………… 001

二 作为价值概念与样式概念的"幽玄"……………… 015

三 中世歌学中的幽玄概念的展开……………… 025

四 正彻、心敬、世阿弥、禅竹的"幽玄"概念……… 039

五 "幽玄"和"有心"、"幽玄体"与"有心体"…… 055

六 样式概念的价值意义和记述意义……………… 065

七 作为美的概念的幽玄内容及考察的视点………… 079

八 "幽玄"概念审美意义的分析……………… 087

一

作为艺术的歌道和作为美学思想的歌学

"幽玄"这个概念脱胎于中世的歌学,这令它不可避免地沾染上了一些母体的局限性,这次我的研究重点就放在了这个局限性上。我们可以将"幽玄"视作一个美学范畴,然后从美学角度去研究它,这首先就要求我们必须要明确一件事情,那便是"幽玄"二字所代表的具体内容到底是什么。与其从结果出发人为地赋予它一个定义,我更倾向于从"幽玄"概念的母体,也就是歌道或者说歌学的一般特性出发,直接从美学观点切入来解释它,尽管这个方法在最初会多多少少走一些弯路。这次我就将采用这种方法从两点入手进行说明,一是我这次尝试性研究的依据所在,二是就一般而言"幽玄"这个概念所涉及的一些美学思考。

　　尽管歌道的发展自上代以来经历了许多波折,但从美学的角度来看它确实是日本特有的一种艺术形式,大体具有以下几种特殊的性格特点。首先,从审美的作用上来讲,具体来说就是从直观和感动之间的关系来考虑,和歌虽然是诗的一种,但并没有像诗一样被清晰地划分成抒情诗和写景诗这两大类。和歌与我们民族的审美观或者说跟本民族的民族精神和特性有着一定的联系，抒情和写景这两个要素在和歌中紧密相连，并达到了一种和谐统一的境界，这也是和歌的特征之一。

尽管《万叶集》以后和歌发展出了很多分类，比如四季歌、恋歌和悼亡歌，等等，但就其内容来看，不外乎还是可以大致划分为抒情诗和写景诗两大类。然而实际上我们去欣赏和歌的时候，就会发现某首和歌即使主要是在吟咏自然的风物风景，也不会局限于写景之中，在写景之外还蕴含着浓厚的抒情要素，这两种要素作为阴阳的两面互相交织，在和歌内部达成了一种和谐。即使是恋歌和悼亡歌，这样直接抒发主观情感的和歌类型，大多也还是会有一些关于自然风物的描写。比如《万叶集》中的一首和歌"秋稻穗头朝霞，正如我之恋心，不知何时逝去"。表面看来，写景和抒情只是分别存在于上句和下句之中，有着一个先后的顺序，但从美学角度来看，其实这片秋日稻穗上的朝霞，就是后句抒情内容的具象化表现。这样的例子在和歌中可谓数不胜数。福井久藏先生在《大日本歌学史》中曾假托于藤原家隆之口表达这样一个观点："和歌吟咏花鸟风月之事，但必心有所专。"或许可以这样说，和歌的命运就是将抒情和写景融合起来。总之，在这个方面，从历史上诸多的和歌作品中也能看出来。在我国，和歌这种艺术形式，具备将一般审美观中的直观和感动两者融合起来的条件，或者说和歌是最易具备这种条件的一种艺术形式，这就是我所说的第一个特性。在西方也有很多优秀的抒情诗，比如歌德的诗中就同时含有直观和感动两种要素，并且这两者还互相渗透、融合，联系紧密，这也是歌德诗作的一个特色。若是直观和感动相互融合的这种审美价值有一个重要的产生条件，那么和歌的本质就能充分地满足这个条件。

第二个特点与审美体验的内容有关，重点也是两种互相融合、相互统一的要素，我称它们为艺术感的元素和自然感的元素。就这两者之间的关系来说，和歌中所包含的那些丰富的自然元素也是这个特征的一个体现。其实并不仅仅是和歌，一般来说，日本或者说东方的艺术，和西方的同类型艺术形式相比，拥有更丰富且更深层次的自然感的审美元素，这一点在现在几乎已经成为一个共识。但我之所以在此还特地重申一遍，并不仅仅就和歌和其他东方艺术形式而言。我想说的是，东方的艺术和西方相比有着更多的自然感的审美元素，这不仅仅是量上的区别，更重要的是质的不同。但这就是个很大的话题了，我在这里只简单提一下，就不做详细的论述了。东方尤其是日本，因为气象和风土的关系，以自然美或者说以自然风物为对象的审美体验，不论是在范围还是在深度上，都有着很丰富的历史。可以说，在日本的艺术史中很早便存在着这种倾向，这种对自然美的体验也逐渐发展成为一种独特的艺术体验。与此同时，东方独特的世界观，将这种感情方面的倾向在思想层面上不断深化。这样的结果便是，在东方人特有的价值观中，对"自然美"的体验就和西方世界完全不同。换句话说，西方的"自然美"并没有发展到"艺术美"这样的特别的层次上，更遑论像日本一样随着思想的发展逐渐分化出"艺能"和"艺道"这种概念了。

与西方的"技巧"和"技术"这样的概念相比，日本更注重强调的是参与者的人格和精神，可以说东西方在"美"的发展之路上，选择了截然相反的两条道路（这样的说法其实在审美艺术之外的其他领域也有广泛的应用）。在关于美这个概念的问题上，可以说，将东方的艺术美和自然美，也按照西方美学的思考方式，在"形式美"和"内容美"相互关联的意义上加以区分，不论是在思想上还是情感上都是完全行不通的。也就是说，在东方的审美意识里，艺术美作为不可分割的一部分存在于自然美中，它们的地位是平等的；反过来也可以说，自然美存在于艺术美之中，但是这两者之间也并不是只有这一种不可分的趋同关系。从审美角度来看，可以说是因"自同性"的存在，二者最终还是走到了同一个终点。

就审美意识这一方面而言，在东方人的审美观中，早在艺术品产生之前艺术美就已然存在了。若是用这种方式来思考艺术的本意，那么所谓艺术，便是对蕴藏在艺术美之中的自然美的催熟，是对自然美的感受的直接表达，还是在艺术技能的修行之中发挥其全人格的道德和精神的意义，这便是艺术本质所在。虽说我们要忠实于自然中本就存在的艺术之美，最好只是在原本的基础上助长催熟它；但这绝不意味着像西方的写实主义流派那样，将自然风貌的形态原汁原味地描绘出来；而是正相反，我们要使它向着其原本的自然演化方向上发展。

总之，我认为一定要从这种东方艺术的根本精神上来说明这些概念的模式和特征，但在这里就不详细地展开论述了。我想说的是，在东方尤其是日本这种独特的艺术领域，比如和歌和俳句之中，讨论艺术和自然的关系时，需要用到一种西方人难以想象的独特方法。虽然迄今为止我的论述都非常简略，但为了使我的观点更加清晰明了，我想用公式来概括一下，西方艺术的构造具有一种普遍倾向，尤其是相对于东方来说，公式应该为：

艺术美的形成+（自然美的形成+素材）=艺术品

若是更极端一些，根据欧德布莱希特的理论，会得到一个更加简单的形式：

艺术美的形成+素材=艺术品

若是用相似的公式来描述东方的艺术构造（这当然也是相对的、概括性的描述），那么就要在右侧公式的括号里再加入一个新的式子，变成：

"（艺术美的形成+自然美的形成）+素材=艺术品"这样的形式。

或者更严谨一些，写成：

"艺术的形成+{（艺术美的形成+自然美的形

成)＋素材}＝艺术品"这样的形式。

最后的这个公式,不仅表现了之前我说的那种东方审美意识,即在艺术品形成之前就已经有一种艺术美和自然美合二为一这样主观上的可能性,还说明了"艺术品形成"的契机,这个契机在某种意义上是超越了艺术这个范围的。就像我之前说的日本独有的"艺能"和"艺道"这种概念,往往是全人格、全精神的(也包含了一定的道德和宗教意味)。同时,也隐晦地显示出了一种超艺术的倾向(在西方,也有浪漫主义这样的艺术观念,在这种观念中艺术的概念包含的范围更加广泛,这种例外也不能忽视)。总之,东方艺术的精髓,一方面,将人的精神提升或者说深化到了本质的高度;另一方面,又保留了自然的本真状态即"超感性的基体",并与其有着同一的倾向。"万物之性不生不灭,生来具备万理,此一性非与天地同生,亦非后天形成。天地亦在万理之后产生,此理乃万物之根源,和歌亦遵循此理。"(《耕云口传》)上面这段话便可以解释"具有自然感的美的因素"究竟为何物,我之所以重点强调美的因素这个词,就是因为我觉得在日本独特的艺术形式和歌和俳句中就包含着这样的美学特性。

　　第三，将其作为审美意识的一种形式，来思考创作和享受之间的关系。那么在分析像和歌或者俳句这样的艺术形式的时候，有一点需要特别注意，用一句话来概括，那就是必须要明确在这种特殊的艺术形式中，从审美意识的角度来看，创作和享受之间始终明了地、纯粹地保持着于本源之处的统一性。我认为虽然和歌和俳句作为诗的一种在艺术上达到了很高的造诣，但其实就其外在形式而言是十分简单容易的。这里所说的简单容易并不仅仅指的是外在形式，稍稍深入思考一下，比如和歌中，古代便有"风体""歌病""禁句"之类的概念，俳句中也有"切字""季题"这样的说法，词汇的选择、句子的连续，还有格调等各种艺术条件的考量。从某种意义上来讲，外形方面虽然有些单纯和短小，但却达到了很高的艺术境地，这就需要刻苦地学习和练习。也就是说，像这样的艺术形式（顺便一提这种说法不仅限于和歌和俳句，像文人画或者茶道和花道这样的艺术形式也通用），门槛很低允许各种各样的人参与，但真正能达到一定境界的只有极少数的人而已。

现在我们姑且放下这些客观的价值判断，仅仅从主观的美的体验方面来说，这样的艺术形式，即使对非专业的人来说也比较友好。可以清楚地看到一个事实，那就是审美享受的普及性和审美创作的普及性在这个民族中并行。在这样的情况下，从美学角度来看，美的享受和美的创造的本源统一性只有在民族生活中才能最大限度地保持并发挥它原本的特性，这种本源统一性也可以理解为一种兴趣主义的形式。日本民族本来的审美意识就拥有向着本源的统一性这个方向发展的趋势，也正因如此日本才能发展出很多别的国家不曾有过的特别的艺术形式，或者反过来说，正是因为这些艺术形式的产生，才使日本民族的审美意识向着本源统一性的方向发展，这二者可以说是互为因果的。这样来看，像和歌、俳谐这样的艺术形式，没有过多地掺杂人为干预的因素，比如艺术的职业化、艺术创作和艺术鉴赏在社会分工上的分化。没有经过这些人为因素的干预和歪曲，将人类最本真的审美意识原原本本地展现出来，保持并发展了它的纯粹性和纯真性，这也是这些艺术形式比较独特的艺术特征。

以上是将歌道本身作为一种艺术来讨论的，若是换个角度，从"幽玄"概念产生的背景和对艺术本身的反省的角度，换句话说即从歌学的发达的角度来考虑的话，还有一两个值得指出的特点。

日本本来并没有产生像西方那样的美学和艺术哲学体系，但是不论在中国还是在日本，都出现过对于某一个艺术形式的反省形式，就是我们通常所说的诗论和画论。其实，日本的歌学也是这其中的一种。一般而言，这种艺术论多是就艺术中的技巧和形式等方面进行的评论和研究（尤其是在东方，因为并没有单独分化出艺术史或美术史这样的研究类别，所以此种艺术论中通常还带有些历史方面的考察）。通常情况下，这种艺术论关于审美本质问题的考察可以说是很微弱且浅薄的。

在中国的画论和诗论之中，关于作品中审美本质和对美的印象这方面的形容词汇，其精致丰富的程度世上罕见，但其中却几乎看不见关于美学理论性的考察。比较来看，日本的歌学在这方面的表现则稍有不同。藤原滨成在奈良末期撰写了最早的歌论著作《歌经标式》，又在平安朝后期完成了《和歌四式》。在他的著作中我们可以看到他的思想受了空海的《文镜秘府论》等著作的影响，换言之，受到了部分传到日本的中国诗论的思想的影响，可以说是一种对中国诗论在形式上的模仿。但从平安朝到镰仓朝，随着歌道的兴盛，中世的歌学也日渐繁荣，开始出现了很多关于技巧之外的问题的探讨，比如和歌的美学本质、艺术样式、创作契机和过程、歌道和宗教意识之间的关系，等等。这种研究已经在一定程度上深入了精神领域，在其中也能看出一些美学方面的考量。而其后受了日本中世以后的歌论影响而成的书，比如世阿弥和禅竹的能乐论相关著作，可以说已经具有很大的美学和艺术哲学的特质了。

还有一点需要特别注意的是，在歌论这个范畴之中，对于艺术的样式论的反省通常和对自然美的体验与内容反省紧密相连。这一点在我看来，已经超出了特殊艺术论的范畴，转而向一般美学靠拢，在个别之处甚至达到了很高的成就。与此同时，这一点也和我之前提到过的和歌和俳句中所包含的独特的东方审美意识相联系，也就是在某种意义上与"艺术感的契机"和"自然感的契机"之间的相互渗透和融合这件事情相联系。这便是我将"幽玄"定义为包含着东方特殊的民族精神的美学概念的根据所在。

这里所指出的歌学反省的这个特点,我在后面考察"幽玄体"这种和歌概念的时候,会列举一些例子来说明,在这里就不详细展开了,只举一个小例子来简单地说明一下这个概念。

那么我们就一起来看一下之前提到过的《和歌四式》的《喜撰式》中所列举的和歌四病,若是将四种病用文字表达出来则分别是:(一)岸树、(二)风烛、(三)浪舟、(四)落花,正是所谓的岸树易倒、风烛易消、浪舟易覆、落花易乱。对于这些和歌中缺点的论述,并不仅仅表达出了对和歌审美印象的模糊感受,比如第一个岸树,就包含"照日……""照月……"这样的第一句和第二句首字相同的例子(其他的相关论述也大都是音律上的问题),这其中明显地有着对和歌形式和风格的侧面认知。像这样对和歌进行一定格调上的概括的时候,"岸树"和"风烛"这样的词,通常被认为是自然感方面的表现,但通常也只是把它当作一种比喻,不过我觉得这体现了"自然感"和"艺术感"之间呈现出的美的融合。正如纪贯之所说"花间莺鸣，池畔蛙声，万事万物，皆可歌咏"，诗中有自然，自然中有诗。在这之后，在中世歌人的和歌"风体论"中也能看出一些艺术感与自然感相互贯通的影子，这种相互贯通也在后来成了和歌发展史中的一个重要基调。"歌若五尺之菖蒲，自水而出"，这样的表述，本身就是在艺术感和自然感相互贯通的基础上形成的，已经超越了比喻和类比这样的修辞手法上的含义，是对和歌本质的论述。

总之，之后有关"幽玄"相关的概念和问题的论述，都是以"幽玄"的母胎即歌道（艺术本身）和歌学（艺术论）为基础而做出的研究。如此一来，我将"幽玄"作为一个美学范畴来研究也就有了充分的理由。

二

作为价值概念与样式概念的"幽玄"

最近有很多关于"幽玄"的研究陆续发表，但这些研究多倾向于历史方向，尤其是思想文学史和精神史这两个方面。若是将这些研究概括一下（虽然我可能也只看了其中的一小部分），在我看来不外乎就是两种，一种是将这个概念所覆盖的范围扩展到世界观的层次去讨论，另一种是尽可能把它限定在一个特殊的观点里去研究。但我认为不论怎样从"幽玄"思想的历史，或者说它的起源去分析，都没有办法阐释清楚它的审美意义。所以我们就暂且放下所有有关精神史的研究方法，只纯粹地从美学角度来探讨。为此我们要做一些必要的准备，即在一定程度上用文献学的方法去研究一些"幽玄"的用例。而且这个用例的取材范围并不仅限于歌学，还包括日本的古诗文甚至可以扩展到中国的文献。然而这个工作我们也只能等待相关领域的专家来做。但无论如何"幽玄"这个概念本就脱胎于日本的歌学，而我们又是从美学的角度来研究它，那么在此我们就只参照这一领域的相关文献。

在这种情况下，有一件事情需要注意，那就是要区分"幽玄"这个词到底是作为一个特殊的美学意义上被使用的"价值概念",还是等同于歌论中的"幽玄体"即一种"样式概念"(至于如何区分两者之间的微妙区别,接下来我会详细论述)。

我在粗略地研究了日本歌学相关的文献后,发现"幽玄"这个词绝大多数时候都是作为"幽玄体"这一样式概念被使用的,或者是由样式概念发展而来的概念(虽然文献中并没有使用"幽玄体"和"幽玄调"这样的词汇)。但有时也会有这样的情况,就是在歌学之外的文献中,"幽玄"这个词会脱离样式概念的范畴,作为纯粹的审美价值概念出现。

其实本来"幽玄体"这种样式概念就是在幽玄这个词的基础上发展而成的。但是一旦"幽玄"这个词作为样式概念的含义确立后,那么从中发展而来的新概念,即使还写作"幽玄"二字,它代表的也不是在样式概念形成之前的审美概念了,从歌合的判词中可以看出这一点,在这里就没有必要论证了。而"幽玄""有心"这样的概念历来就存在许多混乱的地方,接下来我会尝试对此进行整理,在这里提出来只是想先给大家留一个印象。

从这一观点来看，在中国的文献中，就有相关的用例，根据冈崎义惠的《日本文艺学》，唐代诗人骆宾王的《萤火赋》中就有这样一句话"委性命兮幽玄，任物理兮迁兮"。晋代谢道韫的《登山》一诗中也有这样的句子"峨峨东岳高，秀极冲青天。岩中间虚宇，寂寞幽以玄。非工复非匠，云构发自然。器象尔何物……"，临济禅师也有"佛法幽玄"这样的表述留存。先不管这些文献中"幽玄"用例的背后到底有没有老庄思想和禅宗思想，在这些用例的语境中，关于"幽玄"二字的解释，我们必须要考虑到它的字面意思。

接下来我们来看一下"幽玄"在日本古代除歌学之外的用例。藤原宗忠所著《作文大体》中用"余情幽玄体"来命名一种诗，将其与其他种类的诗加以区分，宗忠认为菅三品的诗"兰蕙苑风催紫后，蓬莱洞月照霜中"就属此类，并在诗后加了一段评语"此等诚幽玄体也，作文士熟此风情而已"。细想来，这首诗应当是借菊来象征性地表现美的内容的"幽玄"性，但这里的用法同时又能明显地看出些样式概念的意味，所以我们就姑且将此例作意外视之。这个用例是较我后面要说的歌学方法的"忠岑十体"的样式思想要晚一些的，可能也已经受了歌学中样式论的"幽玄"概念的影响（尤其是《作文十体》的这一部分，并不像出自忠宗本人之手，更像是后人的文章混了进去）。

除此之外，还有大江匡房和藤原敦光等这些善于写汉文诗的日本人，也留下了诸如"幽玄之境""古今相隔，幽玄相同""幽玄之古篇""幽玄之晶莹才""艺术极幽玄，诗情仿元白"和"幽玄之道"的表述方式。这些句子中的"幽玄"，指的是极致的艺术美，或者说达到这种极致艺术美的途径和方式，很显然这些用例中着重强调的是审美价值概念方面的意味。换言之，这些用法还没有定型在样式概念这个狭窄的范围内。这些句子出现的同一时期，在像藤原基俊这样擅长汉文的优秀歌人之间，歌道方面的"幽玄"概念在这样的文人墨客圈子中已经传开了。但不管怎样，在这些用例中，能清楚地看到"幽玄"这个概念还没有固定在特殊的样式概念的模型里。

接下来我们看一下歌学方面的用例，"幽玄"这个词在歌学的领域中出现，最早可见于纪淑望为《古今集》所作的真名序中，原句为"至如难波津之升献天皇，富绪川之篇报太子，或事关神异，或兴入幽玄，但见上古歌多存古质之语，未为耳目之玩"。这里的"幽玄"可以做多种解释，或许和圣德太子的传说有关系，直接指的就是"佛法幽玄"的意思，但非常清楚的是这个词不仅仅存在于歌道之中，也不仅仅局限于后来的样式概念的定义中。接着在任生忠岑提出的"和歌十体"的概念中，幽玄体和高情体经常与古语体、神妙体、直体等作为一种和歌的种类被列举出来。这个和歌十体的歌体分类，就是以样式为划分依据的区分方式，但这个分类的条件实在是过于混乱，并没有一个严密的样式和标准。

但在这个歌学十体的分类中，并没有明确地出现"幽玄体"这样的表述或者说分类方式，和后世的"幽玄体"概念最相近的是余情体和高情体。在忠岑对高情体的解释中有这样一句话"此体虽凡，然流义入幽玄，诸歌之为上科也"，这里面也出现了"幽玄"这个词。顺便一提我认为这里的"虽（雖）"字可能是"离

（離）"字的误写。若是将这个词在原文的语境里解释的话，可能"幽玄"的价值意味就是"义"，也可以说是"心"的一个侧面。但是我想脱离"词"和"义"这样浅薄的领域，把它放到一个崇高幽远的境界中去解释，这也和之前的"诸歌之为上科也"的含义互相照应，还将歌的审美价值提升到了一个很高的层次上。

不管怎么说，"幽玄"这个词并不仅仅局限于后世发展出的样式概念中，反而是一种贯穿于和歌作品中的美的或者说艺术的价值概念。

在这之后的歌学文献中最值得注意的是，公任的《新撰髓脑》和《和歌九品》，《和歌九品》将和歌以价值等级为标准分成了九类。我们可以一起来看看这九品中的最高等级，也就是上品上所举的和歌的例子，比如"朝雾朦胧罩海湾，小岛若隐若现，仿若扁舟一叶"，还有忠岑的"春日新至，暗夜吉野，云雾朦胧"。公任对这两首和歌的评价是"用词考究，且有余心"，这里的"余心"指的就是"余情"，若是用样式体的思考方式来考虑，那么这就是忠岑所说的"余情体"和"高情体"，或者是出现得更晚一些的说法——

幽玄体。公任在《新撰髓脑》中将九首和歌用不同的风体区分开来，紧接着便举了"风吹白浪"这首和歌的例子，并赞曰"可视为范本"。这种方法很明显是一种以样式为标准的区分方法，但我们之前所说的和歌九品又很明显地是一种价值等级的区分方式。在公任的歌学见解中，有很多像这样既有样式区分要素又有价值区分要素的方法，这也是我们需要注意的一点。

接下来，我们再来看看在基俊对歌合的判词中出现的"幽玄"又带有怎样的含义。当时基俊以歌道大家的身份担任了中公亮显辅家的歌合判者一职（长承三年九月），他对左"远眺见红叶，原是谁家梨木，挂满霜露"和右"红红未摘花，浓淡穿霜露，披染红叶色"分别下了判词，"左歌词虽拟古质之体，义似通幽玄之境，右歌义虽无曲折，言泉已[非]凡流也，仍以右为胜。毕。"那这里所说的左歌的意味内容（"义"）通"幽玄之境"，到底指的是什么呢？或许这个幽玄有一些老庄思想的含义，歌咏的是晚秋隐居在山中无妻无子安然享受孤独幽凄之心境的隐士。若是不从这个角度来解释的话，这个判词的意思则是，左歌的用词具有古风且简洁朴实，但它所表达的意味确是非常复杂的，词和心多多少少有些不匹配。右歌的内容虽然意味并不十分曲折，但它的词很简洁明了，形式和内容做到了很好的统一，所以相比较而言右歌则更胜一筹。

值得注意的是，虽然这里用词是"幽玄之境"，并没有明显地体现出"幽玄体"这样的样式概念，但这里的"幽玄"一词有着一定的审美意义，而且有"幽玄"之意并不代表它的艺术价值更高。可能基俊在用这个词的时候，想表达的只是老庄和禅宗这样的宗教意味的"幽玄"概念，也就是说这个词的主要含义并不是美学意味上的。但我觉得这个问题其实并没有这么简单。

到底为什么被评判具有"幽玄之境"的和歌在歌合中并没有胜出呢，实际上这种情况在其他人担任判者的歌合中也常有出现。在基俊所处的时代，"幽玄"这个概念在汉诗文领域经常出现，特别是在《作文大体》中出现的"幽玄"，还有"忠岑十体"中解释"高情体"时用到的"幽玄"，都是比较明显的用例。基俊是当时既精通汉诗又在和歌上颇有造诣的大家，所以他受到这种观念的影响应该也是很正常的一件事。其实基俊所讲的"幽玄"在一开始一定是具有一些老庄思想成分的，但它也不是仅仅只含有这一种元素，它还含有一些像"余情幽玄体"这样的样式概念的元素，可能程度很轻，甚至并不足以称之为样式概念，但无法否认的是在谈论诗与和歌的时候，"幽玄"已经被作为一种特殊的术语在使用了。

这样想来，作为一种样式概念或者说特殊术语的"幽玄"，与一般性的表示极致美学价值或艺术价值的"幽玄"，在基俊的判词中就已经有了一种若隐若现的分道扬镳之感。我们用美学的眼光来思考"幽玄"概念的时候，一定要重视这个问题。

三

中世歌学中的幽玄概念
的展开

接下来我们还要一起来探讨一下，在我国中世的歌学中，"幽玄"作为一种样式概念或者说"幽玄体"的概念大致确立后，歌学家们对这个概念都做了一些怎样的说明。

在现存的文献中，例如忠岑的《和歌十体》，就有了将"幽玄"赋予样式概念意味的倾向。但在歌道中，"幽玄"作为一种名副其实的样式概念或者说歌体和风体，被明确地确认下来，则是藤原俊成领导的歌坛时期。我们可以去看俊成的著作《古来风体抄》，或者去看看他的歌合判词，从中可以看出俊成并非有意识地倡导将"幽玄体"作为一种特殊的样式确立下来。尽管俊成并没有将自己的歌体直接概括为"幽玄体"，但他本人的艺术倾向和作歌的样式性格，与从前歌道中的模糊的"幽玄"概念之间有着一种本质的联系。前者从后者身上获得了理念上的启示，后者从前者身上找到了具体的个性化的展现方式。从那时开始，"幽玄体"的概念便逐渐确立起来，这一点从鸭长明的《无名抄》和藤原定家的诸多作品中都可以看出来。（他们的歌合判词中经常出现"幽玄"这个词。）

首先，俊成的歌论中直接出现"幽玄"这两个字是在慈镇和尚的歌合判词之后，自述自己的平生抱负的段落中，我们可以一起来看一看这段话：

> 所谓和歌……虽然只是吟咏和歌唱，但听起来也一定要有幽玄之感。一首好的和歌，除开词与姿之外，还要有些许景气，比如春花边要有霞光，秋月下要有鹿鸣，篱笆的梅花上要有春风的味道，山峰的红叶上一定要降下时雨，这便是有景气。我常说，春天的月亮，不管是悬挂于空中还是映于水中，都是手触不到的感觉。

虽然这里只用了"幽玄"二字，并没有直接使用"幽玄体"一词，但从这段话表达的意思来看，他明显是想说"幽玄"就是那种缥缈的、余情缭绕的和歌。若是再深入一些，我认为他想表达的是，"幽玄"不仅是歌词在表面上描述出的画面，还是那种意味上的余情，心词合一，朗诵时会感受到一种弥漫于整首和歌中的不可用语言表述的美的氛围。总之,俊成认为"幽玄"不是单纯的余情也不是单纯的美,而是两者的统一,是一种难以捕捉的、漂泊的余情。俊成还叫"显广"的时候,曾担任中宫亮重家朝臣的歌合判者,他曾对"越过岸边的白浪,遥望落花中的故乡"这首和歌作了"风体幽玄调,义非凡俗"的判词。在他改名为俊成之后,在住吉神社的歌合上将"晚秋阵雨,徒增芦屋寂寥,不眠之夜思故乡"评为"优胜",称歌中的"寂寥""思故乡"已入幽玄之境。在广田社的歌合中,他也曾评"划动船桨,远望海原,云井之岸挂白云"可见幽玄之体,和其他和歌并列不分伯仲。在三井寺新罗社歌合中,他也曾评"晨起出海,耳闻鸟鸣,渐离高津宫"为幽玄,在西行法师的御裳濯川歌合上,俊成在评鸟立沼泽和津国难波之春等歌时也用了"幽玄"这个评语。还有很多别的例子,在此就先做省略了。在六百番歌合等其他歌合中,他也经常使用"幽玄之体""幽玄之调"这样的词,有时也会有"已入幽玄之境""是为幽玄"这样的表达。

作为样式概念的"幽玄"思想,在鸭长明的《无名抄》中则有更明确的表达。在该书的下卷《近代歌体》（亦作《近代古体》）一节中写：

> 现在人们对和歌的看法大致可以分为两派，一派喜欢中古时代的和歌，认为当代的和歌不好，讽刺其为"达摩宗"，另一派喜欢当代的和歌，认为中古期的和歌近乎庸俗，那么鸭长明是怎样看待这个问题的呢？他接着写道："现在的歌人，因深知和歌为世代所传颂，便回归古风，学习'幽玄体'。但学习中古之风的人却对此大惊失色并加以嘲讽，其实只要心诚，'上手'和'秀歌'本就不是对立的。"

至于"幽玄"这个概念，他认为始于《古今集》，且对"幽玄体"的本质加以一定说明：

> 若是非要解释一下并不明显于文字中的余情，其实就是心与词都艳丽无比，那么自然就

具备了幽玄之意。比如，秋季傍晚的天空，虽无声无息，却不知何故动人心弦，令人落泪。

他还举例子说，一个优雅的女子含恨含怨，却不明说的样子就是"幽玄"。接着又说"于浓雾之中，眺望若隐若现的秋山，很容易就激起人的想象力，令人开始幻想满山树叶均被染红了的样子"。他还在同一本书中引用了俊惠的话"世人所说的好歌，就像竖纹的织物，而具有艳情的和歌就仿若浮纹的织物，景气是浮现其上的"，并将《朦胧灯火》和《从前没有光的春夜》这两首和歌作为例子，说"仅在此处隐藏的余情才浮现出来"。由此可以看出，鸭长明一方面继承了俊成含有价值概念意味的"幽玄"概念，还从另一个角度明确地将"余情"作为"幽玄"概念中的一种确定下来，由此一来"幽玄"作为一种样式概念就显得愈来愈特殊化了。

到了藤原俊成的儿子藤原定家的时代，歌道中的样式概念逐渐确定下来，也是在那时，"幽玄"这个词逐渐用来表示一种歌体，"幽玄体"的概念也更加具体更加特殊化了。不过向来定家的著作中伪书都比较多，所以若是想要真正去了解定家本人的看法，那么就必须找那些专家已经确认过的无疑为定家本人所作的文章来研究。（但实际上，我在后面也会提到，有一些人为了用材料佐证自己的美学观点，即使知道这并非定家所作，却也还是将一些歌学著作中的"幽玄"概念作为参考，其实这在"幽玄"研究的领域还是个较为普遍的现象。）

我在这里参考的是定家的《每月抄》。定家很早便成为那时的歌道巨匠，他继承了"忠岑十体"和"道济十体"，将和歌划分成了十种风体，分别是幽玄体、事可然体、丽体、有心体、长高体、见样体、面白体、有一节体、浓体和鬼拉体。对于这些歌体，《每月抄》中有如下描述：

> 最近一两年最好不要作这种和歌，若是说最能体现和歌原初姿态的风体，还要当属十体中的幽玄体、事可然体、丽体、有心体这四种风体。其实这四种歌体在古风和歌中也比较常见。……当能自在地随口吟咏这四种风体的时

候,其余的长高体、见样体、面白体、有一节体、浓体,也会变得简单起来。鬼拉体确实很难学好,初学者在经过无数练习后仍然不能吟诵,也是很正常的。

他还说:

和歌十体中最能表现和歌本质的是"有心体"……优秀的和歌一定都附带着心的果实……不过有时候作此体和歌确实很困难,当朦气缭绕、心思混乱的时候,无论怎样努力,都吟咏不出有心体的和歌。想要吟咏出优秀和歌的愿望越强烈,就越事与愿违作不出优秀的和歌。在这种时候,可以试着吟咏一些"景气"之歌,只要姿和词都很好,听上去也很不错,那么歌心很浅也没有关系。四五首或十多首之后,朦气就会消失,性机也会逐渐变得秀丽起来,这样就可以恢复好的状态。至于恋歌和述怀歌,那么则非有心体难成好歌。

定家的歌论中很提倡"有心体",这一点是值得我们注意的。定家基本上将"幽玄体"作为一种样式概念固定下来。但与此同时,"有心"的概念作为一种艺术理想,相较于幽玄概念则占据了更高层次的位置,对此可以看看这段话感受一下:

> "有心"体与其他九种歌体密切相关,因为"幽玄"中需要有心,"长高"中也需要有心,其余亦是如此。不管是哪一种歌体,如果无心,那么就只能是一首低劣的和歌。十体中其余的歌体并没有像"有心体"这样将"有心"的特征体现得如此明显,因此我又专门提出了"有心体"这一歌体。但实际上,每个歌体中都含有"有心"这个元素。

我们可以看到,在定家的《每月抄》中,"幽玄"作为一种特殊的样式概念,它所带有的意义范围缩小了,从定家说的这句"若是在'幽玄'之词后接上'鬼拉'之词，那便丑陋起来"可见一斑。（后面我要论述的世阿弥的《能乐论》著作中所展示的思想，应该也受到了定家的影响。）

最近在大多数国文学者关于从俊成到定家时期"幽玄"概念的研究中，都可以看见"幽玄"和"有心"的关系调查，我当然也无可避免地会涉及这个方面。我这个门外汉在这方面的看法将放到后面来说。接下来我们一起来看看在定家之后，也就是"幽玄"这个概念被确立之后，它又向着什么方向发展。

在研究这个问题的过程中，我们可以参考从镰仓时代到室町时代，定家子孙和其门人的著述，比如《和歌秘传抄》（为世著）、《正彻物语》（正彻著）和《私语》（心敬著），甚至我们也可以参考据传是定家所作而实际上是后人写的伪书这样的作品。因为不管怎样，这些伪书也是那个时代尊崇定家，将定家的思想当作权威的人所作，这其中最典型的便是相传为定家所作的《愚秘抄》，这里细化了歌体的分类，分成了十八种，在这里就没有必要一一列举了。作者说这十八体是"以之前的十体为基础，又重新细化了心和词的品味"，在

"幽玄体"下又增加了"行云"和"回雪"两个分类。从中也可以看出定家之后，歌道的样式概念分化得越来越细致。也就是说，有关"幽玄体"本身这个意味内容的说明愈来愈精细化。对我们来说，即使这种说法并不是定家本人提出来的，但在研究"幽玄"概念在内容上的美学意义时，这些东西多少还是有一些参照意义的。就像我之前提过的那样，《愚秘抄》中提到"幽玄体"并不是一个单一独立的概念，其下还有"行云""回雪"两种，"幽玄体"只是一个总称。原来"行云"和"回雪"是"艳女的形容词"。"行云"便是"很优雅高贵的，像是笼罩着薄云的月亮一样的感觉"的和歌；"回雪"是指"不仅优雅高贵，还要有漫天飞雪飘扬之感"的和歌。作者还写道：

> 《文选·高唐赋》中有云，昔先王游高唐，怠而昼寝，梦见一妇人，曰："妾巫山之女也，为高堂之客，旦为朝云，暮为行雨。朝朝暮暮，阳台之下。"旦朝观之，如言。故为立庙，号曰朝云。同书《洛神赋》有云：河洛

之神，名曰宓妃……仿佛兮若轻云之蔽月，飘摇兮若流风之回雪……肩若削成，腰如约素，云云。此为神女也，此为幽玄之一体，其余各体亦类似。

又在其后写道：

躬恒见住吉之松而作秋风之歌，经信见浪浣松枝而作白波歌，皆为此幽玄体。这并非和歌之中道，乃明快之歌体。曾有人言，此种歌就仿若八旬老翁白发苍苍身戴白帽靠在紫檀树下，就像铺虎皮于大石，遥望远方，奏响和琴，也像时时刻刻都在欣赏疾风拍打骤雨。

这里用八旬老翁作比，其实还是比较符合"幽玄"概念的，但住吉之松那首和歌，在歌体样式上更像是"远白歌"。《群书类从》中的《西公谈抄》曾举了一个"远白歌"的例子："海风徐徐，白波上泛松树枝。"从这我们或许可以认为，这首和歌最早并没有被归于"幽玄体"的类别中,反而是用来说明"长高体"("含"远白体")的。若真是这样,我们也就能清晰地看到"幽玄"的概念范围是怎样一步步被限定缩小了的。

接着该书还将歌道类比为书道中的一些概念,大凡书体都可分为"皮骨肉"三体。从这个角度来看"古来三迹"的话,那么"道风"就是"弃皮骨而写肉","佐理"就是"弃骨肉而写皮","行成"就是"写肉而弃皮骨"。这里的三迹各有取舍,"道风"不借笔势而显强劲,无亲切之感;"行成"温柔有余而强劲不足;"佐理"只知温柔却无强劲与亲切。"强劲为骨,柔婉为皮,亲切为肉",若是再将皮骨肉三者与和歌十体一一对应起来,则"拉鬼体""有心体""事可然体""丽体"对应"骨","浓体""有一节体""面白体"对应"肉","长高体""见样体""幽玄体"对应"皮",总之我们能看见作为一种特殊的样式概念而被歪曲了的"幽玄"。

同样是假托定家之名的伪书《愚见抄》,里面也有关于和歌十体的论述。除了将"幽玄"又分成"行云"

和"回雪"两体之外,还有"心幽玄、词幽玄两种,今体为词幽玄"。在这里,"幽玄体"有了两重相互交错的分类方法,我们可以看出,在当时和歌的样式思想已经发展到相当细致的地步了,而且同时又与作为艺术构成要素的"词"和"心"(形式和内容)的分析相结合,而且从"词幽玄"这样的说法中,就能看出"幽玄"概念已经逐渐从样式概念中脱身,成为一种单纯的用来表示外部形式特征的概念了。

四

正彻、心敬、世阿弥、禅竹的"幽玄"概念

关于中世的"幽玄"概念，室町时代的杰出歌人正彻的歌学著作《正彻物语》或《彻书记物语》能给我们较多启示和帮助。我们可以一起来看看这里出现的"幽玄"概念具体指的是什么。

首先是题为《暮山雪》的和歌"云雾绕山峰，黄昏正降临，雪峰无梯"，并在后面加了评注"这就是'行云回雪体'，是云被风吹拂之体，是被彩霞笼罩之体，是艳也是有趣，是有着漂泊之感的无上歌体"。因为"行云回雪体"就是"幽玄体"，虽说这看起来确实像是纯粹的样式概念，但正彻所说的"幽玄"也是有一定价值概念的意味的。他举的例子中还有一首以《春恋》为题的和歌"黄昏朦胧，明月隐约，似是恋人面"，并评曰"在月光下，云雾缭绕彩霞飘荡，这种风情是词和心都难以表达的，这就是'幽玄'，也有亲切之意"。除此之外，还引用了一首《源氏物语》中源氏的歌"无人触衣袖，花香缭绕，春日清晨"，并认为这首和上一首"堪称一对"。这里的"幽玄"实际上有些优雅柔婉的意思，这恐怕也受到了定家以后作为样式概念被固定下来的"幽玄"论的影响，他还写道：

"幽玄体"其实要达到一定的层次才能体会到,很多时候人们所说的"幽玄",其实只是"余情体"而已,并不是真正的"幽玄"。还有人将"物哀"说成是幽玄体。定家也曾说过:"从前有个歌人叫纪贯之,喜欢吟咏强劲的歌体,并不吟咏幽玄体。"(引自岩波书店《中世歌论集》,歌学文库的《彻书记物语》中的文字可能稍有不同。)

正彻还说,这里的"幽玄"并不仅仅是"余情"的意思,也不是单纯的"物哀"。在《正彻物语》的下卷对"幽玄"也有进一步的说明(后面会详细说明)。其实我们可以从中看出,正彻的"幽玄"概念已经有些超出了样式概念的范畴,带有了些价值概念的意味,"幽玄体"也被放在了很高的位置上。但他谈到纪贯之时引用了定家的说法,认为纪贯之等歌人是拒绝"幽玄"风的,这时的"幽玄"又有了些价值意味的意思。该书的下卷,正彻还写道:

吟咏和歌时，遣词造句一定要自然地脱口而出，而不能说理，一定要幽玄和亲切，最优秀的和歌一定都不是说理的，说理是一定要被避免的。

但是紧随其后，他举了一个和歌的例子，是他自己的作品"海风砂石扑打岸边松，松树似是在悲鸣"，并说自己在作这首歌的时候，心中浮现的是藤原家隆的那首"海边松枝乱，月光洒梢头，老鹤松枝齐鸣"，说："这首歌从歌体上看，带给人一种岩石上满是苔藓，星霜千年的感觉，令人仿若置身仙境，这是强劲之歌，却并不是幽玄体。"从中我们可以看出，他将"长高体""强力体"与"幽玄体"进行了严格的区分，大概也是受困于定家以来的样式概念。若是俊成等人亲自来做判词，大概也会用"幽玄"一词来形容这首和歌的吧。

正彻还说过：

作歌常常是有遗憾的，有的在事后想来甚至有些不符合自己的本意，若是一首歌获得了所有人的称赞，这对自己来说反而是有些遗憾的，但若是一首歌真的极尽幽玄，乃至理解的人非常稀少，这也是有些遗憾的。

由此可见，带有"幽玄"本意的和歌往往艺术价值很高，是难入俗耳的类型。正彻还举了一首题为《落花》的和歌作为例子："午夜梦回，花开后凋落，好似白云乱山峰。"评为：

> 幽玄体之歌也。所谓幽玄，就是不能诉之于口的心中感受，是难用语言去形容的。薄云遮月，秋雾笼罩满是红叶的山峰，这都是幽玄之姿。若是问幽玄究竟是什么，其实是并不好回答的。可能对无法理解幽玄的人来说，夜空晴朗，月光皎皎照天下才有趣。幽玄到底妙在哪里，有趣在何处，这是无法具体言说的。最会写梦的可以说是源氏，有一首写初见继母

藤壶妃子时的情景，相会却再难相逢，像是身在梦中，迷幻又真切，令人难忘，这其实就是幽玄的样子。

我们从这些例子中就可以看出，正彻所认为的"幽玄"，就像《源氏物语》中的情趣，是优美的、艳美的，是带有神秘和梦幻色彩的，是不能用逻辑思维条理清晰地说清楚的，它呈现出来的是一种缥缈的情绪。可以说这就是中世"幽玄"概念的精髓了。正彻还在这本书的最后问道：到底"幽玄体"是什么呢，他举了《愚秘抄》中引用的襄王与巫山神女的故事：

> 这里所说的"朝云暮雨"体，其实就是"幽玄体"。那么"幽玄"究竟存在于哪里呢，其实就在心中。这是只存在于心中，无法用词汇表达出来的东西，若是能表达出来，也就无所谓"幽玄体"了。南殿的樱花盛开了，四五名女子身着丝质衣裙，对花而歌，这能不能称之为"幽玄"呢？追问"幽玄"到底在哪

儿的这件事情本身,就已经不是"幽玄"了。

其实这一段和我们之前列举的段落所呈现的观点没有太大的区别,正彻还是在强调一点,即"幽玄"是无法用语言表达的,还举出了南殿看花这种富有优美和艳丽情趣的例子。虽然这是否能称之为"幽玄"尚且存疑。我们需要注意的一点是,正彻在引文中已经明确地提出"幽玄"是存在于心中的东西。

正彻之后的心敬,对"心"的方面做了更加突出的强调。他在《私语》中曾写道:

> 古人曾说,"幽玄"是歌道应有之义,也是修行歌道时所必备的素质。古人所说的"幽玄体"在判词中似乎很多见,但此处的"幽玄"可能和今人所理解有区别。修饰外表是为了展示给外人看,但心的修炼却完全就是私人行为了。所以,古人所说最高级的"幽玄体",和如今的理解可能有很大的差别。

这里我们也能看出一些定家的思想,即"有心"和"幽玄"逐渐合并的思想。

此时歌学上的幽玄概念开始进入能乐领域,在世阿弥的十六部著作中,这个概念经常出现在《花传书》《申乐谈义》《能作书》《觉习条条》《至花道书》等书中。虽然我们没有办法把每一个用例都拿出来分析一遍,却可以对此进行一个大致的概括,世阿弥的"幽玄"概念大体还是延续了定家之后作为样式概念的含义,在此基础上着重强调了一下优丽微妙的含义。本来能乐这种艺术形式就和和歌不同,是一种能用人眼直接观赏的艺术形式。"幽玄"在作为和歌的样式概念的时候,就已经包含了一些优丽微妙的意思了,而能乐又着重发展了这一点。世阿弥在使用"幽玄"这个词的时候,常常将它限定在亲切、柔婉这样的美感上。下面这段话便可见一斑:

> 正是因为人们喜欢将"幽玄"与"强力"从具体的事物中脱离出来,人为地将它们孤立起来,这才产生了许多误会。"幽玄"与"强

力"本身就是某个事物自身所具备的性质,比如人中的女御、更衣、舞伎、美女、美男,草木之中的花草,都是含有"幽玄"的事物,像武士、蛮夷、鬼、神和草木之中的松树与杉树,这些都是"强力"的代表。若是能充分地模仿到万物的精髓,那么模仿"幽玄"的时候必然"幽玄",模仿"强力"的时候必然"强力"。(《花传书》)

然而换个角度思考,世阿弥其实并不是只将"幽玄"作为价值概念的一种来看待,他甚至认为"幽玄"是能乐的第一原理。比如在论述能乐的"位"时,他说:

生来就具有"幽玄"之美,此为"位",而没有这个天赋的人,则只有"长",但需要注意的一点是这个"长"却和"幽玄"关系不大。

以上都是世阿弥在《花传书》中的论述，在他其他的著作中，"幽玄"一词出现的频率也颇高，后面也都附有解释和说明，所以若是要完全理解透彻他口中"幽玄"的含义，就必须对他所有著作中"幽玄"出现时的情况加以考察。但其实通过刚刚列举的这几段，我们也不难想象，世阿弥的观点和一些歌学观点有着共通之处，那就是经常将价值概念的"幽玄"和抽象意义上的"幽玄"这二者混同起来。而且也不难看出，世阿弥应该也受到了《愚秘抄》的影响，在《至花道》这本书中，也将书道中的"皮骨肉"三体说套用到了能乐中。不过有趣的是，在《愚秘抄》中，"皮"所对应的就是"幽玄"，但世阿弥却只用"幽玄"中的"亲切"这个方面来对应"皮"，对此也没有做出太高的评价。世阿弥很重视"幽玄"审美价值那方面的含义，在引入"皮骨肉"三体论的时候就显得有些手忙脚乱。他曾说：

> 若是说能乐中的皮骨肉，天生聪慧、生而得之为骨，歌舞精湛、学力强悍为肉，能将上述优势发挥出来，并有一份独特的风姿，这就

是皮。

这种对应方式其实很值得引起我们的注意。他还说"天资为骨,熟练为肉,风姿为皮""幽玄是皮风之艺劫""见闻心三者中,见为皮,闻为肉,心为骨"。其实我们从这些话中也能看出来,能乐论中对"幽玄"概念的阐释,其实就是歌学中"幽玄"概念应用到舞台上而已。

但是到了禅竹的《至道要抄》中,"幽玄"的概念较之世阿弥有了更深层次的发展。他说:

> "幽玄"之事在佛法、王道、王法、神道之中,并不仅为私人之事。它至深至远,柔和而不负万物。金性是幽玄,明镜是幽玄,剑势是幽玄,岩石是幽玄,鬼神也是幽玄。……因此,知真正之性理,才可言幽玄。

若是通览上述文献,总结一下中世歌学中"幽玄"论的发展脉络的话,大概也可以概括出几点。

首先，在古代，"幽玄"概念一直以原初的形态在一般价值概念和模糊的样式概念之间动摇。到了俊成的时代，这两种意味得到了融合发展并达到了更高的层次。与此同时，在样式概念方面，也比"忠岑十体"高了一个层次，甚至有了一些极致的理想样式的意味。与其说俊成是在进行理论上的研究，不如说是俊成按照自己对美的理解，以这个为最高标准创作和歌。不难想象，因为当时俊成的歌坛第一人地位，很多人（比如鸭长明）就将俊成本人当作是一个歌体的标准，"幽玄"概念就自然而然地被捧到了很高的位置。但俊成本人给出的判词中，其实也有将和歌冠之以"幽玄"但被评略次一等的情况，可能对俊成本人来说，"幽玄"也带有一种单纯的样式概念的意味。（关于这个问题，在后续的研究中还会遇到）。

等到了定家，俊成那里大致融合的"幽玄"概念又被分离开来，价值概念的那一部分，定家用"有心"加以替换，而"幽玄"这个词开始单单作为样式概念固定下来。虽然也有带有价值概念含义的情况，但它所代表的价值却并不是最高水准的审美价值，主要是与其他歌体并列，表示一种和歌中所含有的特殊性格和元素。这就像是沃尔林夫指出的"洛可可"和"巴洛克"的样式概念一样，已经脱离了艺术上的价值概念和艺术品的概念，成为一种单纯的样式概念。

而关于定家所说的"有心"概念，一方面他将其作为一种样式概念与其他的歌体并列使用，另一方面却把它作为一种价值概念极尽推崇，这一点我们之前也提到过。至于从俊成到定家发生了这样变化的原因，可能就像文史学家指出的那样，在于他们两人的人格和个性上的差异。也就是说俊成的性格是偏感性的，思考问题的方式也是偏综合的，而与此相反，定家是知性的、重视分析的。不过换个角度看，"幽玄"概念的这种变化，其实也展现出了对歌道的美学反省，是一种自然的发展趋势。但这到底意味着什么呢，我将在下一节论述"幽玄"与"有心"的关系时谈到。

就这样"幽玄"概念在定家留下的或者假借定家之名留下的著书中，基本上都被限定了意义范围，作为一种单纯的样式概念在使用。

到了正彻和心敬这一代，他们继承了定家的思想，但同时也尊重并理解俊成的观点，"幽玄"概念的地位也得到了提高。虽然还是经常作为"幽玄体"这样的样式概念来使用，但它所带有的含义已经不是单纯的样式概念，还含有余情和心情摇曳、情趣缥缈等含义，有着无法从概念上说明，无法用语言用词汇表达的高层次的审美价值这样的微妙含义。在歌道方面，"幽玄"这个概念有着极致理想境界的倾向。尽管正彻等人在对具体的援引例歌和譬喻进行实际说明时，由于用词的原因可能会引起一些误解，但这也只是技术上的问题而已。今天我们可以从他们的表述中察觉他们的意图，比如"幽玄体就应该从这个层面上加以解释""幽玄是存在于心的，幽玄是心之艳"。

到了世阿弥的时期，"幽玄"的概念更偏向于优美的含义，但也正如我之前所说，对于特殊的艺术形式能乐而言，"幽玄"的概念也仍然有着重要的美学价值上的意义。

顺便一提，在东方的画论中，其实倒很少强调"幽玄"这个概念。只在画家雪村的《说门第姿》中，有这样一段话"唯观天地之形势，自然之幽玄继而成画，是为此道之妙所在"。雪村认为，画道是一种"仙术"，"自然的幽玄"是老庄思想中的一种。除此之外，在他的画论中就没有对幽玄的其他理解了。但是，从雪村那些描绘自然伟力的画作中，我们确实就能感受到幽玄之美。（参照《岩波讲座・日本文学》中福景利吉郎《水墨画》）。

五

"幽玄"和"有心"、"幽玄体"与"有心体"

在我们思考"幽玄"概念在美学意义上的发展变迁的问题时，首先要弄明白的就是"幽玄"和"有心"之间的关系。关于这个问题，最近很多国文学家也都各自有着不同的观点，我们这次先不讨论这些观点，只谈谈我个人的观点。一旦我们从美学观点来思考"幽玄"和"有心"的关系，我们就会发现，这个问题会涉及两对关系：一是我们很早就说过的价值概念和样式概念的关系；二是"心"和"词"的问题，或者也可以说是"心"和"词"与"姿"（艺术的形式与内容）之间的关系。我们就以这两个问题为中心来探讨"幽玄"与"有心"之间的联系问题。

关于这个问题的由来，我之前所做的讨论应该已经非常清晰明确了。我们还可以从历史的角度去看，在假托定家之名作的《愚秘抄》中，曾有这样一个记载，文治年间仙洞御所曾向歌道众人征集关于"至极体"的意见。那时，俊成卿曾主张"至极体"就是"有心体"，他曾说："有心体的形式很多，它表达的心有忠实之感，词汇表达委婉，朴实而有趣，这就是真正的有心体。"后来，在元久年间，歌人曾又一次被召唤到宫中，关于这个曾讨论过的问题，寂莲、有家、雅经、家隆等人，均认为"至极体"就是"有心体"，通具朝臣则对"有心体""幽玄体""丽体"这三者都难以舍弃，显昭则取了"丽体"，摄政大臣则说他赞成俊成卿的看法。书中写的是："睿虑也很赞成这个想法，而我并不是附和家父，表达的仅仅是自己的私人看法，我坚定地认为'有心体'就是'至极体'。"

从这些记载中我们可以看出，当时一流的歌人寂莲、家隆、有家、雅经等人都认为"幽玄体"就是和歌最高级的样式，而与此相对，俊成父子等人认为"有心体"才是最高位的样式。但是，我们也不要忘了，《愚秘抄》本身就是本伪书。不论是在俊成的歌论中还是在他的判词中，几乎都没有出现过"有心体"这样的概念。他个人真正的立场，反而应该是偏向"幽玄体"的，还与主张"有心体"的定家有一种对立的关系，这个问题之前我们也已经讨论过了。要考察定家的主张，只依照《愚秘抄》是行不通的，还应该参照《每月抄》。在那里定家曾明确地说过"最能代表和歌本质的还是有心体"，这句话之前我们也曾引用过。

但是，其实在定家那里，"有心"作为价值概念的意味也并不是那么清楚明了，他虽然在《每月抄》里提出了和歌十体的概念，但除开这十体，他还提出了一个名为"秀逸之体"的概念：

> 所谓秀逸之体，其姿理应超脱万机，与物全然脱离，不附属于十体中的任何一体，但在各种歌体之中都能隐约看见它的影子，这样的和歌，就像是一个很有情趣、衣冠楚楚的人。

又说：

> 吟咏时必须心思澄净、屏气凝神，不能慌张仓促而应保持从容，如此作出的歌，就该是秀逸之歌。这种歌，意境深远、用词精准、余情无限、音调优美、情趣十足，富有意趣且让人有身临其境之感，为此需要努力修行，到了火候便自然而然能吟咏出这样的和歌。

这样看来，所谓秀逸之体，就是集十体之所长，或者至少是集四体（幽玄体、事可然体、丽体、有心体）之长。而且定家认为其余诸体都必须具备"有心"这个条件，我认为这已经脱离了样式概念的范畴，包含一定价值概念的意味了。定家所说的有心，不外乎就是上面所说的"秀逸体"或者《愚秘抄》中所说的"至极体"，都含有一定的价值概念的基本原理。现在的问题是，俊成的理想概念"幽玄"与定家的理想概念"有心"之间到底是一个怎样的关系呢。

那么我们就再来思考一下俊成所说的"幽玄"到底是个怎样的概念。他所说的"幽玄"，至少在主要含义为价值概念的情况下，包括心和词的全部美感。俊成有时会把心和词分成两部分去评价，会使用"幽玄"这个词来夸赞，但这也不过是一种习惯性的用法而已。如果我们从全部的审美观点来看，将歌的"心""词""姿""调"全部纳入考虑范围，站在美学角度去思考，就会发现这与其他的艺术一样，是无法将各个部分分开来鉴赏评判的。而心理学美学的通病就是，一般将艺术分为思想内容和感觉形式等方面分别分析，然后再将其合为一体，认为这就是艺术内涵。不过在人类的艺术审美意识发展到一定阶段后，或多或少都会出现一些艺术反省的思潮，在纯粹的美学态度和反省态度之间不断动摇，这一点是无法否认的心理事实。在这样的艺术意识的影响下，鉴赏的焦点可能有时会是一首和歌的观赏契机，也可能变成词、姿和格调，还可能是观念的契机，总之就是不断流动的。但这与美的体验中的价值内涵的统一性并不矛盾。

从这个观点来看，"幽玄"作为美的内涵，本就产生于和歌的创作和鉴赏之中，心、词、调、姿这些元素其实就是在创作美的过程中因为一些契机而产生的外在表现形式而已。在这个角度上，从各个角度规定的美的创作契机，与它所产生的美的本质内涵之间的关系是密不可分的。例如，助词"て、に、を、は"中一个假名的差异、词的顺序的微妙差别，都会直接令美的体验和价值内容的实质产生变化。

俊成的"幽玄"概念就是在这个层面上，规定了和歌整体的审美价值。他在民部卿的家庭歌合中曾说："……和歌一定要像绘画一样配色要细腻，但这种细腻却不是工匠挑选木材时的那种细腻。"还说:"只要是和歌……无论是创作还是吟咏,都必须要有'艳'和'幽玄'之意。"从这些话中,我们大概就可以感知到一些俊成的想法了。他还说过:"除了'词'和'姿',和歌还需要有'景气'。"要理解这句话首先就要弄明白这个"景气"到底是什么意思。景气实际上同时含有"观照性"和"想象观照性"的意思。比如,顿阿在《三十番歌合》的判词中也使用过"景气"这个词,但俊成这里所说的"景气",要结合一下前后文,仅从它本身的意思来理解是不行的。这里的"景气"并不是单纯的想象的观照性的意思,还有在美的创作过程中具象化了的"词"与"姿"中所包含的不可思议的力量,也就是贝克所说的"惊异",指的是一种微妙的美的创造性。所以,"余情"并不是"幽玄"的伴生物,有"幽玄"未必有"余情","余情"也并不全都是"幽玄"。还有就是虽然"幽玄"必然伴随着"词""姿"与"景气",但单纯的想象的观照性却并不足以称为"幽玄"。恐怕俊成认为的"幽玄",应该是在这些心理学条件之上的一种特殊体验,这种体验本身就含有一种由最直接的审美价值条件所带来的艺术性质。

另一方面,在考察定家的"有心"概念的时候,我认为,定家的概念与俊成的"幽玄"概念,或者寂莲和家隆等人评为"至极体"的"幽玄"相比,是在美的创作的意义上作为创作主体的一次更尖锐的反思。定家作为一个美的创作主体,着重强调了"心"的意义,他所说的"有心"就是为此而特别提出的概念。也就是说,这是一次在俊成等人定义的"幽玄"概念的基础上,在主观方向上更进一步的反省。但定家一方面发展了样式论的思想,另一方面作为价值概念的"幽玄"和"有心"也不可避免地掺杂了一些样式概念的意味。像"有心体"和"幽玄体"这样的样式概念若是被具象化、客观化,往往就会走向狭隘,或者难免带了些浅薄。同时,"有心"中的"心"的含义,也从美的价值的创作主体转向非审美的道德方向,甚至还带着些理智的含义。这些都给"幽玄"和"有心"的概念带来了在价值意味上的混乱,最后导致这两个概念的内涵变得模糊不清。

不过，我认为，即使在纯粹的价值概念方面来讨论这两个概念之间的关系，也不可避免地会引起很多争议。我想我可能需要将自己的观点阐述得更加清晰彻底一些，所以接下来的一节，我会试着阐释一下"价值概念"和"样式概念"之间到底是一种什么样的关系，以此作为上文的补充。

幽玄

六

样式概念的价值意义和记述意义

现在我想暂且抛开具体的情况,只从一般艺术上的样式概念的角度,来简单地探讨一下样式概念和价值概念之间的关系。这有助于我们清晰明了地认识这种日本歌学中特有的样式论——风体论的特异性。

最近西方美学研究领域,也掀起了一股研究样式论的风潮,仅仅是针对这个概念本身的研究方面,就有瓦拉赫、福凯特、凯恩茨等人发表相关论文,这些论文的核心都是区分样式概念在价值规范意义和非价值的记述意义上的差别,或者也可以说是这两种意义的区别和联系。后者就是完全离开价值意义只表达记述意义的样式概念,这样的例子在当今的美术史中非常常见,很有名的沃尔夫林的样式概念也是这个意义上的概念。至于价值意味的样式概念的典型例子,则是歌德对其做出的规定。他超越了马尔尼提出的单纯模仿自然,强调主观表现的境界,达到了一种更高更强调综合的水准,他认为这才是艺术表现的最高境界,"样式"就是表现这种境界的概念。歌德认为,艺术的最高理想就在于表现自然的深层次真理,但这个真理绝不是简单的自然客观状态的真实性呈现,也不是单纯的主观印象的直接表现,而是在更高的水准上将两者综合起来，"样式"所代表的含义正应该是这样。至于稍晚一些的最近的研究者福凯特，在他关于样式概念的论文里，认为样式概念无论在什么场合，都有着积极意义。根据福凯特的观点，所谓样式，就是为表达艺术本质而做出的形式规定，也是艺术和艺术发展的内在要求，是一种形式上的特性，但这通常都含有一些价值意味。这个观点，和福凯特把美学视为极致的规范性学问这一根本立场有着脱不开的联系。

但若是仅仅这样，作为价值概念的样式的含义也并没有特别明确。我们还可以再来看看凯恩茨的观点，他认为样式概念应该分为与价值概念毫无关系的情况和包含价值意味的情况。而所谓包含价值意味，首先就是要满足一定艺术上的指向即"本质的法则性"，他称这种情况为"价值的合法化"。比如"这个建筑是洛可可式的"这句话，这其中的洛可可就完全脱离了价值观念，用的就是记述性的概念。但若是这个建筑真的满足了艺术上所说的洛可可式，那这时就包含一定的价值意味了。同样，"这是抒情诗"这个命题，虽然完全不含价值概念的意味,但若是这首诗真的满足了真正的抒情诗的形成条件,那这时就会含有一些价值意味了。凯恩茨还在后面指出,本就含有价值意味的样式,仅仅满足本质是不够的,在此之上还需要艺术的形成、整体的调和、有机的联系和独创性等条件方可成立。总之,凯恩茨所说的"Wertlegitimation①"问题,可以成为我们更深一步思考的契机。

我认为关于价值的规范意味首先就可以分为两个情况进行区分。一个是艺术价值的品级或程度上的规范意味,另一个是区别于一般意义上的价值内容的,作为艺术的(或审美的)特殊价值内容上的规范意味。前者意味着向一定的价值方向发展到的层次,后者意味着规定并构造各个价值方向的价值内容。之前说过的歌德的样式概念很明显就属于第一种,凯恩茨在价值意味层面上考察价值概念的观点大致也属于第一种。但福凯特的观点,还有凯恩茨"价值的合法化"这样的表述,应该属于第二种。我们应该区分的是第二种情况中的价值概念

---

① 德语,意思是"价值合法"。

和非价值概念的表示纯粹的、记述性的样式概念这两者之间的关系。想来，凯恩茨所说的"本质法则性的充足"，在形式上也包括一般的认识判断的情况。所以，将其作为包含价值含义的一种情况，与纯粹的记述性的情况相对比，这两者之间在形式上的区别是很小的。为了使这种区别更鲜明更有意义，我们就必须将它解释为"美的价值的合法化"。然而这样一来，实际上在判定样式的时候，将价值合法化的根据其实并不是样式概念的特殊内容（例如"洛可可"和"抒情诗"的内容），而是对一般医术形成或艺术创造的品质的价值判断。于是，到最后这个特殊的样式概念本身就偏离了价值概念，而因为其他方面的价值判断结果与其混合在一起，这才增添了几分价值概念的意味。也因此，问题再次逆转，正如瓦拉赫等人做的区别研究一样，仅仅是将单纯的样式概念的记述意味和价值判断的意味相区别而已。

总之，凯恩茨关于价值概念的思考还有些模糊含混之处，这恐怕是因为他在思考艺术价值的时候更偏向客观主义的艺术观念，才造成了这样的结果。另一方面，福凯特的样式概念要求积极的价值判断。我们若是严格按照以上分类将价值概念的两种情况进行区分，那么这种要求其实也是有一定必然性的。因为在第二种价值意味的情形中，如何规定特殊艺术方向的价值内容——"Was①"就成了问题，至少在理论上，没有将这种程度的差别与积极和消极的对立当作一个问题来看待。

经过了之前的探讨，我们对样式概念已经有了一个大致的了解，我们站在现象学的美学立场来思考，可以就样式概念的记述意味和价值意味之间的关系简略地做一个概括。刚刚我们提到的两种价值意味的区别，是适用于任何场合的，美学意味上的价值概念和记述意味的价值概念也不必再加以区分。总之，根据这个结论（很遗憾这里不能再进行更详尽的阐述了），与瓦拉赫和凯恩茨等人都不同，我认为一切的美学样式总是或多或少地含有几分价值判断的意味，且我的观点与福凯特也有所不同，我认为样式的价值观念的两种情况是需要严格地区分开来的。

绕了一大段路后，我们再回到原来的问题上，就是

---

① 德语，意思是"何物""怎样""多少"。

从价值概念和样式概念之关系的角度,来思考"有心"和"幽玄"两个概念的关系问题。我之前只是主张对一般的"幽玄"概念,从价值意味和样式意味两个方面进行区分,并举出了很多实际应用中的例子,即一些歌合中的判词。现在我就从西方美学的样式概念角度再比较一下,"幽玄"的价值意味在大多数情况下,指的都是歌德的那种样式概念,即表示艺术的最高价值层次(尽管一旦超出这个范围,情况就会完全不同)。而单纯的样式概念的"幽玄"则是像刚刚我所说的美学上的一般样式概念那样,表示的是一种含有价值规范的记述性意味。但若是仅此而已的话,问题还是比较简单的,若是再来看看日本的样式论即歌道的风体论和歌体论这样的概念,就会发现它有着西方样式论中并未明确提及的一些特殊问题(当然这并不是说西方艺术中完全没有涉及),就是上述的价值概念与样式概念,两者常常纠缠在一起,这一点很值得引起我们的注意。这其实就是我们之前区分的,样式概念下属情况的第一种,价值概念往往和单纯的样式概念,也可以说是记述意味的样式概念混在一起,造成了一种复杂的情况,即每个相对的样式概念相互之间又有着价值等级问题的存在。

想来,在西方的美学观念中,之前我们区分过的第二种情况的价值意味和记述意味的样式概念有着无法隔离的关系,虽然歌德的第一种情况的价值意味(作为实际的样式概念的情况比较稀少)经常和记述意味的样式概念混在一起,但这在科学意识旺盛的近代美学中,其实已经不常出现了。即使是在西方美学中,像"古典的"这个概念也包含两种意味,也有着我们之前提过的记述意味和价值意味相混淆的情况。自从浪漫派的史莱格尔等人将古代艺术和近代艺术划分成两个不同的价值范畴之后,尤其是近代艺术史的科学性确立以来,至少在今天,这种早期的意义上的混淆已经很少出现了。在现在的西方,倒是有一派过分强调科学性的艺术学论学者,试图把第二种情况的价值规范意味也放到纯粹的记述性的样式概念的范畴里去,我们提到的凯恩茨等人就在做这样的事情。

到了日本歌学的具体情况,原本狭义的"艺术论的研究",若是在实际研究中对精细的歌体论不用客观的形式研究方法,那么这个研究方法和理论便很难行得通。不仅如此，若是像西方那样，用一般美学或艺术哲学的思考方式（尽管在日本并没有具体形成这种理论）作为基础，将"美"和"艺术"加以区分，即直接将美学和艺术学分离开来的理论应用在"幽玄"上，在日本是根本行不通的。

而与此相对，一种根本的综合的方法在日本牢牢地占据着统治地位（这是一种将自然美和艺术美统一起来的独特的艺术方法，与东方或者说日本的审美意识和民族特性紧密相关）。我认为也正因如此，在日本的歌道中"幽玄"和"有心"这两个概念本来就同时含有方才所说的价值意味的第一种情况和第二种情况，有时也有单纯的记述意味的含义（比如在定家的十体论中）。但另一方面，它又被本来复杂的价值意味制约掣肘，并为之牵引，于是在谈论风体论和歌体论的时候，它被分化成一个个的小样式，而这些小样式相互之间又会陷入一种价值关系网中。（在《俳谐问答青根风·俳谐四大系》中，曾有人主张将"风"与"体"相互区分，因已经超出歌学领域，在此便不展开了。）

这样来看，以"幽玄"和"有心"的概念为核心的中世歌学，我认为有必要对其样式论的思想构造进行一次分解：

（一）单纯的歌体概念，即可以较客观地识别"词"和"姿"的特征，表示和歌的形式规定的样式概念。（我之前论述的大多都是艺术上的样式概念，在这里我也用了样式这个词，就是想说它对于作为艺术的和歌来说也有一定的规范意味，换句话说，它与第二种情况的价值概念的意思融合到了一起，因此若是再将其分为"纯粹的记述意味"与"价值合法化"的意味再来分析就不恰当了。）

（二）表示和歌的艺术（审美）价值的最高层次的样式概念。

（三）这种表示价值最高层次的用法，被用在了上述第一种样式概念中所划分出的各种歌体的范围中。

（四）超出一种歌体的范围，被用在各个歌体之间的相互关系中。

这里面的（一）并不是什么过于特殊的问题，但（二）（三）（四）这三者之间的关系是值得我们注意的。比如第三种所说的最高层次的价值，并不一定就是第二种所说的价值。在"事可然体"和"鬼拉体"的样式范围内,即使是被评为最高等级的"秀歌",也只不过是那个个体中的最高层次而已。在第四种中,若是被认为是一切歌体中的最高位,也不过只是"样式"和"类别"的最高位而已。在其样式的范围内,考虑各种歌体的优劣,也不一定就直接是第二种的价值判断。(例如俊成在歌合给出"幽玄"评语的作品,最终却被评为负,这个例子可能有助于我们来理解这种情形,但不同和歌样式的不同场合,问题会变得更复杂。)

为了更清楚方便一些,我就将第二种称为"价值样式"问题,而将第四种称为"样式价值"问题,前者表示和歌中的一般性的最高价值层次,而后者表示最高价值的和歌属于哪种样式范畴。想来俊成将"幽玄"置于最高位,而与此相对定家将"有心"视为最高,针对这个不同,我们就可以用上述的"样式价值"的概念加以考察,把问题限定在这个范围内,那么将俊成的"幽玄"和定家的"有心"画等号是不妥当的。这和定家与俊成的歌风差距很大有关,但也不能因此就轻视了"样式价值"的分化带来的影响。在《歌仙落书》这本书中，对俊成的风格有这样的描述："高而澄净，亦含优艳……如庭中老松，亦如空谷琴声，朦胧而缥缈。"对定家歌风的描述则为："风体之中存义理，意境深远用词巧妙，又不失有趣……如同在自家庭园研磨玉石，也如同乐室中弹奏陵王舞曲。"从美学的观点来看，比起"样式价值"问题，即最高价值的和歌属于哪个样式范畴的问题，我们更关心的是最高价值这个问题本身。

和歌一般的最高艺术价值或者说审美价值，不论是俊成的"幽玄体"之最优秀还是定家的"有心体"之最优秀，都有着作为审美价值的特殊内容。就像我之前说的，其实俊成的"幽玄"和定家的"有心"本来相差也不是很大，只是"有心"在对审美价值的创造的反省方面，主体性比"幽玄"更进一步。就像定家对"有心体"的说明，"'朦气'消失，性机变得秀丽""吟咏时必须心思澄明，屏气凝神"这样的说法，只要对其略加揣摩，就会领悟到这一点。而且定家所谓的"秀逸体"或"至极体"，其实指的都是"有心体"中最优秀的那部分而已。他关于"秀逸体"的说明："意境深远、用词精准、余情无限、音调优美、情趣十足，富有景趣且让人有身临其境之感。"从这句话也能看出，定心所谓的"有心体"和俊成的"幽玄体"的最高价值应该是没有差别的。

总而言之，我认为"幽玄"和"有心"两个概念无论做怎样的区分，在作为样式价值的最高层次最极致的意义上，这两者就像是共同构建中世歌学这个三角形的两边，最后总会在顶点处交会到一起。

七

作为美的概念的幽玄内容
及考察的视点

以上我所做的讨论，基本上都是从美学的观点出发，来研究日本中世歌学中的幽玄概念。但我主要是以价值概念和样式概念的区别和联系为着眼点进行讨论的。这其实并不是对于"幽玄"概念本身内容的讨论，而是一种关于形式上的关系的研究。接下来，我将在讨论"幽玄"和"有心"关系的同时，着重将"幽玄"概念本身作为研究主题，从美学的立场上（并不是国文学史和日本精神史的角度）来明晰这个问题。

我将在这个意义上分析"幽玄"本身的内容到底是什么，换言之就是它作为美学范畴的一部分，"幽玄"到底是哪一种美学形态。

像我之前说过的那样，中世的歌学者们对这一概念有很多直接的说明，虽说这些材料一定是第一位的参考资料，但是，实际上在他们的观点中并没有我们现在所说的美学上的反省。虽然他们可能真切而敏锐地感受到了"幽玄"之美，但他们并不能用明确的概念性的词汇和语言对此进行精确的说明或表达出来。虽说他们为说明"幽玄"这个概念而援引了和歌，或者举出一些被判定为"幽玄"的和歌的事例，还有为了说明"幽玄"而作出的比喻。一方面确实很直接地传递出了他们本身对"幽玄"的感悟和体验；但另一方面，这些内容是不是全部都符合"幽玄"概念，其实还有待商榷。其中的确有一部分意义内容更明确了，却对"幽玄"概念产生了歪曲理解，很容易令人产生误解。但不管怎么说，为了对"幽玄"概念的内容进行考察，我们也必须要依赖这些资料。

我在上文也曾提到过，在对"幽玄"作为一个美学概念进行考察的时候，我们会拥有一定的自由。若是我们想办法能令古人对于幽玄的那些体验性解释向着美学范畴的方向靠拢，并把它置于美学的整体理论体系之中，特别是审美范畴的理论体系之中，或许我们就可以为"幽玄"概念添加一些新的释义。

我曾提到过，藤原俊成曾对中宫亮重家朝臣家歌合上的"越过岸边的白浪"和住吉神歌合上的"晚秋阵雨，徒增芦屋寂寥"，还有三井寺新罗社歌合上的"清晨离海去，耳闻鸟鸣声"、御裳濯川歌合上的"津国难波之春"和"哀无心之身"等和歌，都给出了"幽玄"和"幽玄体"的评价。此外，在慈镇和尚举办的歌合上，俊成评这首"冬日枯枝上，山风萧瑟中，白雪栖枝头"为"心词幽玄之风体也"。在六百歌合中，评寂莲的"荒野无边杂草丰盛，茫茫黄昏中，一只鹌鹑篱边鸣"为"这首黄昏篱笆之歌，写的是伏见的黄昏，听之便觉幽玄，但篱笆上的黄昏还是小了些"。在俊成自己的作品中，有一首"黄昏原野上，秋风掠过我身，鹌鹑躲进草丛中"广为人知，若是这首歌为别人所作，然后再让俊成来评判，或许还可以加上当时另一首俊成被广为推崇的优秀作品"山峰起白云，悄然而无声，似花朵之面容"，他应该会不假思索地为之冠以"幽玄"二字。当时的鸟羽天皇非常喜欢俊成的和歌，曾赞之曰"合我意，颇有风姿"（《后鸟羽院御口传》）。而后鸟羽院的御作"风吹花落似白云，夜夜船头望野月"也堪称幽玄。鸭长明《无名抄》关于幽玄的说明，除了列举《朦胧灯火》和《从前没有光的春夜》之外，还举了源俊赖的"秋日黄昏，海湾风劲，白浪之上飞鸟绝"。关于鸭长明所讲的"余情"，金川了俊在《辨要抄》中列举了一首和歌"微风吹过，莲花叶上挂水珠，似微凉白玉"，并评其为"好歌理应如此"。他还说："过分说理，则余情渐少。"此外，《西公谈抄》举了《十白酒》和上文提到过的《海风吹来》，作为"寂静之歌"的例子，书中还举了"黄昏悄然至，门田稻叶瑟瑟，原是秋风来"这首作为补充例子。

关于伪书《愚秘抄》中的"幽玄论"的问题，上文中已有论述，书中曾明言"心词幽玄之歌，为歌之精，读之身心愉快，理解却极难"，并举了"龙田山上叶渐稀，山林深处有鹿鸣"的例子。除此之外，《三五记》中举出的例子是《寂寞如旧》外二首恋歌，对"幽玄体"中的"行云体"，举出了"炊烟袅袅，无声升云霄，人间最是情难了"外二首，至于"回雪体"，则举出了"随风飘荡中，随波逐流下，悠悠荡荡里，千鸟声声鸣""山中行路时，恍惚坠情思，不知山路在何处""欲忘反难忘，空中白云飘飘然，终是散尽"三首。其实在《三五记》中，用来解释"幽玄"的和歌和汉诗，大多都有些强行的意味，甚至会让人觉得作者对"幽玄"的概念理解过于扭曲。

到了室町时代，《正彻物语》对"幽玄"概念的概括，我们在上文中也有所提及，正彻到底将什么样的和歌视作"幽玄"呢，看他举出的例子《黄昏乱云》《依稀暮色》《夜晚花凋零》和《源氏语物》中的两首和歌，就可以大致理解了（除此之外正彻还举了其他一些例子）。心敬在《私语》中，在说明"心之艳"即为"幽玄"的时候，举了《秋日割稻做茅屋》《岁岁年年寂寞同》等和歌，还有"逝者被遗忘，乃人间常态，归家方与古人逢""山居寂寞无限，秋雾浓重，四周人迹难寻""从此相别离，欲忘复难忘，相会在梦中"等众多和歌，除此之外我们还可以参照俊成、鸭长明和正彻等人的著作里对人间和自然中各种现象的比喻，对这些复杂的材料加以反省和分析，可能会找到一些明晰"幽玄"概念的契机。

在尝试分析的时候，我认为虽然烦琐了一点，但也有必要将其大致整理为三点再进行考察。

第一是"幽玄"这个概念在非审美的、一般意义上的含义，这一点其实很值得我们注意。这个概念本就起源于老庄哲学与禅宗思想，这并不意味着我们必须要将幽玄这个概念在这个角度上加以详细阐明，而是说我们不能一开始就把它完全框进审美概念的盒子里，也不能忘记它在一般概念上的含义。

第二点是我们在审美意义上来研究幽玄概念的时候，用欧德布莱希特的话来说，就是"Wirkungsaesthetik[①]"的角度。这具体是什么意思呢，其实就是说"幽玄"就是由我们的心（主要是感情）产生的一种心理学效果和因此产生的审美意味。我国中世的歌论以及和歌判词中所出现的"幽玄"，其实很多情况下都是这样的表达。

虽然可能并不是很精确，但上述的第一种所出现的"幽玄"意味，是以知性为主的，第二种则是以情感为主。

最后我想说的第三点，就是所谓的"Wertaesthetik[②]"的观点，这是对前两点综合后的视角，带有整体的意味，我们可以从这个角度出发，来从根本上探寻"幽玄"审美价值的确立问题。第一点和第二点都是用分析的方法来确定幽玄的本质内容，而第三点则要求我们对幽玄的审美意味进行深层次的构造和现象学的反省，并在美的价值体验的一般问题上，以思辨性为基础进行

---

① 德语，意思是"审美效果"。
② 德语，意思是"审美价值"。

考察。

简单概括一下，以上三点，第一点在说"幽玄"概念的一般意味，第二点是心理美学的意味，第三点则是审美价值的意味。

八

"幽玄"概念审美意义的分析

在之前所说的三种观点中,我想综合第一点和第二点,来对"幽玄"所代表的含义进行考察。

第一,先对"幽玄"概念做一下一般意义上的解释,即以某种形式被隐藏、被遮蔽的感觉,换句话说,就是不显露、不明确,在一定程度上收敛于内部,这是理解幽玄概念时必须要明确的一环,即使从"幽玄"这两个字的字面含义来看,这一点也是非常明确的。正彻所说的"薄云遮月""红叶被山雾笼罩",说的都是人对某种对象的直接感觉被遮蔽了。

由此也产生了第二种意味,也就是昏暗、朦胧、薄明的意味。若是无法理解这种意味的妙趣所在,那么就很可能认为"晴空万里无云才是美的"。但因为"幽玄"这个概念是以审美上的特殊效果为基础成立的,所以这种隐藏和昏暗并不会带来不安和恐惧,这是与露骨、直接、尖锐相对的一种温柔的、委婉的、和缓的意味,这一点是需要我们注意一下的。与此同时,它还与"春花边上盘雾霞"那样的朦胧景气相得益彰。就好比定家在宫川歌合的判词中说的"心幽然",指的就是不说理的高级意味。

第三点与第二点紧密相连，在"幽玄"这个概念中，与昏暗、隐藏相伴的通常都是寂静。但在与此相对的审美感情方面，就像鸭长明所说的那样，对着无声无色的秋日黄昏，不知不觉就会流下泪水，俊成以"幽玄"二字评价的和歌，如"秋日听雨，芦屋之中，无限寂寥"，还有群鸟立于秋日沼泽之上的场景，都包含着这样一种心境。

接下来是"幽玄"的第四种意味，可以称作深远感，这个意味与前面三种也有联系，相信这一点已经不必再强调了。但在一般意义上的"幽玄"概念中，这与时间或空间的距离无关，它指的是一种非常难以理解的精神意味（佛法中的幽玄）。这种审美意味经常在歌论中出现，比如"心深"或是定家等人所说的"有心"，还有心敬、正彻经常强调的"幽玄"之中也有这个意味。

第五点与以上各点的联系则更为直接，我想称它为一种"充实相"。幽玄这个概念并不仅仅意味着隐藏的、昏暗的、难解的东西，在幽玄中还集结、凝聚了无限大的"inhaltsschwer①"充实相,这种充实相是我之前所说的各种元素的最终合成,也是"幽玄"概念的本质所在。正如禅竹所说:"此处的'幽玄',理解因人而异,有人认为娇饰、辞藻华丽、烦恼忧伤就是'幽玄'之意,其实并不是这样。"(《至道要抄》)。在这个意义上看的话,很明显"幽玄"和"幽微""幽暗""幽远"等词的区别还是比较大的。不管怎样,我的观点是,若是将"幽玄"这个词当作是一个单纯的样式概念,那么就很容易忽略充实相的存在,导致理解"幽玄"概念的时候会视野狭窄甚至产生一些扭曲。

其实我所说的这个"充实相",表现在日本歌学中就是与"形式"相对的"内容",日本的歌人们已充分地注意到了这一点。比如"词少心深,将繁杂的东西聚集起来,观之甚好"(《咏歌一体》),就是一个例子。但是从美学角度来看的话,我们所说的"充实相",与非常巨大、厚重、强力、长高或者说崇高的意

---

① 德语,意思是"有内容的""有意义的"。

味也有联系。其实定家之后，被当作单纯样式概念使用的"长高体""远白体"和"拉鬼体"等，只要没有明显的和"幽玄"相矛盾的地方，就都可以算进"幽玄体"这个范畴里。宗祇曾在《吾妻问答》这本书中写连歌的最理想之姿"长高幽玄而有心是重中之重"，还说"总之就是长高又幽玄的风情"，其实这里面的"长高"和"幽玄"应该就是一个意思。

上文也曾提到过，正彻曾评价家隆的和歌"海边松枝乱，月光洒梢头，老鹤松枝齐鸣"为"粗豪强力之歌体"，"不是幽玄之歌"。他所说的"幽玄"，其实在现在看来，范围是有些过于狭窄了。在广田神歌合上被俊成评"幽玄"的《划桨出海》，新罗社歌合上的《在何方》，还有后鸟羽天皇的《海风吹来》等，其实仔细品味就会发现这些和歌与家隆的那一首在审美范畴上是没有差别的。

"幽玄"的第六种意味，与上述五种意味有着一定的联系，但更具有神秘性和超自然性。虽说对于本身就算是一种宗教或者哲学概念的"幽玄"来说，这或许不足为奇，但若是我们从审美角度去感受这种神秘的形而上的属性，或许它就会朝着一个特殊的情感方向演变。不过我想在此指出的是，这种特殊的情感方向并不意味着和歌就一定要从宗教的思想中取材。宫川歌合中定家曾评"宫川溪水潺潺，紫气自皇宫而来"为"义隔凡俗，兴入幽玄"。在慈镇和尚的歌合中经常出现吟咏佛教之心的和歌，这里的幽玄便不是审美意义上的了。在审美角度，这种神秘感和自然感情融和，是蕴藏在歌心之中的一种深切的"宇宙感情"，这种神秘的宇宙感就是，人的灵魂和自然万物深深契合后那一瞬间产生的审美感情，和歌就是这种感情的具象化的表现形式。像歌人西行面对群鸟立于沼泽纸张而产生的"哀"，俊成面对秋风萧瑟鹌鹑躲进草堆时的感觉，抑或是鸭长明仰望秋日的天空不自觉泪流满面的感伤，其实都多多少少带着些这种感觉。《愚秘抄》中为了解释"幽玄"而援引的巫山神女的例子，则在神秘性和超自然性这方面表现得更为夸张。

最后是"幽玄"的第七个意味，和之前说的第一点和第二点其实有些相像，但与隐藏和昏暗的不同，反而与一种非合理性的和不可言说的微妙感密切相关。一般意义上的"幽玄"概念和"深远""充实"这样的意义直接相联，指的就是不可言说之妙趣。在审美角度，就像正彻在解释"幽玄"时所说的，是"漂泊""缥缈"的感觉，是无法用言语表达的不可思议的美的情趣。"余情"的主要意思其实也是这样，指的是和歌的词和心之外的，无法表达的缥缈的氛围和情趣，是洋溢在和歌中的摇曳的气氛。若是从"Wirkungsaecthetik"的角度来看的话，在和歌这种特殊的艺术形式之中，这种妙趣是"幽玄"概念中非常重要的一环。正如我之前说过的，"幽玄"在我国的歌论中作为一种价值概念，很多时候都是带有这种含义的，而且因为被限定在优婉情趣之中，后来还发展出了一个特殊的样式概念。我觉得在理解"幽玄"概念的时候，很容易就偏向它的某方面的意味，这样的偏向如果过重就会为我们从全局来理解"幽玄"概念造成阻碍，很容易会产生一些歪曲理解。

接下来我想综合以上的种种分析，从整体来思考一下。我们之前区分的第三点，也就是从"价值美学"的角度来看，作为审美范畴的"幽玄"概念的最中心的意味究竟是什么?这是我们要面对的最后一个问题。但是对这最后一个问题,我也只能简单地说一下自己思考的结果而已。因为若是为我的结论找到充分的论据,需要就审美价值的一般问题做最基础的讨论并展开,而且为了不引起误解,就要费更多的笔墨。我并不打算用过多的篇幅去详细分析相关的问题。若是我下面的论述有不严谨不周密的地方,只能他日再找机会补充了。

我们先前曾讨论过和歌中的最高层次的艺术价值是什么,我曾说"幽玄"和"有心"在这方面大体上是一样的。但若是重新仔细分析"幽玄"概念的意味的话,就会发现可能"幽玄"有着"深远""心深""有心""心之艳"等含义互相照应。我们可以沿着这个关系顺藤摸瓜,在之前所说的第三价值的美学观点之下去思考"幽玄"概念中最中心的含义,那就只能是美学意义上的"深"了。但需要注意的是,这和我们第二点中所说的审美意味上的"深"并不是同一个。从"效果美学"和心理学的美学观点来看的话,这个"深"果然还应该是"心之深"和"有心"。但这种意义上的"深"很容易和"心"自身还有"精神"自身的价值依据有关，也就是说这种"深"经常被视为一种"精神"内部的价值内容，于是它就很容易有倒向非直观的、非审美的、道德价值的倾向。日本歌论之中所谓的"心之诚""心之艳"和"有心"这种概念通常都会朝着这种方向去解释。在利普斯的美学观点中，就经常强调审美感情的"深"。即使这个"深"并不是狭窄的道德概念，但不可否认的是它还是指向了精神上的和人格上的价值方向。但若是我们想认真地从"价值美学"的立场来解释"深"的审美意味，那么就不能只从主观上的作为主体的心理感受这个出发点去解释，还是要从主客观两个角度来思考它的定义，探究的是"美"之"深"本身。比如在思考"脆弱性"和"崩落性"这种审美性格的时候，我们要考虑的不仅仅是主观意识的流动性，还要考虑到美本身的存在方法。那么，在这个意义上来考察"美"本身的"深"，依据何在呢？在美学上又如何来解释它的性格呢？

很多研究者都曾指出，我国中世歌学里"幽玄"思想的背景，是老庄和禅这样的东方思想。先有俊成，后有心敬、世阿弥、禅竹，在他们的艺术论中，经常会出现一些佛教思想，但他们的美学思想终究没有发展出一个比较完整的体系，所以相应地这个背景性的世界观或哲学思想也并没有以理论性的模样出现在他们的艺术论中。因此，关于"幽玄"这个问题的讨论，基本上与作为"幽玄"起源地的哲学观或者世界观毫无关系，这些都只限定在特殊的艺术论的方面，甚至在后面直接变形成了样式概念，所以一般在说明"幽玄"这个概念的时候，尤其是在把握审美意味上"深"的概念的时候，就像我们之前说的那样，很容易落入主观概念论的迷宫之中。

因此，从现在的价值美学的观点来看的话，为了解释清楚之前提到的"美"和"深"，我们就必须把"幽玄"的起源地——世界观因素考虑进去，然后再用价值论的美学体系中的方法来深入剖析。很显然这是一个非常大的课题，绝非轻而易举的尝试。但用这种方法来研究的话，那么对"幽玄"中的"美"和美之"深"的解释，就能兼顾主观的观念论和客观的观念论，向着一种同一性的哲学即凝固性的美学立场的方向发展，毋庸置疑这将给我们的研究带来十分新鲜的方向。

我认为关于审美价值体验的一般构造，一方面考虑到其艺术感的价值依据，另一方面也应该重视自然感的价值依据的两极性。像最近的欧德布莱希特的美学观点那样，仅仅重视前者，把审美的世界限定在一个很狭窄的范围内，是行不通的，我认为有必要在美学意义上肯定艺术素材的自然美的意义及其产生基础。但是，要在所谓的自然美中，将里面所包含的艺术感的审美因素（比如艺术想象力产生并赋予的东西），还有感性元素和快感元素剔除掉的话，那究竟还能剩下些什么美的元素呢？这是个很容易就会产生的疑问。若是将剩下来的东西完全当作"中性"的美来看待（就像欧德布莱希特那样），那么这个中性美会向着"自然感情"这个特别的方向发展，最后在自己的土地中生长出一种独特的艺术，这就是东方人独特的审美特性。不过按照这个思路去解释东方审美意识是非常困难的，也找不到一个合适的逻辑和充分的论据去支撑。顺着这个思路，我觉得有必要在自然感的审美价值的依据方面，整理一下"精神"的一切自发意识的创造原理，隐藏在"自然"纯粹的静观之中的超论理且形而上学的含义加以考察，承认其作为一种审美价值原理的地位。在这个意义上，齐美尔和麦卡维尔等人在对艺术表现内容中的终极审美意义做出解释的时候，就曾说它包含了一种柏拉图意味的本源的内容，还有一种胡塞尔所说的"本质核心"之类的象征性。我认为应该在自然静观的审美意识之中，去考虑纯粹的全相的"存在"和其包含的理念，在其审美对象的象征之中寻找其终极的价值根据。（关于这一问题，不再赘述。）

在对审美价值体验的一般构造进行了这样的思考之后，我还想以一对两极的概念——艺术感的价值原理与自然感的价值原理的关系为基础，一方面阐明艺术的"形式"与"内容"的关系问题，另一方面对种种审美范畴做一个系统性的展开。但与我们现在的研究有直接关系的是后面这个问题，我认为从上述的根据直接演绎出来的审美范畴，狭义上主要有三个，即"美""崇高"和"幽默"。其他的范畴，也就是所谓的美的异态、美的类型，大体上都是这三个基本范畴根据不同的经历派生出来的或单纯或复杂的形态。虽然我想就此做一个详细的展开，但碍于篇幅只好忍痛割爱。

话归正题，其实我上文中关于"幽玄"概念的考察都是以此为出发点的，从选取这个概念开始，到对它的所有考察，其实都是将它作为派生概念来看待的。若是在最后对"幽玄"这个审美范畴做出某种程度上的总结性的考察的话，我觉得首先相对于艺术感的价值依据而言自然感的价值依据更占优势，但本身这两者所包含的意味就互相融合渗透，最终形成了审美价值体验的本质内涵，这都是"崇高"（或者"壮美"）这一基本范畴在一定程度上产生变换的结果。（理解"崇高"概念的时候很容易产生诸多误解，尤其是经常混入一种道义上的意味，但碍于篇幅这里不得不对此进行省略。）

若是从这个角度来思考的话，"幽玄"之美就是由"崇高"这个基本的审美范畴派生的概念，将它作为美的特殊形态来看待该是比较恰当的。我在之前说过作为审美价值的"幽玄"概念的中心含义，就是表现为"美"的一种性格的"深"，那么这种特殊的"深"到底来自何处呢？我觉得就来自于"美"的基本范畴之一的崇高之中所带有的一种"幽暗性"（Dunkelheit）。

费肖尔也非常重视"崇高"这个基本性质,可以说这两者在本质上是相通的。因而,"崇高"这个基本范畴就像我所说的那样,若是从审美价值体验的构造上来解释的话,它所包含的这种"幽暗性",就是自然感的审美依据通过"存在"本身的理念象征,投射到审美体验的全部内容上的一种"阴翳"。关于存在本身理念的象征,肯定需要更详细的解释,但简要来说,就是"精神"创造性方面极度的昂扬,将"自然"所有的赐予都归于"我"本身,到达沉潜下来的纯粹静观,或者"止观"的境界。这时自然和精神,或者说作为对象的我就都融为一体了,"存在"本身毫无保留地在一刹那间表现出来。同时,"个"的存在向着"全"的存在,小宇宙向着大宇宙发展扩充,这就是审美体验的特殊之处。

欧德布莱希特将艺术感的审美价值的根据解释为一种"审美明证体验"或者"感情的明证",但我想先讨论这两个对立的方面,从这个侧面看来,对"艺术美"的理解中有一种特有的"明了性",而深层次地体味"自然美"的时候,也会发现这其中有一种幽暗性。

（这里的"自然美"并不是人之外的自然界，而是包括人在内的整个自然。）想来，"幽玄"美中那个特殊的"深"，就是以此为基础才得以成立的。此前我曾详细地分析过"幽玄"概念的审美意味的诸多含义，都是这个中心意味自然发展的结果。顿阿在《三十番歌合》的判词中，对"极目远眺，残月挂空中，波涛之上群鸽掠过"这首和歌的判词是"景气浮眼，风情铭肝"。我们暂且不去考虑在那个情况下这个判词是否恰当，这里所说的心的效果，特别是"风情铭肝"的妙趣，在"幽玄"之歌中是共通的，这就是我们之前说过的，我们的心在审美体验的那一瞬间，接触到了全部的"存在"而产生的一种特别的感觉。

总而言之，以上就是我用自己的方式对"幽玄"这个概念做的一些考察，我的结论大致可以概括一下，那就是"幽玄"是从美学上的一个基本范畴"崇高"中派生出来的一种特殊的审美范畴。从一般理论上的美学意味来讲，这个概念可能并不是只存在于日本歌道或者说东方艺术之中。然而实际上，这一特殊的美学范畴是以东方审美意识为土壤发展起来的，而且不可否认的是，美学意味上的"幽玄"作为一种更特殊化的形态，在我国中世的歌道中被敏锐地意识到了，与此同时，我国的歌道学者对此也有一定的省察。

版权专有 侵权必究

图书在版编目(CIP)数据

日本美学三部曲.幽玄／(日)大西克礼著；曹阳译.—北京：北京理工大学出版社，2020.11

ISBN 978-7-5682-9089-0

Ⅰ.①日… Ⅱ.①大… ②曹… Ⅲ.①美学思想—研究—日本 Ⅳ.①B83-093.13

中国版本图书馆CIP数据核字（2020）第182511号

出版发行 / 北京理工大学出版社有限责任公司			
社　　址 / 北京市海淀区中关村南大街5号			
邮　　编 / 100081			
电　　话 / （010）68914775（总编室）			
（010）82562903（教材售后服务热线）			
（010）68948351（其他图书服务热线）			
网　　址 / http://www.bitpress.com.cn			
经　　销 / 全国各地新华书店			
印　　刷 / 三河市金泰源印务有限公司			
开　　本 / 880毫米×1230毫米　1/32			
印　　张 / 4		责任编辑 / 时京京	
字　　数 / 58千字		文案编辑 / 时京京	
版　　次 / 2020年11月第1版　2020年11月第1次印刷		责任校对 / 刘亚男	
定　　价 / 135.00元（全3册）		责任印制 / 施胜娟	

图书出现印装质量问题，请拨打售后服务热线，本社负责调换